U0252506

# 储能用锂离子电池系统关键技术

邱景义 张 浩 等 著

科学出版社

北 京

# 内 容 简 介

本书针对锂离子电池系统在储能领域的应用场景，系统论述了储能用锂离子电池系统各项指标特性、应用边界条件、电池性能衰退表现与机制、电池单体到模组的控制技术、寿命评估与状态预警技术、创新消防处置技术等，以及储能用锂离子电池系统的成组管理和检测评价等关键技术。本书研讨了以上技术的理论原理、应用现状和研究进展，并对我国锂离子电池规模储能的发展进行了展望。

本书可供国家相关决策部门人员阅读，也适合锂离子电池、新能源发电与储存技术、规模化学储能等领域的科研工作者与在校学生阅读。

**图书在版编目(CIP)数据**

储能用锂离子电池系统关键技术 / 邱景义等著. —北京：科学出版社，2024.9

ISBN 978-7-03-077258-9

Ⅰ．①储⋯　Ⅱ．①邱⋯　Ⅲ．①锂离子电池–应用–储能–技术 Ⅳ．①TK02

中国国家版本馆CIP数据核字(2023)第248190号

责任编辑：冯晓利 / 责任校对：崔向琳
责任印制：赵　博 / 封面设计：无极书装

科 学 出 版 社 出版

北京东黄城根北街16号
邮政编码：100717
http://www.sciencep.com

三河市春园印刷有限公司印刷
科学出版社发行　各地新华书店经销

*

2024年9月第 一 版　开本：720×1000 1/16
2025年1月第二次印刷　印张：17 1/4
字数：348 000

**定价：160.00 元**
(如有印装质量问题，我社负责调换)

# 撰　写　组

组　　　长：邱景义

副 组 长：张　浩

撰写人员：祝夏雨　杨　凯　张松通

朱明琳　张明杰　孟闻捷

金　阳　孙丙香　钱　诚

王　莉　周友杰　文越华

# 序

电能的大规模使用是人类文明进步的重要标志。电池技术已成为当今全球最重要的能源技术之一，其发展直接决定社会信息化、电气化、智能化的进程。

以储能用锂离子电池技术为代表的电化学储能技术的发展，将为"双碳"目标的实现做出重大贡献。

在各种电池技术中，锂离子电池综合性能较好，其能量与功率密度最高，循环寿命可达万次，无记忆效应，电压高，成为电动交通、电动工具、可移动电子设备的主要电源。2019 年诺贝尔化学奖认可了锂电池对人类文明发展的重要价值和贡献。

军事科学院防化研究院军用化学电源创新团队长期进行电化学储能研究，尤其是锂离子电池的储能研究。研究团队在基础材料研发、先进电池器件研制、电池系统试制与应用方面积累了丰富的经验。现在，他们将这些知识汇集到专著《储能用锂离子电池系统关键技术》中。

此书从锂离子电池基础出发，系统构建了储能用锂离子电池系统指标体系，针对锂离子电池的衰减机制、安全性、热特性等从业人员十分关注的问题展开分析，并通过对管控技术、寿命预测技术、消防技术、测试评价技术等储能电池关键技术最新研究进展的介绍，深入浅出地提出了如何做好、用好、管好储能用锂离子电池的方法。书中不仅包含了理论研究，更提供了大量的实际案例，使读者能够将理论知识与实际应用相结合，更好地理解和掌握锂离子电池系统的设计和应用。

此书对于电池技术的研究人员、储能工程技术人员，以及新能源领域感兴趣的读者，都具有很好的参考价值和借鉴作用，并相信此书的出版，将有助于我国加速迈向"双碳"目标的步伐。

杨裕生

中国工程院院士

2024 年 8 月

# 前　言

　　储能用锂离子电池在国计民生和国防领域均扮演着至关重要的角色，是我国能源转型和实现"双碳"目标的关键之一，在助推我国交通电动化、支撑智能电网、促进社会发展可持续方面作用重大。它也是各种无人作战平台的重要动力电源之一，其性能直接决定了无人平台能够"跑多快、攻多远"。

　　近年来，储能用锂离子电池技术飞速发展，能量、功率等比特性越来越高、循环寿命已经突破 5000 次且还在持续提升。社会对做好、用好锂离子电池及其系统提出了更好的诉求。储能锂离子电池领域已经发展成一个全面涵盖从材料、电池器件制备到安全管控、寿命预测、可靠性、大规模成组管理、消防及评估技术等方面的综合技术体系。尽管近十年来有一些针对锂离子电池材料、性能、安全、管控专业的学术著作，但还没有全面全链条论述储能用锂离子电池技术的图书。

　　因此，作者汇集国内储能用锂离子电池领域的学者，从储能应用场景、电池核心技术、安全与创新消防、系统管理与状态预测等方面系统阐述储能锂离子电池技术内涵与发展前沿，形成《储能用锂离子电池系统关键技术》一书。本书系统总结了国内外储能锂离子电池发展与应用现状、衰减机制与应用策略、热特性与可靠性、管控技术、创新消防处置技术、测试评价技术等关键技术，深入浅出地探讨了如何做好、用好、管好储能用锂离子电池的问题。

　　在本书成文过程中，邱景义和张浩牵头制定了全书大纲，多位业内著名学者参与了各章内容的撰写，具体如下：第 1 章由文越华和孟闻捷撰写，第 2 章由张松通撰写，第 3 章由周友杰、孟闻捷和张浩撰写，第 4 章由邱景义和张浩撰写，第 5 章由王莉撰写，第 6 章和第 9 章由金阳撰写，第 7 章由孙丙香撰写，第 8 章由钱诚撰写，第 10 章由杨凯和张明杰撰写，第 11 章由祝夏雨和朱明琳撰写。全书由邱景义、孟闻捷和张浩统稿。

　　相信本书的出版将对广大从事储能技术学术研究和产业的人士有借鉴作用，本书也可供储能科学与技术专业的研究生参考使用。

　　在本书出版之际，恰逢军事科学院防化研究院建院 70 周年，我们谨以此书向防化研究院院庆献礼！

作　者

2024 年 6 月

# 目　　录

# 第1章  锂离子电池系统的发展现状

进入 21 世纪以来，各国政府纷纷通过直接投资清洁能源和制定经济激励政策来推动能源结构调整，以减少对传统化石能源的依赖。为了实现"双碳"目标，需要解决从新能源生产源头到消费端的一系列问题，包括降低新能源的生产成本、克服新能源时空分布的随机性与波动性及终端工具的电气化等。目前，锂离子电池凭借质轻、高能量密度、无记忆性等优点已成为便携电子产品电源的首选。而在动力电池和大规模储能领域，须组成电池系统才能满足应用要求。典型的锂离子电池系统由锂离子单体电池、机械结构、电气系统、电池管理系统（battery management system，BMS）、热管理系统等组成。本章针对锂离子电池的基本概念原理、发展历史、体系分类和技术特点进行系统概述，并就锂离子电池系统的组成及发展历程做一个简要的介绍。

## 1.1  锂离子电池概念

锂离子电池本质上是一类通过电化学反应进行储能的二次电池，由具有高脱锂电位的材料和低嵌锂电位的材料分别构成正负极，具有离子传输能力的绝缘材料构成电解质。在充电过程中，锂离子从正极脱出并嵌入负极，使负极处于富锂状态，为了维持电平衡，相同电荷数的电子就通过外电路由正极输送到负极，电能被转化为化学能被储藏。进行放电时的反应则相反，负极发生脱锂反应，正极发生嵌锂反应，外电路中的电子再由负极返回正极，此时化学能完成向电能的转化。这种离子、电子在正负极间往复运动的工作方式类似于摇晃的摇椅，所以当这一概念在 1980 年被首次提出时，锂离子电池也被称为"摇椅式电池"（图 1-1）[1]。

这里以锂离子过渡金属氧化物和层状石墨为正负极材料，充放电过程中发生的氧化还原反应可归纳如下：

正极：

$$LiMO_2 \rightleftharpoons Li_{1-x}MO_2 + xLi^+ + xe^-, \quad M = Ni, Co, Mn \qquad (1-1)$$

负极：

$$6C + xLi^+ + xe^- \rightleftharpoons Li_xC_6 \qquad (1-2)$$

总反应：

$$LiMO_2 + 6C \rightleftharpoons Li_{1-x}MO_2 + Li_xC_6 \qquad (1-3)$$

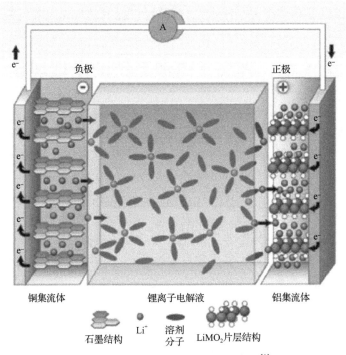

图 1-1　锂离子电池工作机制示意图[1]

　　除正极、负极和电解质外，常见的锂离子电池构造还包含隔膜和外壳两部分。活性物质通常需要与导电剂和/或黏结剂混合，以敷层的形式涂布在集流体上构成正负极。正极集流体一般选用铝箔，负极则选用铜箔。正负极极片两两相对，由隔膜隔开，隔膜材料对电解液的浸润性良好，含有丰富的孔隙，具有疏水和电子绝缘性，在隔离正负极的基础上只允许电解液中的离子通过。外壳则起到密封作用，用以保护电池内部结构。

## 1.2　锂离子电池发展简史

　　金属锂是最轻的金属元素(原子量为 6.94g/mol)，具有最负电位(–3.04V vs.标准氢电极)和相当高的比容量(3860mA·h/g)，因此理论上锂离子电池体系具有十分可观的比能量。早在 1912 年，将金属锂应用于电池负极材料的概念就由 Gilbert N. Lewis 提出，但由于金属锂不能稳定存在于传统水系溶剂中，所以这一构想直到 20 世纪 60~70 年代有机电解液出现才得以实现。彼时对"锂电池"的研究主要集中在锂原电池上，以亚硫酰氯、$MnO_2$、$I_2$、氟化石墨、$Ag_2V_4O_{11}$ 等材料为正极的锂金属一次电池相继被研发并投入商业应用。随着能源革命的高歌猛进，一次锂电池已经无法满足人们的需求，也就是在这一时期，二次锂电池的研究终于取得突破：1972 年美国 Exxon 公司开发出以金属锂为负极、$TiS_2$ 为正极的二次锂电池[2]。随后，以过渡金属硫化物、钒氧化合物、硫氧化合物为正极的二次锂电池层出不穷。但金属锂负极在工作过程中会生成锂枝晶，带来严重的安全隐患，事实上，这一问题至今仍未得到有效解决。20 世纪 80 年代末期，加拿大 Moli Energy 公司开发出 $MoS_2/Li$ 二次电池并首次实现了二次锂电池的商业化应用，但很快就出现了严重的起火爆炸事件，以金属锂为负极的二次锂电池不得不暂时退出历史舞台。可充放锂电池向人们展示了巨大潜力的同时，也以血的教训使人们明白金属锂负极存在着巨大的风险[2]。

但针对二次锂电池的研究工作并未停止，有学者在 1972 年提出的"电化学嵌入"机理为锂离子电池的出现提供了理论基础，另有学者于 1980 年又提出了"摇椅式电池"的概念[3]。很快，Goodenough 团队提出并成功合成了一系列层状氧化物 $LiTMO_2$（TM=Ni,Co,Mn）和尖晶石状 $LiMn_2O_4$ 正极材料；同一时期，有学者发现石墨具有嵌锂特性，是一种理想的负极材料，与其相适配的电解液碳酸乙烯酯随后也被发现[4]。1991 年，日本 Sony 公司将 $LiCoO_2$ 作为正极，石油焦作为负极的二次锂电池体系推向市场进行商业化应用，并命名为"锂离子电池（lithium ion battery）"[5]。1993 年后，天然石墨、人造石墨等更加稳定的碳基负极逐渐出现并替代了最初的石油焦。自此之后，现代锂离子电池体系进入快速发展阶段。

1997 年，Padhi 等提出橄榄石型 $LiFePO_4$ 材料可被用于锂离子电池正极，$LiFePO_4$ 正极因具有循环性能强、生产成本低、安全性好的特点，一经推出就引发了行业热潮，有力推动了锂离子电池产业的发展[6]。同年，Numata 等报道了 $Li_2MnO_3 \cdot LiCoO_2$ 正极材料，这是富锂锰基正极材料的首次问世[7]。进入 21 世纪以来，锂离子电池的研究百花齐放。正极方面，三元材料 $LiCo_xMn_yNi_{1-x-y}O_2$ 自发现后快速覆盖了高比能量电池市场。负极方面，钛酸锂和硅基材料在众多新兴负极材料中脱颖而出，成为研究和产业化的研究热点。在电解质领域，可以提高更高比能量和安全性的固态电解质和半固态凝胶电解质重新进入人们的视野，是目前被认为最具前景的下一代锂离子电池体系。

## 1.3　锂离子电池体系

采用不同的正负极和电解液材料可赋予锂离子电池不同的技术特性，包括能量密度、功率密度、循环寿命、高低温性能等。因此，可以根据正极材料、负极材料和电解质的类型对锂离子电池体系进行划分。

### 1.3.1　正极体系

在锂离子电池工作的过程中，正极材料处发生电化学氧化还原反应，需要承担锂离子的反复嵌脱，是决定锂离子电池电化学性能的核心部件之一。电池的理论能量密度 $E$ 可由式(1-4)推出：

$$E = \frac{V_{ave}}{1/C_A + 1/C_C} \tag{1-4}$$

正负极材料的理论比容量(分别为 $C_C$ 和 $C_A$)与正负极电势差($V_{ave}$)共同决定了电池的能量密度 $E$。不难发现，电池的高理论能量密度需要电池同时具备较高的正负极理论比容量及较高的工作电压。因此，在选择正极材料时期望具有以下特征：

(1)具有高的质量比容量和/或体积比容量。

(2)为保证电池高的工作电压，正极材料应具有较高的氧化还原电位。

(3)具有长且稳定的充放电平台。

(4)具有高的离子/电子电导率，减少极化。

(5)具有良好的结构稳定性和化学稳定性。

(6)具有低的经济成本和对环境友好等特点。

根据晶体结构类型，目前已经投入商业化使用和被认为具有商业化应用潜力的正极材料可以划分为三大类：以 $LiCoO_2$(LCO)、$LiCo_xMn_yNi_{1-x-y}O_2$(NCM)、$LiNi_{0.8}Co_{0.15}Al_{0.05}O_2$(NCA)和 $Li_2MnO_3 \cdot LiMO_2$(M=Ni，Co，Mn)等为代表的层状结构材料；以 $LiMn_2O_4$(LMO)和 $LiNi_{0.5}Mn_{1.5}O_4$(LNMO)等为代表的尖晶石结构材料；包括 $LiFePO_4$(LFP)、$Li_3V_2(PO_4)_3$、$LiFe_xMn_{1-x}PO_4$ 和 $Li_2FeSiO_4$ 等在内的聚阴离子型橄榄石结构材料。

从上述正极材料中挑选出最具前景的几类主要正极体系，并对其各项性能特点进行比较(表 1-1)。

**表 1-1　主要锂离子电池正极体系性能比较**

| 参数 | 正极体系 | | | | | |
|---|---|---|---|---|---|---|
| | LCO | LMO | LNMO | LFP | $Li_2MnO_3 \cdot LiMO_2$ | NCM |
| 理论质量比容量/(mA·h/g) | 274 | 148 | 147 | 170 | >350 | 280 |
| 实际质量比容量/(mA·h/g) | 140~200 | 100~120 | 100~130 | 120~160 | 200~300 | 150~220 |
| 工作电压/V | 3.6 | 3.7 | 4.7 | 3.4 | 4.5 | 3.6 |
| 循环性能 | 一般 | 一般 | 良好 | 优秀 | 一般 | 良好 |
| 安全性 | 差 | 良好 | 良好 | 优秀 | 良好 | 一般 |
| 成本 | 高 | 低 | 低 | 低 | 较低 | 较低 |
| 环境影响 | 钴、电解液* | 电解液 | 电解液 | 电解液 | 电解液 | 微量钴、电解液 |

*指液态电解质中的挥发性有机组分及化学添加剂对环境的潜在危害。

1. 层状结构正极体系

被研究证明可用的层状结构正极材料包括层状氧化物 $LiTMO_2$(TM=Ni,Co,Mn)、三元复合氧化物 $LiCo_xMn_yNi_{1-x-y}O_2$ 和 $LiNi_{0.8}Co_{0.15}Al_{0.05}O_2$、富锂锰基材料 $Li_2MnO_3·LiMO_2$。

1）$LiCoO_2$ 体系

层状氧化物 $LiTMO_2$(TM=Ni,Co,Mn)均具有 $\alpha$-$NaFeO_2$ 型层状结构，属六方晶系，空间群为 $R\overline{3}m$。层状结构有助于锂离子在 TM—O 层间进行二维穿插，因此具有理想的离子电导率（图 1-2）[8]。其中，钴酸锂（$LiCoO_2$）正极是商业化应用最早和市场占有率最高的正极材料，主要应用领域为传统消费电子产品。

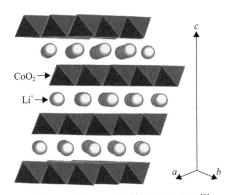

图 1-2 $LiCoO_2$ 的晶体结构示意图[8]

$LiCoO_2$ 的理论比容量为 274mA·h/g，在应用中的实际比容量通常在 150mA·h/g 以内。研究发现在较高的充电电压下，其比容量可升至 200mA·h/g。但当过量锂离子从 $LiCoO_2$ 材料中脱出（一般认为脱出量达到 50%）时，$LiCoO_2$ 材料由六方相向单斜相转变，从而造成晶体结构的不稳定，并引发 Co 离子向电解液中流失。在过往的很长一段时间里，这一相变过程被认为是不可逆的。然而最新研究表明事实并非如此，高电压下容量的损耗更多是来自电解质的不稳定。高电压电解液的发展推动了 $LiCoO_2$ 体系电池能量密度的进一步提高。$LiCoO_2$ 正极生产工艺成熟，合成也比较容易，但却无突出的电化学优点。除此之外，过高的成本和钴的毒性问题也限制了 $LiCoO_2$ 材料未来的发展。

2）$LiNiO_2$ 体系

镍酸锂（$LiNiO_2$）正极的理论比容量同样高达 275mA·h/g，实际应用中也可达到 200mA·h/g。但层状 $LiNiO_2$ 的制备条件相当苛刻，且循环性能衰退问题严重：在充电过程中，由于离子半径相近，$Ni^{2+}$ 极易向邻近 Li 层发生迁移，占据 $Li^+$ 脱去后留下的空间点位，发生锂镍混排行为，造成 $Li^+$ 层间距减小，迁移活化能增加，同时还会造成体相结构的不稳定。因此，$LiNiO_2$ 正极目前并未实现大规模商业化应用。

### 3) $LiMnO_2$ 体系

锰酸锂正极材料根据所属晶系不同共有两种，分别是层状锰酸锂（$LiMnO_2$）和尖晶石型锰酸锂（$LiMn_2O_4$）。层状 $LiMnO_2$ 正极材料的理论比容量高达 $286mA\cdot h/g$，接近尖晶石型 $LiMn_2O_4$ 的两倍。然而，$LiMnO_2$ 晶型在充放电过程中会受 Jahn-Teller 效应作用而产生畸变，致使材料结构极不稳定，可逆容量极大减少。锰基活性材料还有一个特有问题是锰溶解。$Mn^{3+}$ 在微量 HF 作用下会发生自催化的歧化反应，生成可溶性 $Mn^{2+}$ 并转移至电解液中，导致电池循环性能急剧恶化。

### 4) $LiCo_xMn_yNi_{1-x-y}O_2$ 体系

三元镍钴锰体系正极（NCM）可以视作由层状 $LiCoO_2$、$LiNiO_2$、$LiMnO_2$ 按一定比例相互固溶而来，可用通式 $LiCo_xMn_yNi_{1-x-y}O_2$ 表示。NCM 与 $LiTMO_2$ 类似同为 $\alpha$-$NaFeO_2$ 型层状结构，属六方晶系，空间群为 $R\bar{3}m$。O 原子呈立方密堆积排列，阳离子占据八面体空隙形成过渡金属层和锂离子层交替排布（图 1-3）[9]。在过渡金属层中，Ni、Co、Mn 三种元素随机排列。

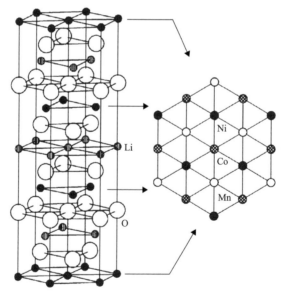

图 1-3　$LiCo_xMn_yNi_{1-x-y}O_2$ 三元材料晶体结构示意图[9]

$LiCo_xMn_yNi_{1-x-y}O_2$ 中的镍组分主要以 $Ni^{2+}$ 和 $Ni^{3+}$ 形式存在，通过 $Ni^{2+}/Ni^{3+}$ 和 $Ni^{3+}/Ni^{4+}$ 电对的电化学氧化还原提供容量。钴组分为 $Co^{3+}$，一般情况下其价态不会发生变化，主要负责增强材料离子、电子的导电性能，同时一定含量范围内的 Co 还有助于改善阳离子混排问题。锰组分则以 $Mn^{3+}$ 和 $Mn^{4+}$ 形式存在，主要作用是提升材料的安全性能，降低成本。三种组分分别发挥不同的作用，相互之间存在三元协同效应，相互弥补不足。$LiCo_xMn_yNi_{1-x-y}O_2$ 正极体系可以被视为是集合了三者的优点，电化学性能优于任何单一组分。

目前研究较多的 NCM 体系包括 $Li[Ni_{1/3}Co_{1/3}Mn_{1/3}]O_2$（NCM111）、$Li[Ni_{0.6}Co_{0.2}Mn_{0.2}]O_2$（NCM622）、$Li[Ni_{0.8}Co_{0.1}Mn_{0.1}]O_2$（NCM811）和 $Li[Ni_{0.5}Co_{0.2}Mn_{0.3}]O_2$（NCM523）等。其平均工作电压在 3.6V 左右，随着镍组分占比的升高，理论比容量上限可达到 $280mA \cdot h/g$，但高镍带来的材料结构不稳定使电池其他方面的电化学性能受到影响。因此，目前针对 NCM 体系的研究重点主要集中在优化 Ni、Co、Mn 比例及提升高镍 NCM 材料充放电过程中的结构稳定性上。NCM 体系锂离子电池凭借其在能量密度上不俗的表现而受到电动汽车行业的青睐，主要应用场景是动力锂离子电池和部分小型高比能量电池。

5）$LiNi_{0.8}Co_{0.15}Al_{0.05}O_2$ 体系

三元镍钴铝酸锂正极（$LiNi_{0.8}Co_{0.15}Al_{0.05}O_2$，NCA）与 NCM 正极的物性和结构相似，通过引入一定量的 $LiAlO_2$ 而获得了更高的结构稳定性。$LiNi_{0.8}Co_{0.15}Al_{0.05}O_2$ 材料的比容量在实际应用中可以达到 $220mA \cdot h/g$，可用作动力锂离子电池 NCM 正极的替代品。但由于制备工艺复杂，目前仅有少数公司推出了使用 NCA 正极的商业化锂离子电池。

6）$Li_2MnO_3 \cdot LiMO_2$ 体系

富锂锰基正极材料由 $Li_2MnO_3$ 和 $LiMO_2$（M=Ni,Co,Mn）两部分组成，是二者在纳米尺度上的混合物。$Li_2MnO_3$ 同样是层状结构，属单斜晶系，空间群为 $C2/m$。相比 $LiMnO_2$，$Li_2MnO_3$ 呈富锂状态，有 25% 的锂离子占据原本的锰离子层。$Li_2MnO_3$ 组分引入了全新的充放电机制，首次充电过程的前中期遵循氧脱出理论：$Li^+$ 的脱出伴随着 $O^{2-}$ 离开晶格生成 $O_2$，在晶体中形成氧空位；而后期则遵循质子交换理论：$Li^+$ 与电解液中的 $H^+$ 发生置换反应。这一机制对应的不可逆平台在 4.5V，因此富锂锰基正极的充电截止电压应大于 4.5V。

$Li_2MnO_3 \cdot LiMO_2$ 正极的实际比容量可以达到 $250mA \cdot h/g$ 以上，认为是下一代高比能量锂离子电池正极材料的有力竞争者。但其存在首圈库仑效率低下、电压降、电压滞后等问题，这些都是富锂锰基正极体系应用路上需要克服的技术制约。

2. 尖晶石结构正极体系

1）$LiMn_2O_4$ 体系

锰酸锂（$LiMn_2O_4$）具有尖晶石结构，属立方晶系，空间群为 $Fd\bar{3}m$。O 原子面心立方堆积排列，Mn 原子占据其 1/2 的八面体空隙，Li 原子占据 1/8 的四面体空隙，形成如图 1-4 所示的三维立体结构，为锂离子的嵌脱提供通路。$LiMn_2O_4$ 正极的理论比容量为 $148mA \cdot h/g$，实际容量则更低[10]。其优势在于安全性好、生产成本低、对环境影响小，因此其应用方向主要是动力锂电池。

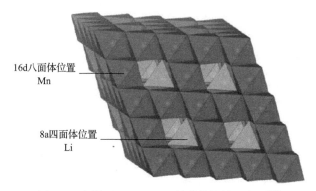

图 1-4　尖晶石型 $LiMn_2O_4$ 的晶体结构示意图[10]

锰溶解和 Jahn-Teller 效应造成的晶格畸变是 $LiMn_2O_4$ 正极循环性能不佳的诱因。针对这点的改性手段目前主要集中在选用 $Fe^{3+}$、$Ni^{2+}$、$Co^{3+}$ 等低价态杂原子代替晶体中的部分锰。这一举措可以有效提高锰的氧化态，减少 $Mn^{3+}$ 的含量，从而消除造成容量衰减的因素，大幅提升循环寿命。

2）$LiNi_{0.5}Mn_{1.5}O_4$ 体系

镍锰酸锂（$LiNi_{0.5}Mn_{1.5}O_4$）凭借其高理论容量、高电压平台、优异的循环稳定性和安全性成为研究热点。$LiNi_{0.5}Mn_{1.5}O_4$ 结构与 $LiMn_2O_4$ 相似：严格计量比的 $LiNi_{0.5}Mn_{1.5}O_4$ 表现出有序尖晶石结构，空间群为 $P4_332$；而通过调整制备条件可以得到空间群为 $Fd\bar{3}m$ 的无序型 $LiNi_{0.5}Mn_{1.5}O_4$，其具有更强的导电能力和循环中更好的结构稳定性（图 1-5）[11]。

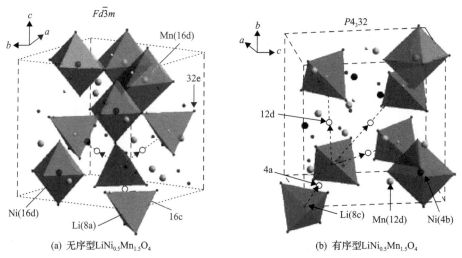

(a) 无序型$LiNi_{0.5}Mn_{1.5}O_4$　　(b) 有序型$LiNi_{0.5}Mn_{1.5}O_4$

图 1-5　尖晶石型 $LiNi_{0.5}Mn_{1.5}O_4$ 的晶体结构示意图[11]

金属杂原子的掺杂或多或少都会对 $LiMn_2O_4$ 的结构稳定性或容量造成不良影响，然而 $LiNi_{0.5}Mn_{1.5}O_4$ 正极并不存在这种问题：充电过程中镍元素提供容量，不会造成材料理论容量下降；$Ni^{4+}$ 的 3d 电子轨道还可以同 $O^{2-}$ 的 2p 轨道稳定杂化，在充电状态下材料的结构稳定性获得提升。$LiNi_{0.5}Mn_{1.5}O_4$ 正极的理论比容量为 $146.7mA \cdot h/g$，镍元素的加入更是将材料的电压平台提高到了 4.7V，使其成为高比能量、高比功率锂离子电池系统的正极备选方案。此外，镍锰酸锂正极可以弥补钛酸锂负极电位过高的缺陷，同其匹配可组建长循环寿命的高安全性锂离子电池。$LiNi_{0.5}Mn_{1.5}O_4$ 正极的研究始于 21 世纪初，目前已实现商业化应用。

3. 聚阴离子型正极体系

常见的聚阴离子型正极材料包括以 $LiFePO_4$ 和 $Li_3V_2(PO_4)_3$ 为代表的磷酸盐类材料及新兴硅酸盐类材料。

1）$LiFePO_4$ 体系

磷酸铁锂（$LiFePO_4$，LFP）具有橄榄石型结构，属正交晶系，空间群为 *Pnma*。O 原子呈六方密堆积排列，Li 和 Fe 原子占据八面体中心，P 原子占据四面体中心。$FeO_6$ 八面体通过公共顶点连接构成平面层，面与面间再通过 $PO_4$ 四面体连接形成强的 Fe—O—P 键（图 1-6）[12]。这种骨架结构可增强的结构稳定性，但也限制了 $Li^+$ 在材料中的自由扩散。

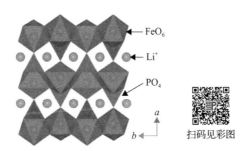

扫码见彩图

图 1-6　$LiFePO_4$ 的晶体结构示意图[12]

$LiFePO_4$ 中的铁以 $Fe^{2+}$ 形式存在，充放电过程中在低价态的 $Fe^{2+}/Fe^{3+}$ 电对间转化，材料在斜方晶系的 $LiFePO_4$ 和六方晶系的 $FePO_4$ 之间转变。材料对常规电解液稳定，脱嵌锂过程中的体积变化很小且没有明显的相变转折点，因此具有优异的循环稳定性和安全性能。

除此之外，$LiFePO_4$ 正极还具有低成本、环境友好的优点，但也存在电压和比容量较低的问题。$LiFePO_4$ 正极的理论比容量为 $170mA \cdot h/g$，通过产学研界的充分挖掘目前其在应用中的实际容量已经非常接近理论容量，很难再有突破。其主要应用场景是高安全性动力锂离子电池。

2) $Li_3V_2(PO_4)_3$ 体系

$Li_3V_2(PO_4)_3$ 属单斜晶系，空间群为 $P2_1/n$。$VO_6$ 八面体同 $PO_4$ 四面体通过顶点相连构成三维骨架结构，具有通畅的锂离子脱嵌通路。$Li_3V_2(PO_4)_3$ 正极的理论比容量为 $329mA·h/g$，工作电压在 $4.6V$ 左右，同样具有结构稳定性强的优点。但缺点的电子导电性能限制了其在大电流下的充放电能力。

3) $Li_2MSiO_4$ 体系

硅酸盐 $Li_2MSiO_4$($M=Ni,Co,Mn$ 等)正极是一类新型锂离子电池正极材料，具有超过 $300mA·h/g$ 的理论比容量。但在实际应用中的容量衰退情况严重，且存在电压降，因此聚阴离子硅酸盐正极的开发研究和商业化应用还有很长的路要走。

### 1.3.2 负极体系

考虑到电池的正负极容量匹配，发展具有理想工作电压和高比容量的负极体系同样是锂离子电池必不可少的工作。在选择负极材料时期望其具有以下多种甚至所有优点：

(1) 具有高的质量比容量和/或体积比容量。

(2) 为保证电池高的工作电压，负极材料应具有较低的氧化还原电位。

(3) 对电解液化学稳定，可以形成稳定的固体电解质界面(SEI)膜。

(4) 具有高的离子/电子电导率。

(5) 在脱嵌锂过程中具有良好的结构稳定性和电压稳定性。

(6) 具有低的经济成本和对环境友好等特点。

金属锂是理想情况下最优的负极方案，但锂枝晶问题目前仍未完全解决，使其实际应用过程中存在技术瓶颈。根据储锂机理，目前已经投入商业化使用和具有应用潜力的负极材料可作如下划分：以数量庞大的碳材料和 $Li_4Ti_5O_{12}$ 等为代表的嵌入型负极材料；以ⅣA族和ⅤA族元素为代表的合金化反应型负极材料；包括各种过渡金属氧化物、硫化物等在内的转化反应型负极材料。目前已实现商业化的负极体系种类并不多，主要包括石墨类、无定形碳类、$Li_4Ti_5O_{12}$ 和硅基负极材料。值得一提的是，在实际应用中往往需要将其中的两种或多种进行组合以满足现在先进锂离子电池的要求。

#### 1. 嵌入型负极体系

嵌入型负极材料具有可供锂离子嵌入的晶体空隙，通过形成嵌锂化合物的形式提供容量。常见的嵌入型负极材料包括石墨、无定形碳和 $Li_4Ti_5O_{12}$。

1) 石墨体系

石墨中的碳原子 $sp^2$ 杂化，在同一平面上通过共价键相连，多层碳层之间则通过范德瓦耳斯力结合。石墨片层的层间距为 3.35Å，$Li^+$ 分阶插入，占据能量最低的碳六元环中心位置。在充满电的情况下，形成 $LiC_6$ 插层化合物，对应嵌锂电位为 0.1V，比容量为 372mA·h/g。

石墨材料可分为天然石墨和人造石墨，是目前最主要的负极体系，市场占比在 95% 以上。因为在碳原子层表面存在由 p 轨道电子形成的离域大 π 键，所以石墨负极具有良好的电子传导能力。除此之外，石墨负极的首次充放电效率较高，完全嵌锂状态下的体积变化较小，且在低电位下具有稳定的充放电平台。但过低的脱嵌锂电位较接近金属锂沉积电位，极易造成锂枝晶的形成，带来安全隐患。石墨负极在实际应用中的比容量表现已非常接近其理论容量，需要通过同其他材料复合的方式来进一步提高其电化学表现。

2) 无定形碳体系

无定形碳指的是石墨化程度较低的一类碳材料，分为软碳和硬碳两种。从微观尺度看，无定形碳不像有序石墨碳那样具有长程有序的二维网平面结构，而是由各色乱层石墨和石墨微晶无周期性地排列组合而成，还包含大量 $sp^3$ 碳结构和官能团。软碳包括但不限于焦炭和中间相碳微球、沥青碳等芳环化程度较高的碳材料，此类碳材料的特点是在 2000℃ 以上的高温处理下可以实现石墨化转变。硬碳是指高分子聚合物热解碳，常见的原材料包括树脂、生物质材料和一些小分子聚合物，即使在高温条件下也难以被石墨化。

除了在石墨层间嵌入式储锂，无定形碳还能够依靠表面吸附、晶界边缘、开口和缺陷位点进行储锂。复杂的储锂机制使无定形碳的电化学表现受材料处理工艺影响十分明显：其中软碳的比容量较高，低温性能及倍率表现优异，但存在严重的电压滞后现象而难以被单独用作负极材料；硬碳材料具有很好的低温和倍率表现，但比容量较低，首圈库仑效率较低。由于硬碳比表面大，造成首次充电过程中有更多的锂离子被消耗用来形成 SEI 膜，因而在实际应用上仍存在很多阻碍。目前，无定形碳材料主要用作负极体系的添加剂，用于改善和赋予材料某些特点性能。

3) $Li_4Ti_5O_{12}$ 体系

钛酸锂（$Li_4Ti_5O_{12}$）具有尖晶石结构，属立方晶系，空间群为 $Fd3m$。O 原子面心立方堆积排列，Ti 原子和 25% 的 Li 原子占据八面体空隙，剩余 Li 原子占据四面体空隙(图 1-7)[13]。

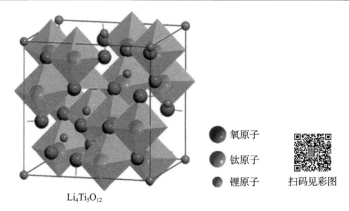

氧原子

钛原子

锂原子

扫码见彩图

$Li_4Ti_5O_{12}$

图 1-7　$Li_4Ti_5O_{12}$ 的晶体结构示意图[13]

$Li^+$通过嵌入 $Li_4Ti_5O_{12}$ 晶体中的剩余八面体空隙提供容量，其理论比容量为 175mA·h/g，实际比容量在 130～160mA·h/g。完全脱嵌锂过状态下，$Li_4Ti_5O_{12}$ 负极的体积变化在 0.2%以内，被称为"零应变"负极材料。稳定的结构使其在循环过程中的容量几乎无衰减，且拥有极可靠的安全性能。但 $Li_4Ti_5O_{12}$ 负极的脱嵌锂电位高达 1.5V，使其在组成全电池器件时的工作电压较其他体系锂离子电池都要低得多，能量密度也相应较低，因此需要为其匹配高电压正极体系。目前 $Li_4Ti_5O_{12}$ 负极的主要应用场景是对能量密度要求不高的高安全、长寿命电池。

2. 合金化反应型负极体系

合金化反应型负极材料通过与 $Li^+$进行如式(1-5)所示的合金化反应进行电能的存储与释放：

$$A + nLi^+ + ne^- \longleftrightarrow Li_nA \qquad (1-5)$$

其中，A 主要包括 Si、Ge、Sn、Sb、P 等ⅣA 族和 VA 族元素。

合金化反应型负极的理论比容量和充放电平台均优于传统石墨负极，以 Si、Ge、Sn 为代表的此类负极材料被认为是现有石墨负极最有前景的高性能替代者。

然而合金化反应型负极材料在嵌锂过程中会遭遇严重的体积变化(表 1-2)。这一问题对电极材料的构筑是致命的，是造成负极容量快速衰退、失效的重要原因。因此，合金化反应型负极材料在应用前须改性。常见的改性手段包括纳米化，进行多孔、中空化等方式的结构设计，同金属、导电聚合物或碳材料等第二相复合等。

表 1-2　Si、Ge、Sn 负极体系性能总结

| 参数 | 负极体系 | | |
|---|---|---|---|
| | Si | Ge | Sn |
| 理论质量比容量/(mA·h/g) | 4200 | 1624 | 991 |
| 脱锂电压/V | 0.4 | 0.5 | 0.6 |
| 电导率(室温)/(S/m) | $4\times10^{-4}$ | 4 | $9\times10^{6}$ |
| 完全嵌锂态体积改变/% | 300 | 270 | 300 |

硅基负极是唯一实现规模化商业应用的合金化反应型负极材料,应用场景涵盖了从小型消费电子产品到大型动力电池等诸多领域。Si 及其氧化物是半导体,电导率都比较低。目前的产业化热点主要是微纳米级硅同碳的复合材料 $SiO_x/C$ ($0\leqslant x\leqslant 2$)。同碳的复合可以提高负极材料崩塌、粉化需克服的耗散能,增强材料的结构稳定性,并提高材料导电性。$SiO_x/C$ 的实际比容量与含氧量 $x$ 有关,一般都在 500mA·h/g 以上,$x$ 越小,比容量越高,但循环性能也相应下降。

### 3. 转化反应型负极体系

转化反应型负极材料通过发生可逆的氧化还原转化反应进行电能的存储与释放[式(1-6)]。主要包括各种类型的过渡金属氧化物、硫化物等,理论比容量一般在 1500mA·h/g 以内。

$$M_aX_b + nLi^+ + ne^- \longleftrightarrow Li_nX_b + aM \qquad (1\text{-}6)$$

其中,M 代表过渡金属 Ni、Co、Fe、Ti、Mo 等;X 代表 N、O、S、P 等易与金属反应的元素。

转化反应型负极材料是一类还未从实验室走向市场应用的负极材料,其电极反应复杂,常伴随多种副反应的发生,因此会出现电压滞后、电极极化的现象。除此之外,转化反应型负极材料还存在首圈库仑效率低、脱锂电位高的问题,其充放电过程伴随着不同程度的体积膨胀,循环倍率性能不理想。

### 1.3.3　电解质体系

电解质同样是影响锂离子电池性能的重要组分。在选择电解质时期望其具有以下多种甚至所有优点:

(1)具有较强的离子传输能力。

(2)具有宽且稳定的电化学窗口。

(3)具有宽温域范围内的电化学稳定性,与正负极无明显副反应。

(4)安全性强,不易燃。

(5)具有经济成本低和对环境友好等特点。

依据类型不同，电解质可以划分为三种体系：液态电解质体系、凝胶聚合物电解质体系和固态电解质体系。

### 1. 液态电解质体系

锂离子电池的液态电解质体系由锂盐、有机溶剂和添加剂组成。其中，锂盐提供了正负极间自由穿梭的阴阳离子，并且参与 SEI 膜的形成过程。根据阴离子种类的不同可以分为无机锂盐和有机锂盐。无机锂盐包括 $LiPF_6$、$LiClO_4$、$LiAsF_6$ 等，其中 $LiPF_6$ 虽然热稳定性不佳且对溶剂中的水极其敏感，但其凭借优秀的综合性能已成为目前液态电解质体系锂盐的首选。有机锂盐包括 $LiCF_3SO_3$、$LiN(SO_2CF_3)_2$ 等，其具有热稳定性好，不易水解的优点，且在负极表面可形成导电率好的稳定 SEI 膜，提高电池的循环效率。但在实际应用中需要解决其离子电导率差、腐蚀正极集流体等问题。

锂盐需溶解在有机溶剂中形成自由移动的离子才能参与电池工作。常用的有机溶剂包括碳酸丙烯酯(PC)、碳酸乙烯酯(EC)、碳酸二甲酯(DMC)、碳酸二乙酯(DEC)和碳酸甲乙酯(EMC)等。EC 的介电常数大，有助于锂盐的解离，但黏度和熔点较高，无法单独使用。因此需要与低黏度、低熔点的 DMC、DEC、EMC 溶剂混合使用才能提供足够强的离子传输能力。

研究发现，通过在电解液中加入少量添加剂可以增强锂离子电池某些方面的性能。例如，添加成膜添加剂氟代碳酸乙烯酯(FEC)、碳酸亚乙烯酯(VC)等有助于形成稳定的 SEI 膜；添加阻燃添加剂甲基膦酸二甲酯(DMMP)、三甲基磷酸酯(TMP)等可以改善电池的安全性能。除此之外，添加剂的类型还包括导电添加剂、过充保护添加剂，控制水、HF 含量添加剂等。

### 2. 凝胶聚合物电解质体系

凝胶聚合物电解质(GPE)也称为半固态电解质，具有固态电解质的部分优点，同时也保留了液态电解质的一些缺点，是电解质体系由液态向固态发展过程中的过渡产物。目前，半固态电解质已实现商业化应用。凝胶聚合物电解质通常由锂盐、聚合物和增塑剂组成。目前引起广泛重视的聚合物体系包括聚偏氟乙烯(PVDF)、聚丙烯腈(PAN)、聚甲基丙烯酸甲酯(PMMA)等，通过物理或化学交联的方式组成基底。常见的增塑剂包括二甲基甲酰胺(DMF)、EC、DEC、聚乙二醇(PEG)等，溶解在聚合物基底或存在于聚合物交联的缝隙中。聚合物和增塑剂均以连续相形式存在，锂盐溶解在其中。

凝胶聚合物电解质中的增塑剂组分主要起提高离子电导率的作用，有时增塑剂在电解质中的含量甚至达到 80%以上。锂离子在凝胶聚合物电解质中的传输模式除同组分间的溶剂化作用外，还包括在聚合物链段中的跃迁。除此之外，聚合物组分还负责提供机械强度和稳定性，因而相比于液态电解质，其安全性更高，热稳定性和化学稳定性也更好。

### 3. 固态电解质体系

固态电解质可以有效解决目前液态电解质体系锂离子电池所面临的安全性问题，是电解质体系未来发展的方向。由于固态电解质代替了隔膜，且有足够的剪切模量抑制锂枝晶的生长，使得金属锂负极的应用成为可能。同时，正极可以被替换为不含锂的能量更高的材料，从而使锂离子电池获得更高的能量密度。固态电解质体系主要有两种类型：无机固态电解质和聚合物固态电解质。

无机固态电解质发展较早，涵盖氧化物、硫化物、氢化物、卤化物等具有离子传输能力的无机物，具有完全不可燃、离子电导率高的优点。在这类固态电解质中，离子通过材料内部的缺陷进行传输。非晶型固态电解质中存在大量缺陷，因而具有良好的离子电导率；而在晶体型材料中，晶格内部也存在着原子空位和间隙离子，为离子传输提供了载体。目前，无机固态电解质的研究方向主要集中在钙钛矿体系、钠超离子 (NASICON) 体系、石榴石体系、锂超离子 (LISICON) 体系和硫化物体系等。

聚合物固态电解质由锂盐和聚合物组成，聚合物中的官能团对锂离子产生溶剂化作用，锂离子通过配位键结合至聚合物链段上，并通过聚合物链段的运动进行离子传输。目前研究较多的有聚醚体系、聚丙烯腈体系、含氟聚合物体系等。聚合物固态电解质的稳定性不及无机固态电解质，但具有很好的机械加工性能，易加工成不同的形状。

固态电解质的优点非常多，除了高安全性和高能量密度，加工性能和循环稳定性也十分优异。目前，已开发出基于先进固态电解质体系的锂离子电池并在某些特定领域走向应用。

## 1.4 锂离子电池的分类和技术特点

根据外壳形状的不同，锂离子电池可以分为扣式电池、软包电池、圆柱形电池和立方体形电池(图 1-8)[14]。扣式锂离子电池的结构最简单，由负极壳、负极片、隔膜、正极片、垫片、弹簧片和电解液组成。

软包电池的外壳一般采用质软的铝塑膜，圆柱形电池和立方体形电池的外壳材质可以是不锈钢壳、铝壳，在某些特殊情况下还会使用塑料壳。正负极的集流体均采用双面涂敷的工艺，两两相对，由隔膜隔开，选择叠片或卷绕的手法组装成电芯，封装入外壳中。软包电池一般采用热封装，圆柱形电池和立方体形电池则采用激光焊接封装。

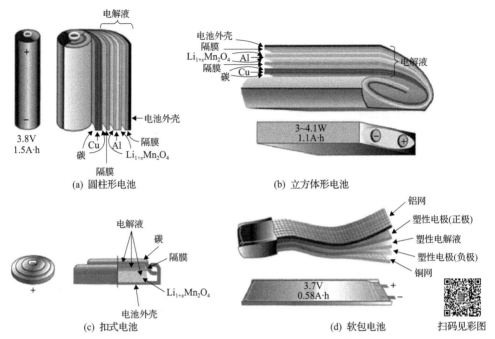

图1-8　不同类型锂离子电池结构示意图[14]

锂离子电池自问世以来发展迅速，这归功于其优异的综合性能。同传统二次电池如铅酸电池(lead acid)、镍镉电池(Cd/Ni)和镍氢电池(MH/Ni)相比，锂离子电池的性能优势主要表现在以下方面。

(1)更高的质量比能量和体积比能量。锂离子电池的质量比能量是镍镉电池的2倍以上，是铅酸电池的4倍，即在储存同等能量的条件下其质量仅是镍镉电池的不到一半。因此，锂离子电池的推广有助于便携式电子设备的小型化、轻量化。

(2)工作电压高。一般单体锂离子电池的电压可达到3.6V，部分甚至可以达到4V以上，是镍镉电池和镍氢电池的3倍，铅酸电池的2倍。

(3)循环使用寿命长。在80%放电深度(DOD)的条件下可以进行500次以上的充放电循环，高于其他传统电池，大幅降低了电子设备的使用成本。

(4)自放电率小。一般月均放电率在10%以下，不到镍镉电池和镍氢电池的一半。

(5)无记忆效应。镍镉电池长时间不完全充放电会造成电池可逆容量的减小，须进行完整循环才能恢复，锂离子电池则不存在这一问题。

(6)它是一类环境友好的绿色电池，不含汞、铅、镉等重金属元素。

(7)具有良好的加工灵活性，可根据用途加工成各种形状。

# 1.5　锂离子电池系统简介

前面介绍的直接由正/负电极、隔膜和电解质等关键材料组装而成的锂离子电池体系又称为锂离子电池单体，已经可以直接应用于一些简单的小型器件，如手电筒、收音机等。但如果需要给大型计算机、电动汽车、大规模储能器件等更加精密、复杂的设备供电，则需要一整套系统来确保锂离子电池设备的正常工作。

## 1.5.1　锂离子电池系统的组成

在一个锂离子电池系统中，最基础的供电单元就是锂离子电池电芯，又称为单体电池(cell)，一系列的单体电池通过串/并联的方式组成一个更大的供电单元，称为电池模块(module)。一块锂离子单体电池能获得的最大电压不超过 5V，安全工作电压则更低，实际应用中需要将更多的单体电池进行串联以获得更高的工作电压。而受原材料和生产工艺等因素的影响，即使同一批次生产的锂离子电池电芯也会存在不一致性问题。电池的内阻、容量、自放电电流及之后工作状态上的差异是造成单体电池不一致性的主要原因。在充放电过程中，这种不一致性会造成电压或电流不均衡地分配到每一个单体电池上，从而发生过放和过充现象，造成电池不可逆的损坏甚至热失控。当设备需要更高能量时，一系列电池模块进一步进行串/并联组成电池组(pack)进行供能，此时由电芯不一致性引起的问题就更加突出。所以，一般电池组甚至电池模块都需要如电压管理系统(VMS)或电路保护模块(PCM)一类电控模块来确保锂离子电池的正常工作。

在电池组之外，一个完整的锂离子电池系统根据其应用场景的不同还包括机械系统、电气系统、热管理系统和电池管理系统(BMS)中的一种或多种。

目前，常用的锂离子电池液态电解质体系对工作环境较为敏感，挤压、碰撞、潮湿等外因都会对其产生影响。因此，需要设计机械系统对单体电池、模块和电池组添加保护措施进行机械增强。电气系统包括高压跨接片、接触器、高低压电路等器件，主要负责接收和向外传输电能，以及电气信号的传输。锂离子电池存在最佳工作温度范围，通过对电池组进行温度的监控和调节可以有效延长电池组寿命，减少安全隐患。常用的热管理系统包括风冷、液冷和相变材料。

BMS 是锂离子电池由单体走向系统不可或缺的关键技术。当单体电池组成大规模的锂离子电池组时，电压不均衡的问题将变得十分复杂，必须由电池管理系统对电池进行管理和控制。电池管理系统需要实现以下功能：电池监控和状态估计，针对各种突发情况对电池进行保护，对电池进行控制以实现性能最大化，对用户或外部设备进行反馈等。

### 1.5.2　锂离子电池系统的发展历程

#### 1. 机械系统

在锂离子电池系统尤其是动力锂离子电池系统开发初期，机械系统并未受到足够的重视。然而，随着在车辆测试及实际运行中锂离子电池起火事件频发，如何提升电池系统的安全性能被摆在了提升能量水平之前；人们开始在锂离子电池包周围增加更多的结构加强器件以减少振动、碰撞造成的影响。随着电池系统的发展，热管理和 BMS 技术逐渐成熟，电池的机械系统需要更合理地集成更多元件，因此模块化设计的思路被引入。电池包被集成为一个独立的模块，可以进行便携拆装，并适配不同的充放电系统，机械系统开始变得精细且复杂。但过重的机械结构不可避免地会造成电池能量密度的降低，在评价电动汽车时，其结果就是续航里程下降。为了提高电动汽车的行驶性能，各个厂家开始致力于低质量、高强度结构材料的开发与应用。

#### 2. 电气系统

电气系统通常与 BMS 集成，一直以来针对电气系统的开发研究都集中在提升安全性上。通过设置预充电路可以有效避免大电流涌入；通过设置保险丝可以避免短路；通过高压互锁回路、紧急断电开关可以避免电压过高等。无线充电技术可以通过无线或感应技术对电池进行充电，而不再通过电气器件的直接连接，这项新技术的普及也对电气系统提出了更高的要求。

#### 3. 热管理系统

热管理系统通常集成于机械系统中，根据管理方式可以分为被动热管理和主动热管理。被动热管理适用于工作条件稳定，且不需要大倍率充放电的电池系统。主动热管理根据介质不同又分为风冷和液冷，除了担负将电池工作过程中产生的热量及时散去的任务，还需要在低温情况下为锂离子电池系统加热，使其在理想的温度范围工作。除此之外，相转变材料是一种新的热管理材料，可以通过同其他介质联动获得优秀的热管理效果。目前，随着对锂离子电池安全性、循环寿命要求的提升，热管理系统正朝着智能化、集成化发展，从而增强锂离子电池在宽温域条件下的适应能力。

#### 4. 电池管理系统

相比于传统消费锂离子电池，动力锂电池系统对 BMS 的要求更加严格，需求的功能也更多。在国家政策的鼓励扶持下，新能源汽车行业逐渐走向成熟，极大地推动了 BMS 的发展。BMS 从过去只能对电池的一些工作状态进行检测并给出简单的反馈，到现在已开发出一系列更加复杂的功能。随着智能通信、大数据、云计算、人工智能等技术的飞速发展，BMS 的相关算法不断迭代优化，现在不仅可以准确获取每个单体电池包括电压、温度、状态在内的各项理化数据，还可以基于整个电池组对这些数据给出反馈和进行管理，并上传至云端记录、交互。目前 BMS 技术正朝着更高精度、更智能的方向发展，为研制出更复杂的锂离子电池系统提供了可能。

5. 电池组

新能源行业的飞速发展推动电池组向更高能量密度、更高安全性的方向前进。提升能量密度最常见的手段是对现有正负极和电解液体系进行优化改进：采用硅碳负极代替石墨负极、NCM 三元正极代替钴酸锂正极来获得更高能量密度，使用固态电解质代替传统液态电解质提高电池的安全性。因此，受电动车和新能源储能等日益广泛应用的牵引，锂离子电池技术目前处于快速发展的上升阶段，下一代先进材料受技术瓶颈制约并未能实现商业化应用，电池能量密度的提升进入窗口期。除此之外，改变单体电池的规制、优化电池模块和电池组的布局及选择更加轻质的电池壳体材料也是目前常用的改进手段。

近年来，一些电动汽车厂商开始尝试更加激进的无模组技术，其中最具代表的是比亚迪的刀片电池和宁德时代的单体到模组（cell to pack，CTP）技术。这些措施放弃了传统电池结构中的电池模块，直接由单体电池组装成电池组，提高了内部空间的利用率，降低了电池组质量，有效提升了系统能量密度。

## 参 考 文 献

[1] Dunn B, Kamath H, Tarascon J M. Electrical energy storage for the grid: A battery of choices[J]. Science, 2011, 334(6058): 928-935.

[2] Whittingham M S. Lithium batteries and cathode materials[J]. Chemical Reviews, 2004, 35: 4271-4301.

[3] Murphy D W, Broadhead J, Steele B C H. Materials for Advanced Batteries[M]. New York: Plenum Press, 1980.

[4] Mizushima K, Jones P C, Wiseman P J, et al. $Li_xCoO_2$ $(0<x<1)$: A new cathode material for batteries of high energy density[J]. Materials Research Bulletin, 1980, 15: 783-789.

[5] Ozawa K. Lithium-ion rechargeable batteries with $LiCoO_2$ and carbon electrodes: The $LiCoO_2$/C system[J]. Solid State Ionics, 1994, 69: 212-221.

[6] Padhi A K, Goodenough J B, Nanjundaswamy K S. Phospho-olivines as positive-electrode materials for rechargeable lithium batteries[J]. Journal of the Electrochemical Society, 1997, 144: 1188-1194.

[7] Numata K, Sakaki C, Yamanaka S. Synthesis of solid solutions in $LiCoO_2$-$Li_2MnO_3$ for cathode materials of secondary lithium batteries[J]. Chemistry Letters, 1997, 26: 725,726.

[8] Shao-Horn Y, Croguennec L, Delmas C, et al. Atomic resolution of lithium ions in $LiCoO_2$[J]. Nature Materials, 2003, 2(7): 464-467.

[9] Koyama Y, Tanaka I, Adachi H, et al. Crystal and electronic structures of superstructural $Li_{1-x}[Co_{1/3}Ni_{1/3}Mn_{1/3}]O_2$,

(0≤$x$≤1)[J]. Journal of Power Sources, 2003, 119: 644-648.

[10] House R A, Bruce P G. Lightning fast conduction [J]. Nature Energy, 2020, 5(3): 191,192.

[11] Liu D, Hamel-Paquet J, Trottier J, et al. Synthesis of pure phase disordered $LiMn_{1.45}Cr_{0.1}Ni_{0.45}O_4$ by a post-annealing method[J]. Journal of Power Sources, 2012, 217: 400-406.

[12] Chung S Y, Choi S Y, Yamamoto T, et al. Orientation-dependent arrangement of antisite defects in lithium iron (Ⅱ) phosphate crystals[J]. Angewandte Chemie, 2009, 48: 543-546.

[13] Yi T F, Yang S Y, Xie Y. Recent advances of $Li_4Ti_5O_{12}$ as a promising next generation anode material for high power lithium-ion batteries[J]. Journal of Materials Chemistry A, 2015, 3: 5750-5777.

[14] Tarascon J M, Armand M. Issues and challenges facing rechargeable lithium batteries[J]. Nature, 2001, 414: 359-367.

# 第2章　储能用锂离子电池系统的应用现状

近年来，我国高度重视可再生能源发展，积极推动实现"双碳"目标。规模储能技术是实现可再生能源稳定高效利用的重要保障，规模储能技术与可再生能源结合应用，对推动新一轮能源革命、如期实现"双碳"目标具有重要战略意义。借此东风，抽水蓄能、锂离子电池、压缩空气储能、液流电池储能等储能技术快速发展。

## 2.1　锂离子电池储能市场

根据中国能源研究会储能专业委员会、中关村储能产业技术联盟(CNESA)全球储能数据库的不完全统计[1]，截至2021年底，全球已投运电力储能项目累计装机规模209.4GW，同比增长9%。其中，抽水储能的累计装机规模占比首次低于90%，比2020年同期下降4.1%；新型储能的累计装机紧随其后，为25.4GW，同比增长67.7%，锂离子电池占据绝对主导地位，市场占比超过90%(图2-1)。

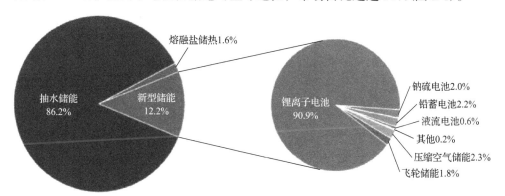

图2-1　全球电力储能市场累计装机规模(截至2021年底)

数据来源：CNESA全球储能数据库

储能正在成为当今许多国家用于推进实现碳中和目标进程的关键技术之一，即使面临新冠疫情和供应链短缺的双重压力，2021年全球新型储能市场依然保持高速增长态势。2021年，全球新增投运电力储能项目装机规模为18.3GW，同比增长185%，其中新型储能的新增投运规模最大，达到10.2GW，是2020年新增投运规模的2.2倍，同比增长117%(图2-2)。美国、中国和欧洲依然引领全球储能市场的发展，三者合计占全球市场的80%(图2-3)。

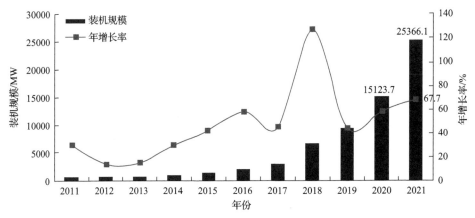

图 2-2 全球新型储能市场累计装机规模（截至 2021 年底）

数据来源：CNESA 全球储能数据库

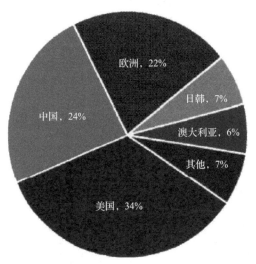

图 2-3 2021 年全球新增投运新型储能项目地区分布

数据来源：CNESA 全球储能数据库

美国在面临供应链电池采购短缺和涨价等问题造成部分项目建设延迟的压力下，2021 年其储能市场发展仍然创造了历史。一方面，新增储能项目规模首次突破 3GW，是 2020 年同期的 2.5 倍，其中，88%的装机份额来自表前应用，并且以源侧光储项目、独立储能电站为主；另一方面，单个项目装机规模也在不断地刷新历史纪录，2021 年完成的最大储能项目是佛罗里达电力和照明公司的409MW/900MWh 马纳蒂（Manatee）储能中心项目，与此同时，美国开启了从百兆瓦级向吉瓦级项目转变的新时代。

2021 年是中国储能从商业化初期到规模化发展的第一年，国家明确 2025 年30GW 储能装机目标，14 个省区相继发布了储能规划，20 多个省区明确了新能源配置储能的要求，项目装机规模也在大幅提升。2021 年新增投运规模首次突破 2GW，是 2020 年同期的 1.6 倍，以源侧新能源配置储能和独立储能应用为主。新增百兆瓦级项目（含规划、在建、投运）的数量再次刷新历史纪录，达到 78 个，超过 2020 年同期的 9 倍，规模共计 26.2GW。技术应用上，除锂电池外，压缩空气、液流电池储能、飞轮储能等技术也成为 2021 年国内新型储能装机的重要力量，特别是压缩空气储能，首次实现了全国乃至全球百兆瓦级规模项目的并网运行。

欧洲，在欧洲各国可再生能源目标和承诺及各种电网服务市场机遇开放的驱动下，欧洲储能市场自 2016 年以来，装机规模一直在持续增长，并且呈现快速增长态势。2021 年，欧洲新增投运规模达 2.2GW，户用储能市场表现强劲，规模突破 1GW。其中，德国依然占据该领域的绝对主导地位，新增投运装机的 92% 来自于用户储能，累计安装量已经达到 43 万套，意大利、奥地利、英国、瑞士等地区的户用储能市场正在起势中。表前市场，主要集中在英国和爱尔兰，前者在英格兰和威尔士允许建设规模 50MW 和 350MW 以上的项目后，装机规模迅速攀升，单个项目平均规模升至 54MW；后者为储能资源放开辅助服务市场，目前爱尔兰正在规划的电网级电池储能项目规模已经超过 2.5GW，短期内市场规模将不断攀升，保持高速增长。

根据 CNESA 全球储能数据库的不完全统计，截至 2021 年底，中国已投运电力储能项目累计装机规模 46.1GW，占全球市场总规模的 22%，同比增长 30%。其中，抽水蓄能的累计装机规模最大，为 39.8GW，同比增长 25%，所占比重与去年同期相比再次下降，下降了 3 个百分点；市场增量主要来自新型储能，累计装机规模达到 5729.7MW，同比增长 75%。

2021 年，中国新增投运电力储能项目装机规模首次突破 10GW，达到 10.5GW，其中抽水储能新增规模 8GW，同比增长 437%；新型储能新增规模首次突破 2GW，达到 2.4GW，同比增长 54%，其中锂离子电池和压缩空气均有百兆瓦级项目并网运行，特别是后者在 2021 年实现了跨越式增长，新增投运规模 170MW，接近 2020 年底累计装机规模的 15 倍（图 2-4）。

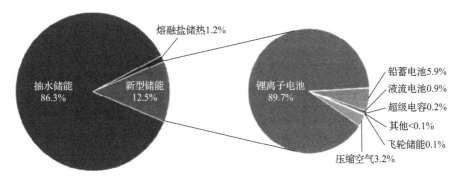

图 2-4　中国电力储能市场累计装机规模（截至 2021 年底）

数据来源：CNESA 全球储能数据库

锂离子电池作为新型储能的主力，在关键电池材料和固态电池设计、正负极材料、快充技术、半固态电池技术等方面取得了重要进展，锂离子电池的安全性、一致性、循环寿命等技术指标均大幅度提高，并广泛应用于电源侧、用户侧和电网侧储能，在电力系统调峰调频、削峰填谷、新能源消纳、增强电网稳定性、应急供电等方面发挥了重要作用。

2022年3月，《"十四五"新型储能发展实施方案》出台；6月，国家能源局综合司发布的关于征求《防止电力生产事故的二十五项重点要求(2022年版)(征求意见稿)》中提出，中大型电化学储能电站不得选用三元锂电池、钠硫电池。政策制度的不断完善，明确了新型储能的发展方向。

与动力电池不同，储能电池在应用上更加重视基建与投资，王鹏程表示："储能行业的发展方向一定指向更低的电池全生命周期度电成本。更低的度电成本不仅将带来更高的投资回报率，更会催生新的储能电池的应用场景和商业模式，这推动着电池企业在循环寿命、能量效率、回收残值等指标上不断进行突破。"

## 2.2　储能用锂离子电池技术

### 2.2.1　单体锂离子电池技术

锂离子电池自1991年商业化以来，市场发展十分迅速，已在电动汽车、便携式电子设备等多个领域应用，是目前电力系统储能最为关注的储能技术之一[2]。锂离子电池的优势是响应时间短、功率密度高、能量密度高。它的理论能量密度约为380W·h/kg，目前商业化的锂离子电池能量密度已达到150～210W·h/kg[3]，功率密度为500～3000W/kg，能量转换效率约为90%[4]，在储能和电动汽车领域的应用持续快速增长。

储能电池和动力锂离子电池在正负极材料、电解液、隔膜等方面并没有太大的差别，但相对动力锂离子电池而言，储能电池是将安全性、循环性能和成本放在第一位的，并不苛求很好的倍率性能和温度性能，因此储能电池对材料的指标及电池材料配比的要求和动力锂离子电池有较大不同。

动力锂离子电池主要用于电动汽车、电动自行车及其他电动工具，在安全的前提下，体积能量密度越高越好，以达到更持久的续航能力。动力锂离子电池系统常常处于高速运动的电动汽车上，对电池的功率特性、荷电状态(state of charge，SOC)估算精度、状态参数计算数量，都有更高的要求，需要电池在秒级至分钟级的时间段快速充放电，所以适合充放电倍率达到2C以上的功率型电池。

储能电池主要用于调峰调频电力辅助服务、可再生能源并网和微电网等范畴，绝大多数储能装置无须移动，一般需要储能电池连续充电或连续放电2h以上，因此适合采用充放电倍率≤0.5C 的容量型电池，对能量密度没有硬性要求，储能电站的规模基本上都是兆瓦级别以上甚至百兆瓦的级别，对安全性的要求更高。

锂离子电池目前在光伏、风电等发电系统中有着广泛应用，它能够改善光伏、风电运行稳定性，减少弃光弃风，提高光伏、风电等新能源发电的经济性。从长远看，电力系统储能将是锂离子电池未来最重要的应用市场之一，在已建兆瓦级别的电化学储能电站中，锂离子电池约占总装机量的 65%。美国道明尼资源公司预计，2020 年底投入四个锂离子电池储能试点项目，重点研究锂离子电池在不同场景的应用，帮助评估及分析储能技术的需求，以支持未来在风电、太阳能发电等领域的应用。国家电力投资集团有限公司是目前全球最大的光伏发电运营商，2016 年就已开始研究储能技术与光伏发电相结合的应用策略，并在青海省海南藏族自治州建设了光储结合运行的实验基地，光伏装机量约为 20MW，储能电池容量为 16.7MW·h，重点研究不同储能技术(磷酸铁锂锂离子电池、三元 NCA 锂离子电池、三元 NCM 锂离子电池、液流电池等)的发电特性及光伏与储能的容量配置，并对不同储能方案的经济性进行分析。

## 2.2.2　锂离子电池模组

电池模组可以理解为锂离子电芯经串并联方式组合，加装单体电池监控与管理装置后形成的产品。其结构必须对电芯起到支撑、固定和保护作用，可以概括成四个大项：机械强度、电性能、热性能和故障处理能力。是否能够完好固定电芯位置并保护其不发生有损性能的形变，如何满足载流性能要求，如何实现对电芯温度的控制，遇到严重异常时能否断电，能否避免热失控的传播等，都将是评判电池模组优劣的标准。

串联与并联是锂离子电池最基本的成组连接方式，也是进一步增大电池单体间不一致性的主要原因。相较于将电池单体串联，并联可以承受较高的放电倍率、更长的工作时间、更平滑的电压下降及更高的放电效率，但当并联电池组在较高倍率下恒流放电时，不一致性可导致流经每个单体的电流随时间和电压的变化而变化，这意味着虽然并联电池组中各单体的电压相同,但单体的 SOC 处于不同状态，逐渐累积的 SOC 差异将导致放电后期各单体间极易产生显著的不平衡电流，改变单体的温度，使单体处于不同的老化状态，影响电池组的使用寿命。串联电池组循环充放电后的容量受温度最高的单体容量限制，单体间的温度差异将导致过充过放等安全隐患。当串联电池组在较高倍率下工作时，单体间的内阻差异与容量差异将导致单体电压不同，这依然很容易造成过充过放等问题，并使各单体于不同的 SOC 区间内工作，进一步增大了单体间差异，从而使电池组寿命降低。

## 1. 电池管理技术

电池管理系统(BMS)是电池保护和管理的核心组成部分，不仅要保证电池的安全可靠，还要充分发挥电池的性能并延长使用寿命。该系统可以实时采集、处理、存储电池运行过程中的重要信息，主要对电池运行状态(电压、电流、温度等)进行检测，进而对电池荷电状态电池健康状态(state of health，SOH)进行分析和评估，对电池组(堆)实现均衡管理、控制、故障告警、保护及通信管理[5,6]。一些发达国家很早就投入大量资金对电池管理系统进行研究，例如，美国AeroVironment 公司生产制造的 Smart Guard 系统可以自动搜寻不一致性最差电池，自动检测电池深度放电、过度充放电并自动记录电池运行数据；美国通用公司生产的 EVI 系统由 26 块电池组成，主要功能是获得电池运行时的端电压、端电流；德国 B.Hauck 设计的 BATTMAN 系统可以根据电池的不同特点，在硬件上将多个线路进行变换，软件上对多个参数进行设置。

针对锂离子电池模组使用过程中的安全性、电池电量等难以估计的问题，电池状态监测系统可以监控储能电池在运行过程中的一些特征参数，实时采集蓄电池组中每一块电池的端电压、端电流、温度等参数，通过检测出的电池特性参数求取 SOC、SOH 等并对其进行分析、评估，同时给出电池的运行状况，选出有问题的电池，保证整组电池运行的可靠性、高效性。

## 2. 均衡技术

对于电池而言，成组后的电池寿命通常远低于单体电池的寿命，这是由于电池组基本设计原则：当电池组中一个单体电池充满电时，电池组须停止充电，避免电池出现过充电；当电池组中一个单体电池电压低于放电截止电压时，电池组须停止放电，避免电池出现过放电。每经历一次电池组充放电循环，就会导致电池组中部分电池充电时未充满，放电时未放完，长此累积，弱电池与强电池之间的容量之差会变大，将影响电池组的充放电能力。为了解决以上问题，均衡管理这一概念得以提出。

均衡分为被动均衡和主动均衡。被动均衡又称为有损均衡，即通过耗能的方式将多余能量消耗，使电池组电压或 SOC 值保持一致；主动均衡又称为无损均衡，即通过能量转移的方式将单体电池中能量高的部分转移到单体能量低的电池上，使能量再次分配，最终实现电池均衡。被动均衡主要采用电阻耗能的方式，而主动均衡方式繁多，包括电容式均衡、电感式均衡、变压器式均衡和并联均衡。

被动均衡方案具有控制简单、成本较低、易于实现等优点，在工业中应用广泛。被动均衡方案给每块锂电池安装分流电阻(图 2-5)[7]，根据检测到的锂电池健康状态(SOH)分流电阻控制开关,将 SOH 高的锂电池接入分流电阻,利用分流电阻消耗 SOH 高的锂电池能量,加快 SOH 下降速度,进而均衡所有锂电池的 SOH。但由于被动均衡方案利用电阻发热耗能的形式调节能量,因此存在能量浪费和均衡速度慢的问题[8]。

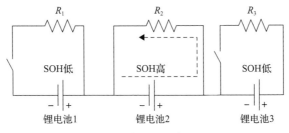

图 2-5　被动均衡方案原理图

　　针对被动均衡方案的缺点,部分学者提出了主动均衡方案。主动均衡方案通过连接在每个锂电池单元或锂电池组上的功率变换器,将 SOH 值高的锂电池能量转移到 SOH 值低的锂电池,进而实现 SOH 均衡。主动均衡方案克服了被动均衡方案产生能量损耗的缺点,具有均衡速度快、效率高、节能等优点。主动均衡方案能分别实现锂电池组间或组内的 SOH 均衡,但需集中能量管理器或通信,成本较高且控制较为复杂,不易于实际应用。

　　针对主动均衡方案只能实现锂电池组内各个锂电池单元 SOH 均衡或锂电池组间 SOH 均衡,复合均衡技术将主动均衡和被动均衡技术结合,同时实现锂电池组间/组内 SOH 均衡。在主动均衡方面,通过给单个锂电池组内各个锂电池单元配备 DC/DC 变换器,利用 BMS 根据 SOH 状态调节各个锂电池单元间的功率流动。在被动均衡方面,通过在各个锂电池组输出端接入分流电阻,利用提出的控制算法控制分流电阻的接入与切除,实现对各个锂电池组输出功率的调节,进而达到均衡锂电池组间 SOH 的目的。虽然,该方案可以同时实现锂电池组内和组间各个锂电池间的 SOH 均衡,但引入的分流电阻增加了系统成本且造成能量浪费。此外,该方案基于 B-MMC 电路,应用范围有限,需要中央控制器和全局通信,通信量大且算法复杂。

3. 热管理技术

　　目前,在锂离子电池热管理方面,国内外学者已经做了大量研究,电池热管理系统主要包括空气冷却[9]、液体冷却[10]、热管冷却[11]、相变冷却[12]和复合冷却[13]等管理系统,空气冷却和液体冷却的研究起步较早,技术较为成熟,已实现规模化应用;热管冷却和相变冷却虽然效果较好,已处于实车验证阶段,尚未做到产品应用。近几年,越来越多的学者关注到可以将两种或多种冷却方式进行耦合,对电池进行复合冷却热管理，这种冷却方式不但效果更好，而且适用范围更广泛，具有良好的发展前景。

1) 空气冷却

空气冷却也称为风冷，主要通过外部空气的高流速给电池降温。常见的风冷有两种方式：①被动风冷，利用汽车行驶时空气的高流速带走热量；②强制风冷，通过添加风扇来增强空气流速，从而带走电池内多余热量。

空气冷却系统具有体积小、结构简单、可靠性高的特点，但其导热系数低且温度均匀性控制较差，只能满足低功率电池组的热管理要求。当环境温度过高或风速较低时，空气冷却无法起到降温的作用。

2) 液体冷却

液体冷却的工作原理是通过设计将某一冷却介质放进特定流道，使其流经电池表面从而带走热量。液体冷却主要分为直接冷却和间接冷却，主要区别在于冷却液与电池间接触方式的不同。

液体冷却虽然存在结构复杂、质量大的缺点，但相比于空气冷却，液体冷却不但换热系数较高，而且可以使电池组的温度分布更均匀。目前市场上主流的新能源汽车大都采用液体冷却作为热管理方式，例如，特斯拉设计的波浪形液冷板已经获得多项专利授权；小鹏 P7 冷却液不仅能够降温，还能够升温；还有理想ONE、比亚迪元 EV360、广汽传祺 GE3 等众多车型也采用该冷却方式。液体冷却仍是目前大多数新能源电动车的首选，改变冷却板结构、流道结构及液体流速是目前优化液体冷却效率的有效手段。

3) 热管冷却

热管冷却早期多应用于核冷却领域和航天领域，近些年随着新能源电池的发展，热管冷却技术也成为一种电池冷却的有效方法。热管主要由蒸发器、绝热器和冷凝器三部分构成。管内介质在蒸发段蒸发，蒸汽通过绝热段流向低温冷凝器段，管内介质在该段内进行冷凝，由此形成一个工作循环。

热管技术在电池冷却方面的研究目前多停留在模拟仿真和实验阶段，还未达到应用要求。热管冷却技术不仅冷却效率比风冷和液冷高，还可以满足高温和低温的双工况要求，虽然成本较高，结构也较复杂，但仍然具有很好的发展前景，未来的研究将重点放在降低系统能耗和轻量化方面。

4) 相变冷却

相变冷却是一种冷却效果较好的被动式冷却，主要利用相变材料在物质状态变化的过程中，在温度保持不变的同时吸收热量，也称为相变吸热。目前相变材料大致可以分为三类：无机材料、有机材料和复合相变材料。而锂电池的相变冷却中采用的多是石蜡和石墨的复合相变材料。

相变冷却与其他冷却方式相比不需要大量的附件设备，安全性高，而且能更好地控制电池组间的温差，可以避免出现局部过热的现象。目前对相变材料的研究大多集中在有机相变材料，鉴于有机相变材料的低导热性，未来研究重点可能转向导热性更好的无机材料。

5）复合冷却

上述四种冷却方式都是较为单一的热管理技术，都具有各自的优缺点，为了进一步提高电池冷却效率，很多热管理研究开始选择将多种冷却方式进行复合，使不同的冷却方式取长补短，克服单一冷却方式的缺点，保留其优点，以此达到更好的热管理效果。目前大多数的复合冷却是将主动冷却与被动冷却相结合。

复合冷却将主动冷却与被动冷却相结合，与其他单一冷却方式相比不仅冷却效率得到提高，适用范围也得到进一步扩大。目前复合冷却存在的主要问题是结构较复杂，质量和体积偏大，如何在保证其冷却效率的前提下减轻质量是一个亟待解决的问题。

6）浸液式冷却

还有一种新兴的冷却技术是直接液冷，也叫作浸液式冷却，它将电池完全浸没在介电液体中，这是一种不导电的液体，具有很强的抗电击穿能力[14]。这项技术的引入意味着电池工艺和部件设计的复杂性可以大幅降低，也有助于减轻系统的质量和体积，显著提高电池温度控制的稳定性和均衡性。浸液式冷却通常使用的介电液体都是阻燃的，可以抑制热失控事件。目前，市场上有几组冷却介质可供选择：氢氟醚、烃油、硅油和氟化烃等，人们越来越关注可生物降解的介电液体。

相变冷却可以配合液冷一起使用，或者单独在环境不太恶劣的条件下使用。另外，还有一种当前国内仍较多应用的工艺——灌胶。这里灌的是导热系数远大于空气的导热胶。由导热胶将电池散发的热量传递到模组壳体上，再进一步散发到环境中。采用这种方式，想要再次单独替换电芯不太可能，但它在一定程度上可以阻止热失控的传播。

## 2.2.3 锂离子电池储能系统

### 1. 储能系统

储能系统是将能量转换装置与储能电池组配套连接于电池组与电网之间，把电网电能存入电池组或将电池组能量回馈到电网的系统。该系统主要由储能单元、电池管理系统（BMS）、储能变流器系统（PCS）、测控单元、后台监控单元、开关设备等组成，后台监控单元与配电网进行调度通信，实现对储能系统的优化调度及运行控制（图 2-6）。

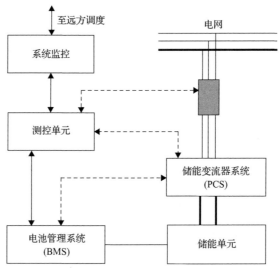

图 2-6　储能系统原理图

1) 双向储能变流器系统技术

双向储能变流器系统是与储能电池组配套，连接于电池组与电网之间，把电网电能存入电池组或将电池组能量回馈到电网的产品。储能变流器系统包括微型断路器、电流互感器、隔离变压器、储能变流器这四个部分。进入 20 世纪 90 年代，随着新型大功率电力电子器件和计算机技术的快速发展，高电压、大功率 PCS 装置的生产和应用成为现实。目前，高压大容量 PCS 装置不像低压小容量 PCS 装置那样具有较成熟的主电路拓扑结构。限于功率器件的电压耐量和高压使用条件的矛盾，不同设备制造厂家的 PCS 装置采用不同的功率器件和主电路拓扑结构，以适应不同的电压等级，满足各种不同的应用需求。大容量储能系统 PCS 装置要求能匹配不同的储能类型接入，满足电网多种应用需求，具备并网及离网运行和并/离网自动切换功能。在并网模式下，要求逆变器具有高的输出功率因数、低的进网电流总谐波畸变率，并具备孤岛保护功能；在离网模式下，要求对不同负载有良好的输出外特性。此外，模式间的切换过程应过渡平滑，不能有电压、电流冲击。

双向储能变流器包括双向交流-直流变换器和双向直流-直流变换器，交流-直流变换器分别承担了在储能变流器电池充电过程中的整流器功能和放电过程中的并网逆变器功能，直流-直流变换器则分别承担了电池充电过程中的直流降压功能和放电过程中的直流升压功能。同时，完整的储能变流设备还包括信号采集、电压和电流的控制、系统保护等功能。

PCS 装置可采用一级变换拓扑结构和二级变换拓扑结构[15]。一级变换拓扑结构主要由交流侧 LCL 滤波器、双向 AC/DC 变流器、直流侧 CL 滤波器组成。该结构的优点是电路结构简单，能量转换效率高，整体系统损耗小，控制系统简单，易于和上级监控系统连接并实现各种高级控制策略；缺点是电池侧接入电池电压范围窄，电池串联成组难度增加，交流侧或直流侧出现故障时，电池侧会短时承受冲击电流，降低电池使用寿命。二级变换拓扑结构主要由交流侧 LCL 滤波器、双向 AC/DC 变流器、直流电容、双向 DC/DC 变流器组成。该结构的优点是直流侧无需复杂的 LC 滤波器，电池侧接入电池电压范围宽，电池串联成组难度降低，交流侧或直流侧出现故障时，因存在 DC/DC 电路环节，可有效保护电池，避免电池承受冲击电流，延长电池使用寿命；缺点是电路结构相对复杂，能量转换效率稍低，整体系统损耗稍大，控制系统复杂。

2）储能系统监控技术

储能监控系统是储能电站的核心部分，实现了对储能站内电池、电池管理系统、变流器、配电等设备的信息采集、处理、监视、控制、运行管理等功能。储能电站监控系统遵循"分布式采集、集中监控"的原则[16]，但在储能监控体系架构、设备部署、功能配置、信息交互等方面存在不统一的现象。目前已投运储能电站监控系统的信息交互私有性强，存在使用串口 MODBUS、非标准规约和使用规约转换器的情况，应用功能与性能指标具有一定的差异性，在实际运行中暴露了一些问题，影响储能电站的安全可靠运行，未充分发挥储能电站对电网支撑作用。

能源行业标准《电化学储能电站监控系统技术规范》（NB/T 42090—2016）对储能监控系统的总体结构进行了规定[17]，由于储能电站在电网侧应用场景及应用需求的不同和技术的快速迭代，储能电站监控系统架构也呈现出多种多样的态势。储能电站监控系统体系架构遵循"纵向分层、横向分区"的原则，纵向由站控层、间隔层及网络设备组成，横向安全分区包括安全Ⅰ区与安全Ⅱ区。其中，站控层设备有监控主机、数据服务器、操作员工作站、数据通信网关机和网络安全监测装置等，间隔层设备有就地监控装置、测控装置、BMS、PCS 及源网荷互动终端等，站控层网采用双星形网络。

2. 储能系统的工作流程

含双向逆变器的储能系统既能工作在充电状态，即电网在用电低谷时向储能系统进行充电，也可工作在放电状态，即用电高峰时储能系统向电网输送电能，起到对电网削峰填谷、提高电能质量和提供应急电源等作用。随着电网技术的不断发展，新能源的优势日益显现，在未来新能源必将成为电网的重要组成部分，储能系统作为分布式发电系统必要的能量缓冲环节，对于平滑功率波动，尤其是对风电等间歇性可再生能源的接纳问题，其作用越来越重要。

储能系统的工作流程如图 2-7 所示，储能系统充电时，变压器将电网高压交流电降压为低压交流电，输出到变流器交流侧，变流器将低压交流电整流为直流电，从直流侧输出给储能电池组，储能电池组再将其转化为化学能存储在电池当中。储能系统放电时，储能电池组将化学能转化为直流电，输入到变流器直流侧，变流器将直流电逆变为低压交流电，从交流侧输出到变压器，变压器将低压交流电升压为高压交流电并入电网。

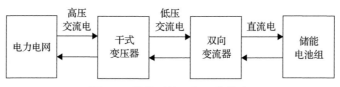

图 2-7　储能系统运行工作模式

储能系统存在两种典型的运行模式[18]：正常情况下储能系统与常规配电网并网运行，称为并网模式，在该模式下，储能系统可以根据上级配电网调度指令或以接入点电压为控制目标，发出有功和无功功率，起到削峰填谷和稳定节点电压水平的作用；当检测到电网故障不满足要求时，储能系统将及时与电网断开并独立运行，称为离网模式，起到应急电源的作用。离网运行时，集中监控系统对储能系统与配电网其他设备进行协调控制，储能系统将和部分负荷组成单个或多个微电网而脱离大电网独立运行。通过集中监控系统对断路器进行投切，还可以实现对储能系统并离网的快速切换。

1) 并网控制理论

根据有功和无功指令，PCS 按照 PQ 控制策略实现对有功和无功功率的控制，通过坐标变换将三相静止坐标系中的基波正弦变量变换成为同步旋转坐标系中的直流分量，实现整流器输入有功和无功的解耦控制。当电压低于正常电压范围时，通过提高储能系统的功率输出，提高供电系统末端电压；反之，当电压高于正常电压范围时，通过加大储能系统的功率吸收，降低供电系统末端电压。因此，通过合理的控制策略可以缓解储能系统末端电压支撑不足的难题。

在并网模式下，电网是微电网接入点的电压同步源，储能逆变器以电流源状态运行，储能系统主要起功率平滑和削峰填谷的作用，对微电网系统下发的功率指令进行响应，保证系统运行在稳定状态，控制框图如图 2-8 所示。

控制方式采用 $d$ 轴定向，具体实现方式为：直流电压给定值 $u_{dc}^*$ 与反馈值 $u_{dc}$ 做差，差值信号经过 PI 调节后作为有功电流 $i_{gd}^*$ 的指令；电流内环的有功电流分量和无功电流分量可以进行解耦控制，无功电流指令 $i_{gq}^*$ 根据无功功率的要求由外部给定，单位功率因数运行时，无功电流给定值为 0。有功电流、无功电流给定

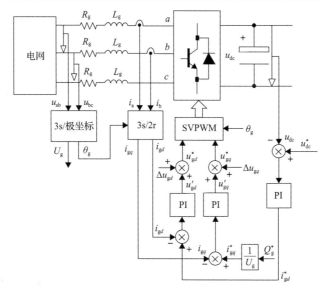

图 2-8　并网模式控制框图

$\theta_g$ 为输入储能逆变器电压锁相角；$R_g$ 为预充电电阻；$L_g$ 为网侧滤波电感；$a$、$b$、$c$ 为输入网侧有功功率点；$u_{ab}$ 和 $u_{bc}$ 分别为 a 向、b 向和 b 向、c 相电压差；$i_a$ 和 $i_b$ 为输入网侧变流器电流；$i_{gd}$ 和 $i_{gq}$ 分别为输入储能逆变器电流的 $d$ 轴、$q$ 轴分量反馈值；$U_g$ 为输入储能逆变器电压；$\Delta u_{gd}$ 为输入储能逆变器电压的 $d$ 轴分量的给定值 $u_{gd}^*$ 与反馈值 $u_{gd}$ 的差值；

$u_{gd}'$、$u_{gq}'$ 分别为比例积分后的输入储能逆变器电压的 $d$ 轴、$q$ 轴分量反馈值；$Q_g^*$ 为逆变器无功功率给定值

值分别与反馈值 $i_{gd}$、$i_{gq}$ 作差，差值信号经过 PI 比例积分环节后，再加入前馈解耦得到 $dq$ 轴坐标系下的交流侧输出电压指令 $u_{gd}^*$、$u_{gq}^*$。由 SVPWM 调制策略，电压指令经脉宽调制，对每个开关管的动作时间进行计算，从而产生相应的开关信号，实现逆变器并网控制。

2) 离网控制理论

当储能系统独立给负荷供电或储能系统在微电网中做主电源运行时，要为负荷提供电压和频率支撑，维持微电网电压和频率的稳定。集中控制器为多台并联 PCS 提供标准微电网电压相位参考信号，通过参考信号可以实现多台并联 PCS 输出相同的电压频率和相位。根据采集负荷总电流及各台 PCS 支路电流信号，调整每台 PCS 输出电压幅值，从而实现对各台 PCS 均流控制。离网模式下，储能逆变器的控制策略主要有两种：电压电流双闭环控制和下垂控制，具体的离网控制策略如下。

(1) 电压电流双闭环控制策略。

离网工况时，储能逆变器作为系统的组网电源，用来保证交流侧电压的幅值和频率稳定。为了使分布式电源的发电量得到充分利用，风机变流器、光伏变流器应维持正常工作状态。但是，风力发电和太阳能发电的输出功率及负载功率不断变化，所以交流电压幅值和频率处于不断变化过程中。因此，采用交流电压外

环和电流内环的双闭环控制策略。电压外环保证交流侧电压输出稳定，其输出作为电流内环的电流指令值，实现微电网系统对功率变化的快速响应。

(2)下垂控制策略。

微电网系统由分布式电源并联组成，其系统结构比较复杂。上述逆变器电压电流双闭环控制策略只适用于由一台储能逆变器构成的微电网系统，当多台逆变器并联运行时，各台逆变器输出的交流电压等效为一个可控电压源，其幅值、频率和相位需要互相配合，一起承担负荷电流。因此，采用电压电流双闭环控制策略不易实现多台逆变器的配合，通过下垂控制可以解决逆变器并联引起的均流问题。

3. 安全防护技术

锂电池储能电站的能量管理系统(energy management system，EMS)负责管理电站的能量交互，管控所有锂电池单元的充放电和内部均衡，但目前还存在些许问题。例如，EMS对锂电池的充放电控制阈值初始值设定无法更迭，电池老化后对电池状态的估算出现偏差，电池寿命缩短，对电池老化出现异常的诊断缺乏等。这些问题均会直接或间接地造成储能电池的爆炸、失火等，所以需要对储能电池的安全问题提早发现、提前防护，保证储能系统可以安全稳定地运行。

锂离子电池热失控问题的防控是系统工程，是多种技术措施共同作用的结果。热失控的防控应秉持预防为主、灭火为辅的设计理念。动力电池是储能单元，其火灾是由其内存的电能和化学能转化而来，当电能和化学能消耗未尽时，其热量处于持续释放阶段，特别是发展后的热失控扩展阶段，灭火效果极为有限。热失控阶段的控制非常重要，如阻燃材料的使用、电解液中阻燃剂的添加、热失控阶段电池的使用策略、消防措施等。这些措施的目的是保障电池的状态不再持续恶化。

针对锂电池的安全性研究主要集中在分析电池安全影响因素及故障诊断方面。通过研究电池本体、防护装置及监控装置，可以确保储能电池在出厂及后续使用过程中的正常稳定运行。一般情况下，储能电池释放的能量和安全性成反比，放电越多，风险越大。

1)储能电站的火灾特点及电池热失控机理

电池应用领域出现的安全问题并不只是电池本身的问题，而是包括从电芯化学体系的设计、生产过程的一致性，电芯全生命周期管理，配套 BMS 设计与实施，电芯、电池包连接结构设计，以及消防安全措施等一系列问题。

以磷酸铁锂电池为代表的储能电站事故发生的直接原因是电池内部或外部的温度过高，从而引发某一部分电池的热失控，电池开始剧烈反应后，内部电解液及其他构件伴随着反应所产生的高温可燃气体喷射而出并发生燃烧、爆炸等现象，该反应所产生的热量、火焰等会导致一系列的连锁反应，进而使整个储能电站发生火灾。储能电站之所以能进行电能存储、转换和释放等，离不开大量相互连接的电池模组，而电池模组在自身运行时因故障产生过多热量或受外部因素的影响都可能引发热失控现象。在相对密闭的储存空间内一旦发生电池单元火灾，再加上锂电池热失控时会发生火焰喷射现象的特点，很容易引起相邻电池模组的连锁火灾爆炸反应。储能电站火灾具有燃烧剧烈、蔓延速度快、容易发生爆炸、危险性大等特点，一旦火势真正蔓延起来就很难快速扑灭。储能电站中所用的电池一般都是由方形的硬壳电池组成的电池模组，当电池内部发生热失控时会产生大量的高温可燃气体，这些气体积攒到一定程度后会冲开电池的安全阀，喷出的电池内部的电解液及产生的可燃气体等会产生射流火焰。热失控电池模组的热量首先向周围的电池模组进行传播，再加上电池喷出的燃烧物落在其他电池模组上，就会导致相邻电池的温度快速上升从而造成火势蔓延。当模组燃烧放出的可燃气体达到爆炸极限后，在有充足氧气的环境下就会发生爆炸，产生巨大的破坏力，并且电池内部产生的气体还具有毒性和腐蚀性。

综上所述，储能电站是以大量的电池作为基础建立的，众多的电池模组通过串联或并联的方式密集排放，而电池在受到滥用的情况下，内部的热量会快速上涨，造成储能电站中某一电池模块发生热失控，一旦有模组发生热失控，该模组电池所产生的热量将通过热传递、热辐射及喷射燃烧物等方式使火灾快速向四周蔓延，形成一定的火灾规模，还会伴随爆炸等现象的发生，电池燃烧时还会产生有害气体。因此，储能电站的火灾具有升温快、蔓延快、危害大等特点，如果不能在火灾发生前进行制止或在前期快速抑制火灾将会造成无法挽回的局面。

锂离子电池发生热失控是由于内部产热速率高于散热速率，在锂离子电池的内部积攒了大量热量，从而引起了连锁反应，导致电池起火和爆炸。引起电池短路造成热失控的根本原因主要分为三类：①热滥用，温度过高使隔膜和正极材料等发生分解，隔膜大规模崩溃使正负极短路；②电滥用，如过充过放等使电芯内部产生锂枝晶，锂枝晶穿破隔膜引发正负极短路；③机械滥用，挤压或针刺可致机械变形甚至隔膜部分破裂引发内短路[19]。在过热、过充、过放、撞击、挤压、针刺、短路等情况下，会导致锂离子电池过热，进而引发电池的热失控反应。热失控反应包括 SEI 膜分解、隔膜融化、电解液分解、正极材料分解、负极活性材料与电解液之间的反应、正极活性材料与电解液之间的反应、负极活性材料与黏合剂之间的反应等。这一系列反应会在电池内部产生大量的气体和热量，使电池内部压力急剧上升，造成安全阀破裂。易燃物和气体从安全阀破裂口喷射而出，被点燃形成强烈的喷射火焰[20]。

2) 储能电站早期预警技术

从预警策略来分，目前储能电站的事故预警技术主要分为两类，即通过物理/化学信号的预警和大数据工程的预警。前者主要参考以往建筑类的消防温感探测、烟感探测，只有探测到可见烟或高温后才会发出报警信号，不能实现早期安全预警的功能。国内外一些团队在此方面的研究包括以下三种：①基于 BMS 获取电池外部参数[21]，如电压、电流、表面温度及压力等，并以此作为电池热失控的预警判别条件；②基于电池外部相关参数[22]，对电池内温进行估计以进行早期预警；③电池在热失控过程中会产生气体[23]，如 CO、$CO_2$、HF、烷烃和烯烃等，通过对特征气体的探测进行热失控的预警。

(1) 基于 BMS 获取电池外部参数的预警技术。

多年来，BMS 在实际应用中经历了不断的改进和完善。目前，高性能电池管理系统在运行过程中可以高效地采集电池电流、电压相关的参数，并在此基础上进行热管理，防止电池热失控。另有研究从电池储能系统各部分的联动控制策略出发，将 BMS 与变流器、温控系统等结合进行优化控制，以此来满足电池安全管理的相关要求。然而这些外部参数在热失控早期的变化并不明显，对锂离子电池这一密闭系统而言，外部参数无法真实反映电池内部的电化学变化，更无法准确评价其潜在的热失控风险。

(2) 基于电池内温估计的预警技术。

对电池温度进行测量是一种较直接的办法，然而电池表面温度与内部温度相差较大，温度变化由内部传输到表面会有数十秒的时间，有学者尝试在电池内部设置温度传感器测量内温，然而传感器可能与内部活跃的化学物质产生反应，实施难度高且灵敏度差。因此，依据电池热模型和电化学阻抗谱对电池内温进行估计是目前的研究热点。一些学者深入分析了电化学与热的耦合机制，并建立了相应的模型进行模拟，即根据偏微分方程求得电池内部各种化学反应的产热值，进而预测电池整体的温度分布状况。

(3) 基于特征气体的预警技术。

由分析可知电池在热失控过程中会产生相应气体，这种体系在运行过程中，根据特征气体含量进行热失控预警，能与消防系统相结合，从而有效地满足储能电站安全要求。然而，目前电池舱内普遍设置有通风散热装置，影响气体浓度与流动性，并且由于电池架阻挡等原因气体扩散较慢，灵敏度较差，在大规模电池舱中也无法提供故障电池的位置信息，这些缺点限制了其推广和应用。现有方法普遍难以同时满足实施难度低、可靠性高兼具经济性的要求，推广应用难度较大。储能电站迫切需要一种安装简便、灵敏度高且经济性强的早期热失控预警手段。

3) 储能电站消防处置技术

当前，仅依靠配备消防系统扑灭初期火灾，而不从系统集成方面整体考虑主被动安全技术协同，难以保障储能系统的安全运行。因此，需从火灾前干预、火灾中灭火抑爆、火灾后处置等全过程进行系统性管控。同时结合储能系统寿命演化规律，研发高效电-热管理、故障诊断定位、事故预警等主动安全技术和电气安全保护设计、热蔓延阻隔、灭火抑爆等被动安全技术协同的储能安全集成技术，是未来储能安全应用的发展方向。

国内外研究机构主要针对单一灭火剂扑救储能系统火灾的有效性开展研究，对于储能系统火灾分级应急处置技术及多灭火剂联用的灭火-降温-抑爆方法缺少系统研究。在灭火技术方面，研究多集中于七氟丙烷（HFC）、二氧化碳、全氟己酮等单一灭火剂的灭火有效性，且多集中于小尺度的火灾试验，未充分结合实际应用场景，对灭火系统的经济及环保指标关注不够，尚未确定灭火技术的工程应用技术参数；在分级应急处置技术方面，初步研究了电池引发火灾的危险性，但尚未形成针对不同火灾当量的电池储能系统应急处置技术；此外，目前对灭火抑爆及应急处置技术有效性评价方法的研究尚处于空白。因此，开展不同工况下锂离子电池储能系统分级应急处置技术及经济型多灭火剂联用洁净灭火技术研究，建立储能系统灭火技术有效性评价方法，对储能系统的安全运行具有重要意义。

为了保证储能电站的安全，中国电力企业联合会推出了《预制舱式磷酸铁锂电池储能电站消防技术规范》（T/CEC 373—2020）、《预制舱式锂离子电池储能系统灭火系统技术要求》（T/CEC 464—2021）和《电化学储能电站设计规范》（GB 51048—2014）等标准。

当储能电池热失控发展到不可控制时，如燃烧爆炸，就要使用高效的灭火剂对储能电池进行灭火处理。灭火剂按照物理状态分为三类：气体灭火剂、液体灭火剂及固体灭火剂。

常见的气体灭火剂有 HFC、$CO_2$、IG-541（混合气体由 52%氮、40%氩、8%二氧化碳三种气体组成）等。氟代烷灭火剂可以销毁燃烧过程中产生的游离基，形成稳定分子或低活性游离基，从而使燃烧反应停止。而 $CO_2$、IG-541 等主要通过降低氧气的相对浓度使燃烧因缺氧而窒息熄灭，因锂离子电池在热失控过程中产生的气体含有氧，所以窒息并不能有效地灭火。

常见的液体灭火剂有水、全氟己酮（Novec 1230）、水成膜泡沫灭火剂等。液体灭火剂受热汽化，大量的蒸气可以阻止空气进入燃烧区，使燃烧因缺氧而窒息熄灭，同时汽化吸热，进一步遏制复燃。水是最便宜也是应用最广的灭火剂，它能够灭火，并使得电池温度降下来，缺点是需要的灭火时间比较长，且因为水导电，容易引起短路，有研究表明持续 6min 喷水才能把着火的电动汽车灭火。Novec 1230 能够快速灭掉锂离子电池的火，但是不能有效阻止其复燃，水雾只有在半开放空间的临界温度之前释放时才能抑制热失控。

常见的固体灭火剂有干粉类和气溶胶类灭火剂。干粉类灭火剂是通过销毁游离基或者产生大量窒息气体来进行灭火，而气溶胶类灭火剂是通过氧化还原反应产生大量的烟雾进行窒息灭火。

研究者对锂离子电池灭火剂的效果和筛选做了很多研究[24]。不同的灭火剂在抑制电池温升上表现出明显差异,抑制温升效果优劣依次为水、Novec 1230、HFC、ABC 干粉和 $CO_2$,同时还研究了气体灭火剂($C_6F_{12}O$、$CO_2$ 和 HFC)和水雾灭火的协同作用(图 2-9)。

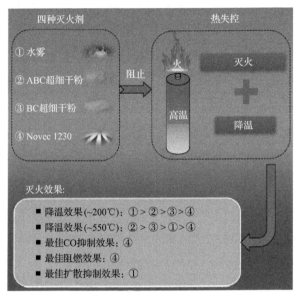

图 2-9　不同灭火剂降温阻燃效果

## 2.3　储能系统安全事故情况

目前储能电站采用的锂离子电池主要包括三元、磷酸铁锂两种材料体系,三元锂离子电池的热稳定性较差,在热失控情况下会发生析氧,与电解液发生反应,具有更大的火灾危险性。基于国内外锂离子电池事故经验和安全考虑,根据CNESA 的不完全统计,截至 2022 年 6 月国内投运的锂离子电池储能项目中,磷酸铁锂电池占据 98% 以上的份额。锂离子电池热失控时会释放 $H_2$、CO、$CH_4$ 等多种易燃易爆气体,安全隐患较大。特别是在储能系统中,电池单体按特定要求经串/并联连接后组成模组集中使用。一旦单个电池发生热失控,其释放的热量可能导致整个模组热失控。同时,释放的可燃气体在储能箱体的封闭空间内聚集,甚至可能使整个储能电站发生火灾,甚至爆炸事故。

根据 CNESA 不完全统计,近十年全球储能安全事故发生 60 余起[25]。2021年全球储能市场爆发,大规模储能项目越来越多,单个储能项目规模越来越大,储能安全隐患也随之增大[26]。截至目前,2021 年、2022 年全球共发生 18 起储能项目事故(表 2-1),其中北京丰台大红门储能项目事故发生起火爆炸,澳大利亚维多利亚特斯拉大电池储能项目持续燃烧 4 天,美国亚利桑那州 Chandler 电池储能项目事故持续喷淋 12 天才得到控制,消防救援时除采用水控制火势外,没有其他更有效的措施。

**表 2-1　2021~2022 年全球储能事故**

| 序号 | 项目名称 | 电池类型 | 电站状态 | 事故时间 |
|---|---|---|---|---|
| 1 | 韩国庆尚北道储能项目 | 三元锂离子 | — | 2021-03 |
| 2 | 韩国忠清南道光伏储能项目 | 三元锂离子 | 投运 3 年 | 2021-04 |
| 3 | 澳大利亚 Bohle Plains 储能项目 | 三元锂离子 | 投运 1.2 年 | 2021-04 |
| 4 | 北京丰台大红门储能项目 | 磷酸铁锂 | 投运 2 年 | 2021-04 |
| 5 | 美国密歇根州 Standish 储能项目 | — | 建设中 | 2021-04 |
| 6 | 法国新喀里多尼亚 Boulouparis 储能项目 | — | — | 2021-07 |
| 7 | 德国诺伊哈登贝格机场储能项目 | 磷酸铁锂 | 投运 5 年 | 2021-07 |
| 8 | 美国伊利诺伊州格兰德里奇(Grand Ridge)储能项目 | 磷酸铁锂 | 投运 6.2 年 | 2021-07 |
| 9 | 澳大利亚维多利亚特斯拉大电池储能项目 | 三元锂离子 | 调试中 | 2021-07 |
| 10 | 美国加利福尼亚州蒙特雷县 Moss Landing 储能项目 | 三元锂离子 | 投运 0.7 年 | 2021-09 |
| 11 | 京港澳高速武汉江夏区附近货车运输中的储能系统 | 磷酸铁锂 | 运输中 | 2021-01 |
| 12 | 韩国蔚山 SK 工厂储能项目 | 三元锂离子 | 投运 2 年 | 2022-01 |
| 13 | 韩国庆尚北道军威郡牛宝郡新谷里太阳能发电厂储能项目 | 三元锂离子 | 投运 3 年 | 2022-01 |
| 14 | 江西上饶黄金埠某储能项目 | 磷酸铁锂 | 调试中 | 2022-02 |
| 15 | 美国加利福尼亚州蒙特雷县 Moss Landing 储能项目 | 三元锂离子 | 投运 1.2 年 | 2022-02 |
| 16 | 中国台湾工业技术研究院龙井储能项目 | 三元锂离子 | 投运 2 年 | 2022-03 |
| 17 | 美国加利福尼亚州 Valley Center 储能项目 | 三元锂离子 | 投运 0.2 年 | 2022-04 |
| 18 | 美国亚利桑那州 Chandler 电池储能项目 | 三元锂离子 | 投运 3 年 | 2022-04 |

注:不包括户用储能事故;资料来源:CNESA 全球储能数据库。

从项目状态来看,投运 1 年及以上的事故有 10 起,投运不足 1 年的事故有 2 起,运输中的事故有 1 起,建设、调试中的事故有 3 起,其余 2 起事故状态未知。从电池类型来看,其中,三元锂离子电池事故最多,共 11 起;磷酸铁锂电池事故 5 起;其余 2 起电池事故类型未知。

公开的事故调查报告也表明,当前为了有效预防储能事故、控制事故危害,需要进一步规范储能项目的选址布局,明确储能设计、施工、验收等要求。针对储能系统安全,除关注电池安全外,还需要从电气安全、系统集成、监控、事故预警、灭火和应急措施等不同层面加以改进。

# 参 考 文 献

[1] 陈海生, 俞振华, 刘为. 储能产业研究白皮书[R]. 北京: 中关村储能产业技术联盟, 2022.

[2] Uddin K, Gough R, Radcliffe J, et al. Techno-economic analysis of the viability of residential photovoltaic systems using lithium-ion batteries for energy storage in the United Kingdom[J]. Applied Energy, 2017, 206: 12-21.

[3] Zu C X, Li H. Thermodynamic analysis on energy densities of batteries[J]. Energy & Environmental Science, 2011, 4: 2614-2624.

[4] Gur T M. Review of electrical energy storage technologies, materials and systems: Challenges and prospects for large-scale grid storage[J]. Energy & Environmental Science, 2018, 11: 2696-2767.

[5] Liao X P, Ma C, Peng X B, et al. A framework of optimal design of thermal management system for lithium-ion battery pack using multi-objectives optimization[J]. Journal of Electrochemical Energy Conversion and Storage, 2020, 18(2): 1-24.

[6] Kiani M, Omiddezyani S, Houshfar E, et al. Lithium-ion battery thermal management system with $Al_2O_3$/AgO/CuO nanofluids and phase change material[J]. Applied Thermal Engineering, 2020, 180: 115840.

[7] Shili S, Hijazi A, Sari A, et al. Balancing circuit new control for supercapacitor storage system lifetime maximization[J]. IEEE Transactions on Power Electronics, 2017, 32(6): 4939-4948.

[8] Ma Z, Gao F, Gu X, et al. Multilayer SOH equalization scheme for MMC battery energy storage system[J]. IEEE Transactions on Power Electron, 2020, 35(12): 13514-13527.

[9] Yang Y, Yang L J, Du X Z, et al. Pre-cooling of air by water spray evaporation to improve thermal performance of lithium battery pack[J]. Applied Thermal Engineering, 2019, 163: 114401.

[10] Qian Z, Li Y M, Rao Z H. Thermal performance of lithium-ion battery thermal management system by using mini-channel cooling[J]. Energy Conversion and Management, 2016, 126: 622-631.

[11] Huang R, Li Z, Hong W H, et al. Experimental and numerical study of PCM thermophysical parameters on lithium-ion battery thermal management[J]. Energy Reports, 2020, 6: 8-19.

[12] Liang J L, Gan Y H, Li Y, et al. Thermal and electrochemical performance of a serially connected battery module using a heat pipe-based thermal management system under different coolant temperatures[J]. Energy, 2019, 189: 116233.

[13] Jilte R D, Kumar R, Ahmadi M H, et al. Battery thermal management system employing phase change material with cell-to-cell air cooling[J]. Applied Thermal Engineering, 2019, 161: 114199.

[14] Chen D, Jiang J, Kim G H, et al. Comparison of different cooling methods for lithium ion battery cells[J]. Applied Thermal Engineering, 2016, 94: 846-854.

[15] Jain M, Daniele M, Jain P K. A bidirectional DC-DC converter topology for low power application[J]. IEEE Transactions on Power Electronics, 2000, 15(4): 595-606.

[16] Mahela O P, Shaik A G. Power quality improvement in distribution network using DSTATCOM with battery energy storage system[J]. International Journal of Electrical Power and Energy Systems, 2016, 83: 229-240.

[17] 国家能源局. 电化学储能电站监控系统技术规范: NB/T 42090—2016[S]. 2016.

[18] 吴伟亮, 侯凯, 王小红. 等两级式储能逆变器并离网控制技术[J]. 电机与控制应用, 2021, 9(16): 37-39.

[19] 胡振恺, 李勇琦, 彭鹏. 电池储能系统火灾预警与灭火系统设计[J]. 消防科学与技术, 2020, 39(10): 1434-1438.

[20] Wang Q S, Ping P, Zhao X J, et al. Thermal runaway caused fire and explosion of lithium-ion battery[J]. Journal of

Power Sources, 2012, 208: 210-224.

[21] Mccoy C H. System and methods for detection of internal shorts in batteries: US, EP14776056.5[P]. （2018-05-02）.

[22] 冯旭宁. 车用锂离子动力电池热失控诱发与扩展机理、建模与防控[D]. 北京: 清华大学, 2016.

[23] 杨启帆, 马宏忠, 段大卫, 等. 基于气体特性的锂离子电池热失控在线预警方法[J]. 高电压技术, 2022, 48（3）: 1202-1211.

[24] Li Y, Yu D X, Zhang S Y, et al. On the fire extinguishing tests of typical lithium ion battery[J]. Journal of Safety and Environment, 2015, 15: 120-125.

[25] 李楠楠. 储能行业新兴安全走向何方: 访中关村储能产业技术联盟常务副理事长俞振华[J]. 劳动保护, 2021,（12）: 14-16.

[26] 宁娜, 岳芬. 2021 国际储能市场回顾: 后疫情时代的机遇与挑战[J]. 储能科学与技术, 2022, 11（1）: 405-407.

# 第3章 储能用锂离子电池系统的指标体系与边界条件

## 3.1 固定设施可再生能源供电系统指标体系

针对大规模储能用锂离子电池,在充分调研分析压缩空气储能、液流电池储能、铅炭电池储能、锂离子电池储能和氢储能等主要大规模储能技术的基本工作原理、主要技术特点、应用情况和技术成熟度的基础上,构建了以电气性能、安全性能、循环性能、环境适应性、使用可靠性为一级指标,再细分为多项二级指标的体系,详细结构如图3-1所示。

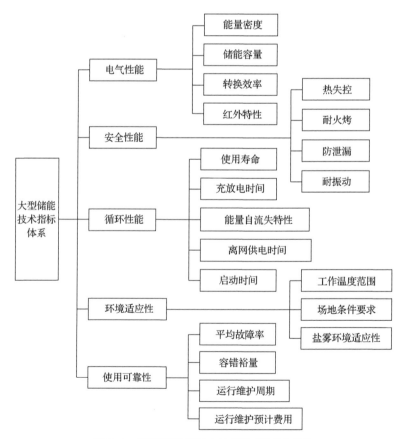

图3-1 储能用锂离子电池工作机制示意图

### 3.1.1 电气性能

电气性能主要包括能量密度、储能容量、转换效率和红外特性。

1. 能量密度

能量密度是单位体积内包含的能量，单位是焦耳/立方米（$J/m^3$，一般用来衡量单位体积的电池所储存的电量）或焦耳/千克（$J/kg$）。

2. 储能容量

电池容量是指在一定放电条件下可以从电池获得的电量，分为理论容量、额定容量和实际容量。

理论容量是指电池中活性物质完全反应理论上所放出的电量：

$$C_0 = 26.8n\frac{m_0}{M} = \frac{1}{q}m_0 \tag{3-1}$$

式中，$C_0$ 为理论容量，$A\cdot h$；$m_0$ 为活性物质完全反应的质量；$M$ 为活性物质的摩尔质量；$n$ 为反应得失电子数；$q$ 为活性物质的电化学当量。

额定容量指电池在设计和制造时，规定电池在一定放电条件下放出的最低限度的电量。对于锂离子电池而言，一般以 0.2C 恒流放电所具有的容量称为额定容量，以 $A\cdot h$ 或 $mA\cdot h$ 表示。

实际容量（$C$）是指在一定放电条件下电池实际放出的电量。由于活性物质不能 100%参与反应，因此电池的实际容量总是低于电池的理论容量。一般用 $\eta$ 表示活性物质的利用率：

$$\eta = \frac{m_1}{m}\times100\%或\eta = \frac{C}{C_0}\times100\% \tag{3-2}$$

式中，$m$ 为活性物质的实际质量；$m_1$ 为给出实际容量时应消耗的活性物质的质量。

铅炭电池簇初始充电能量不应小于额定充电能量，初始放电能量不应小于额定放电能量，能量效率不应小于 86%。而对于锂离子电池簇，初始充电能量不应小于额定充电能量，初始放电能量不应小于额定放电能量，且能量效率不应小于 92%。

3. 转换效率

电池的能量转换效率表征电池在充放电过程中的能量损失。额定功率能量转换效率指储能系统额定功率放电时输出能量与同循环过程中额定功率充电时输入能量的比值，用百分数表示。

例如，锂离子电池在充放电过程中，电池内阻和连接件内阻会消耗部分电能，同时 $Li^+$ 嵌脱的电化学极化和浓差极化也会导致部分能量损失，因此能量转换率低于 100%。电池在一次循环过程中放电时放出的能量（电池输出能量）与充电时消耗的能量（电网输出能量）之比为充放电能量效率（$\eta_e$），是储能电站的关键参数。目前用得最多的能量效率计算表达式为

$$\eta_e = \frac{\int_0^{t_0} U_d(t) I_d(t) dt}{\int_0^{t_1} U_c(t) I_c(t) dt} \times 100\% \tag{3-3}$$

式中，$U_c$、$U_d$ 分别为电池充电、放电时的端电压；$I_c$、$I_d$ 分别为充电、放电电流；$t_1$、$t_0$ 分别为充电、放电时间。

对于铅酸电池和锂离子电池，充放电能量转换效率应为评价周期内储能单元总放电量与总充电量的比值按式(3-4)计算：

$$\eta_{ESU} = \frac{E_D}{E_C} \times 100\% \tag{3-4}$$

式中，$\eta_{ESU}$ 为储能单元充放电能量效率，%；$E_D$ 为评价周期内储能单元总的放电量，kW·h；$E_C$ 为评价周期内储能单元总的充电量，kW·h。

而对于全钒液流电池，充放电能量转换效率应为评价周期内储能单元净放电量与充电量加上充电过程辅助能耗之和的比值，按式(3-5)计算：

$$\eta_{ESU} = \frac{E_{sD} - W_{sD}}{E_{sC} + W_{sC}} \times 100\% \tag{3-5}$$

式中，$W_{sD}$ 为评价周期内全钒液流电池储能单元放电过程辅助设备的能耗，kW·h；$E_{sC}$ 为评价周期内全钒液流电池储能单元总的充电量，kW·h；$W_{sC}$ 为评价周期内全钒液流电池储能单元充电过程辅助设备的能耗，kW·h。

4. 红外特性

红外辐射是由物质内部运动的变化（如分子、离子、原子等的振动、转动、电子跃迁等）而辐射的电磁波，产生红外辐射的物体称为红外辐射源。凡是温度高于 0K（−273.15℃）的物体都能产生红外辐射，因而自然界的所有物体都可看成是红外辐射源，只是波长、辐射强度、发射率等不同。

红外辐射源的划分有以下几种。

白炽发光区：又称为"光化反应区"，由白炽物体产生的射线，自可见光域到红外域，如灯泡（钨丝灯）、太阳。

热体辐射区：由非白炽物体产生的热射线，如电熨斗及其他电热器等，平均温度是 400℃左右。

发热传导区：由滚沸的热水或热蒸汽管等产生的热射线。平均温度低于200℃，该区域又称为"非光化反应区"。

温体辐射区：由人体、动物或地热等产生的热射线，平均温度是 40℃左右。

### 3.1.2　安全性能

安全性能主要包括热失控、耐火烤、防泄漏和耐振动。

**1. 热失控**

电池热失控是指蓄电池在恒压充电时电流和电池温度发生一种积累性的增强作用并逐步损坏的情况，主要有三种表现。

1）起火

电池任何部位发生持续时间大于 1s 的燃烧，火花及拉弧不属于燃烧。

2）爆炸

电池壳体破裂，伴随剧烈响声，且有固体物质等主要成分抛射。

3）热失控扩散

电池模块内的电池单体发生热失控后触发与其相邻或其他部位的电池单体发生热失控的现象。

**2. 耐火烤**

电池单体的电池槽、电池盖、连接条保护罩的阻燃能力应符合《塑料 燃烧性能的测定 水平法和垂直法》（GB/T 2408—2021）中 HB 级材料（水平级）和 V-0 级材料（垂直级）的要求，带钢壳使用的电池盖和连接条保护罩的阻燃能力应符合《塑料 燃烧性能的测定 水平法和垂直法》（GB/T 2408—2021）中 HB 级材料（水平级）和 V-0 级材料（垂直级）的要求。

例如，针对铅炭电池，按照《电力储能用铅炭电池》（GB/T 36280—2023）中的试验方法，铅炭电池单体的电池槽、电池盖、连接条保护罩的阻燃能力应符合《塑料 燃烧性能的测定 水平法和垂直法》（GB/T 2408—2021）中 HB 级材料（水平级）和 V-0 级材料（垂直级）的要求，带钢壳使用的电池盖和连接条保护罩的阻燃能力应符合《塑料 燃烧性能的测定 水平法和垂直法》（GB/T 2408—2021）中 HB

级材料(水平级)和 V-0 级材料(垂直级)的要求。

同时,按照《电力储能用铅炭电池》(GB/T 36280—2023)中 6.7.1.8 试验方法,铅炭电池单体在正常使用的情况下不会出现燃烧或爆炸。当以 0.4 倍额定充电功率过充 1h,当外遇明火时其内部不应发生燃烧或爆炸。

### 3. 防泄漏

泄漏情况的发生是无法避免的,即使再小心谨慎也会有意外危险发生的情况。尤其是对于一些容易污染或价值很高的液体货物,我们要提前采取充分的预防和处理准备。

不同的情况应采用不同的防泄漏方案。例如,泄桶的龙头下方或类似区域可以放置承滴盘;下水口的地方可以放置密封垫,放置盛漏托盘、盛漏平台。其中盛漏托盘的功能对防泄漏的预防起着至关重要的作用。

盛漏托盘用于搬运和储存油桶、化学品桶、冷却液等容易发生泄漏危险的物品。如果发生泄漏,泄漏的液体可通过盛漏托盘的排水孔流入盛漏槽中,而不会流到地面。同时,大部分液体是可以回收使用的,这样同时可以减少一部分浪费。对于预防事故发生,防止环境污染,盛漏托盘是必备的。

### 4. 耐振动

按照《环境试验 第 2 部分:试验方法 试验 Fc:振动(正弦)》(GB/T 2423.10—2019/IEC 60068-2-6：2007)要求,通用工业设备需要按标准进行耐振动试验。

### 3.1.3 循环性能

循环性能包括使用寿命、充放电时间、能量自流失特性、离网供电时间和启动时间。

### 1. 使用寿命

使用寿命在经济学上叫作自然寿命,是指物品从新的直到完全不能使用为止的时间。设备的寿命有使用寿命、折旧寿命、经济寿命和技术寿命之分。设备的使用寿命是指设备从投入生产开始到不能再修再用为止的持续时间。它是由设备的材质、制造质量,使用条件及维修保养状况等因素决定的。由于其中有些因素属于随机因素(如环境、气候、操作者的技术熟练程度等),所以同批生产设备的实际使用寿命也不完全相同。

设备使用寿命预测可以根据设计参数、材质和某些关键零部件的测试数据及设计、操作、维修人员的实践经验进行估计,也可以利用同类设备实际使用寿命资料,运用概率分析方法计算实际使用寿命的期望值,并把它作为新设备使用寿命的预测值。

## 2. 充放电时间

### 1) 充电响应时间

热备用状态下，储能系统自收到控制信号起，从热备用状态转成充电，充电功率首次达到额定功率 $P_N$ 所需的 90%的时间，见图 3-2。

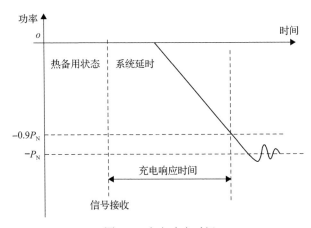

图 3-2　充电响应时间

### 2) 充电调节时间

热备用状态下，储能系统自收到控制信号起，从热备用状态转成充电，充电功率达到额定功率 $P_N$ 且功率偏差始终控制在额定功率 $P_N$ 的±2%以内的起始时刻，如图 3-3 所示。

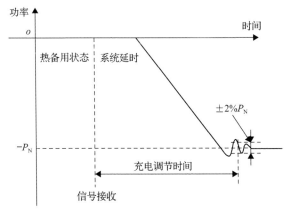

图 3-3　充电调节时间

3) 放电响应时间

热备用状态下，储能系统自收到控制信号起，从热备用状态转成放电，直到放电功率首次达到额定功率 $P_N$ 的 90% 的时间，见图 3-4。

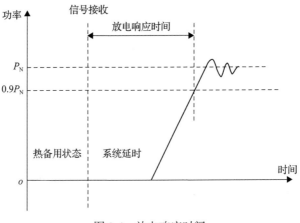

图 3-4　放电响应时间

4) 放电调节时间

热备用状态下，储能系统自收到控制信号起，从热备用状态转成放电，直到放电功率达到额定功率 $P_N$ 且功率偏差始终控制在额定功率 $P_N$ 的 ±2% 以内的起始时刻，见图 3-5。

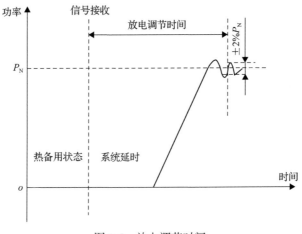

图 3-5　放电调节时间

5) 充电到放电的转换时间

稳定运行状态下，储能系统从 90% 额定功率 $P_N$ 充电状态转换到 90% 额定功率 $P_N$ 放电状态的时间，见图 3-6。

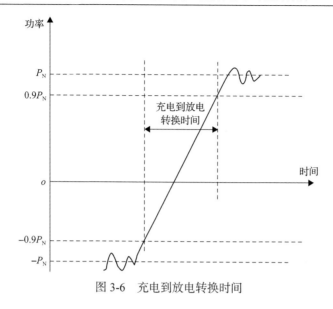

图 3-6　充电到放电转换时间

6) 放电到充电的转换时间

稳定运行状态下,储能系统从 90%额定功率 $P_N$ 放电状态转换到 90%额定功率 $P_N$ 充电状态的时间,见图 3-7。

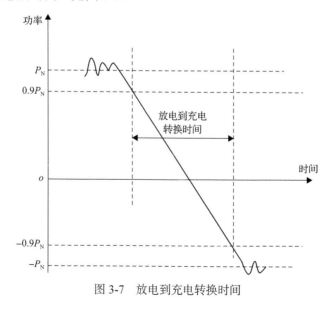

图 3-7　放电到充电转换时间

3. 能量自流失特性

任何储能系统都存在能量流失的现象。储能损耗率指储能系统运行过程的电能损耗占储能电站下网电量的比值，损耗包括电池充电、能量储存和放电过程的电能损耗及功率变换系统的电能损耗。

1) 电池系统能量效率

按照《全钒液流电池通用技术条件》(GB/T 32509—2016)中 5.6 的试验方法，电池系统的能量效率应大于 65%。

2) 电池系统能量保持能力

按照《全钒液流电池通用技术条件》(GB/T 32509—2016)中 5.7 的试验方法，电池系统能量保持率应大于 90%。

按照《电力储能用锂离子电池》(GB/T 36276—2023)中 5.5.2.2 的实验方法，电池模块在额定功率条件下循环性能应满足下列要求：

(1) 单次循环充电能量损失平均值不大于基于额定充电能量的单次循环充电能量损失平均值；

(2) 单次循环放电能量损失平均值不大于基于额定放电能量的单次循环放电能量损失平均值；

(3) 所有充放电循环能量效率之间的极差不大于 2%；

(4) 循环充放电过程中，充电结束时电池单体电压极差平均值不大于 250mV；

(5) 循环充放电过程中，放电结束时电池单体电压极差平均值不大于 350mV。

按照《电力储能用锂离子电池》(GB/T 36276—2023)中 5.3.4.1 的实验方法，电池模块在 100%能量状态下静置 30 天后能量保持与能量恢复能力应满足下列要求：

(1) 能量保持率不小于 95.0%；

(2) 充电能量恢复率不小于 95.0%；

(3) 放电能量恢复率不小于 95.0%。

4. 离网供电时间

储能系统运行小时数应分别统计评价周期内各储能单元的运行时间，并按照各储能单元的额定功率加权平均，按式(3-6)计算：

$$UTH = \frac{1}{P}\sum_{i=1}^{N}P_i \cdot UTH_i \tag{3-6}$$

式中，UTH 为储能电站评价周期内运行小时数，h；$P$ 为储能电站额定功率，kW；$P_i$ 为第 $i$ 个储能单元的额定功率，kW；$UTH_i$ 为第 $i$ 个储能单元评价周期内运行的小时数，h。

5. 启动时间

根据《电力系统电化学储能系统通用技术条件》(GB/T 36558—2018)电力系统电化学储能系统通用技术条件规定：电化学储能系统的充/放电响应时间不大于 2s。此处的充/放电响应时间指从储能系统受到控制信号起至充放电功率达到其额定功率的 90%止。

## 3.1.4　环境适应性

环境适应性主要包括工作温度范围、场地条件要求和盐雾环境适应性。

1. 工作温度范围

电化学储能系统在以下环境条件应能正常使用：

(1)环境温度：0～40℃；

(2)空气相对湿度：不大于 90%；

(3)海拔高度：不大于 2000m。当海拔高度大于 2000m 时，应选适用于高海拔地区的设备。

2. 场地条件要求

根据《电力储能用电池管理系统》(GB/T 34131—2023)电化学储能电站用锂离子电池管理系统技术规范规定，锂离子电池系统的场地使用条件如下。

(1)环境温度：设备运行期间周围环境温度不高于 45℃，不低于 0℃；

(2)空气相对湿度：月平均相对湿度≤90%；

(3)海拔高度不大于 2000m。当海拔高度大于 2000m 时，应选用适于海拔要求的电池系统。

按照《电力储能用锂离子电池》(GB/T 36276—2023)中 8.4 的要求，锂离子电池贮存需满足下列要求：

(1)初始能量状态宜为 30%～50%，每贮存 6 个月宜进行能量状态维护；

(2)贮存环境温度宜为 20～35℃，且不高于 50℃或低于–30℃；

(3)贮存环境防止日晒雨淋，保持清洁、干燥、通风，远离火源、热源、腐蚀性介质及重物隐患。

3. 盐雾环境适应性

根据《太阳能熔盐(硝基型)》(GB/T 36376—2018)电力储能用锂离子电池的规定：

海洋气候条件下应用的电池模块应满足盐雾性能的要求，在喷雾循环条件下，不应起火、爆炸、漏液，外壳应无破裂现象。

在非海洋气候条件下应用的电池模块应满足高温高湿性能的要求，在高温高湿的存储条件下，不应起火、爆炸、漏液，外壳应无破裂。

### 3.1.5 使用可靠性

使用可靠性主要包括平均故障率、容错裕量、运行维护周期和运行维护预计费用。

1. 平均故障率

平均故障率是衡量一个产品（尤其是电器产品）的可靠性指标。它反映了产品的时间质量，是体现产品在规定时间内保持功能的一种能力。概括地说，产品故障少的就是可靠性高，产品的故障总数与寿命单位总数之比叫作"故障率"。它仅适用于可维修产品。

以铅酸电池、锂离子电池为例，主要考虑储能单元电池失效率和（堆）簇相对故障次数两个方面。

1）储能单元电池失效率

电池失效率应为评价周期内铅酸电池、锂离子电池储能单元中失效单体电池数量与单体电池总数的比值，按式(3-7)计算：

$$IRB = \frac{NIB}{NB} \times 100\% \tag{3-7}$$

式中，IRB 为电池失效率；NIB 为评价周期内失效的电池单体数量；NB 为储能单元电池单体总数。

2）储能单元电池（堆）簇相对故障次数

电池（堆）簇相对故障次数应为评价周期内储能单元中电池（堆）簇故障次数与单元中总的电池（堆）簇数量的比值：

$$RTOP = \frac{FTOP}{BPN} \times 100\% \tag{3-8}$$

式中，RTOP 为储能单元电池（堆）簇相对故障次数，次/簇；FTOP 为电池（堆）簇故障次数，次；BPN 为单元中总的电池（堆）簇数量，簇。

2. 容错裕量

在某个体系中能减小一些因素或选择对某个系统产生不稳定的概率。容错裕量越高，对效果的影响越小；容错裕量越低，对效果的影响越大。

3. 运行维护周期

运行维护周期是指为了保障机器或大型智能设备的正常工作而对机器和设备进行检查和简单的排除故障的工作频率。

4. 运行维护预计费用

储能电站的运维费用应包括单位容量运行维护费和度电运行维护费。

1)单位容量运行维护费

单位容量运行维护费应为评价周期内储能电站总运行维护费与电站额定功率之比:

$$\{C\}_{kW} = \frac{C}{P} \tag{3-9}$$

式中,$\{C\}_{kW}$ 为单位容量运行维护费;$C$ 为评价周期内储能电站总的运行维护费;$P$ 为储能电站额定功率,kW。

2)度电运行维护费

度电运行维护费是在评价周期内储能电站总运行维护费与电站上网电量之比:

$$\{C\}_{kW·h} = \frac{C}{E_{on}} \tag{3-10}$$

式中,$\{C\}_{kW·h}$ 为度电运行维护费;$E_{on}$ 为评价周期内储能电站的上网电量,kW·h。

3)运行维护费

储能电站为了实现其安全稳定运行、正常的电力充放和能量存储功能所投入人力、物力等引起的直接支出费用,主要包括修理费、材料费、购电费及生产管理人员薪酬等。

### 3.1.6　考虑可再生能源消纳的指标体系

在高原、海岛边疆地区,太阳能、风能丰富,而柴油发电机组一直是成熟的应急和备用电源。根据该态势,在电池储能的基础上调研论证风光柴储一体化电能保障系统指标体系。

风光柴储一体化电能保障系统主要由柴油机电站方舱、储能方舱、风力发电方舱、光伏方舱等模块组成(图 3-8)。新能源发电可与传统的柴油发电技术相结合:

一是在新能源资源不够丰富的地区，可以采用新能源与柴油混合型发电系统，柴油发电机组始终不停运转，以弥补新能源发电能力的不足；二是在新能源资源足够丰富的地区，可以采用新能源与柴油交替运行混合型发电系统，通常在新能源独立发电可以满足用电需求的情况下将柴油发电机组作为备用电源，在新能源电力不够的情况下启用。这样不仅可以减少柴油机的磨损、延长柴油机的使用寿命，还能使油料消耗大幅下降，为减少油料补给和储存创造了条件。

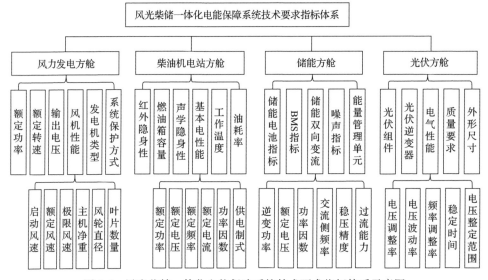

图 3-8 风光柴储一体化电能保障系统技术要求指标体系示意图

## 3.2 移动式供电系统应用场景分析及其指标体系

储能电站可以应用于串联式混合动力车，与动力单元组成混合动力系统，为车辆行驶提供电力，并为车上各类负载提供电力，增强车辆供电保障效能。此类移动式供电系统可应用于包括大型演唱会、偏远村落、科考项目、军事任务等远离固定供电系统的场景。近年来，移动式供电系统的运用更加广泛，定向输出功率的要求也越来越高，对其可实现的功能预期也在不断增加。电能保障能力和质量是决定其发展应用的关键技术之一。柴油发电机的电能即发即用，无大容量储能模块，功率可调节性差。储能电源技术利用其优异的倍率充放电能力，可满足大功率用能的需求。柴油发电机存在噪声振动大、冒黑烟等问题，而储能电源没有旋转运动部件，可降低供电系统的噪声、振动和污染。除此之外，柴油发电机存在高寒高原环境适应性差等问题，例如，我国北方地区冬季最低气温达到-40℃以下，低温条件下柴油发电机启动困难，需要加温预热约半小时才能达到额定功率，不能满足电能快速输出的要求；高原地区大气压力低，空气中的氧含量低，柴油发电机组输出功率大幅降低，且存在燃烧不完全、冒黑烟、故障率增加等系列问题。储能电源因不存在摩擦润滑部件和缸内燃烧过程，在高寒高原地区仍可以实现快速、可靠的电能输出，大幅提高了移动式供电系统电能保障的环境适应性。

500W 储能电站按照额定功率连续运行 6h，能量等级为 3kW·h；3kW 储能电站按照额定功率连续运行 6h，能量等级为 18kW·h；30kW 储能电站按照额定功率连续运行 6h，能量等级为 180kW·h；75kW 储能电站按照额定功率连续运行 6h，能量等级为 450kW·h（表 3-1）。

表 3-1　主要锂离子电池正极体系性能比较

| 序号 | 功率等级 | 能量等级 |
|---|---|---|
| 1 | 500W | 3kW·h |
| 2 | 3kW | 18kW·h |
| 3 | 30kW | 180kW·h |
| 4 | 75kW | 450kW·h |

以包含 180kW·h 储能电站和 18kW·h 储能电站为例，其架构及并机如图 3-9 所示。

180kW·h 储能电站主要由 24 组磷酸铁锂电池组、18 组钛酸锂电池组、2 套主控单元、1 套铅酸电池及充电单元、2 套充电机单元、1 套低压供电单元、1 套高压配电单元、1 套总控耦合单元、2 套耦合器单元（DC/DC1 和 DC/DC2）、1 台逆变器、方舱、安装架、散热系统和电缆网等组成，180kW·h 储能电站实物如图 3-10 所示。

18kW·h 储能电站主要由 6 组磷酸铁锂电池组、4 组钛酸锂电池组、1 套主控单元、1 套铅酸电池及充电单元、2 套充电机单元、1 套低压供电单元、1 套低高压配电单元、1 套总控耦合单元、2 套耦合器单元（DC/DC1 和 DC/DC2）、1 台逆变器、小方舱、安装架、拖车、散热系统和电缆网等组成，18kW·h 储能电站实物如图 3-11 所示。

根据电池体积尺寸、充放电倍率、温度特性对钛酸锂和磷酸铁锂进行合理配比，兼容两种体系电池以满足实际使用需求。结合钛酸锂和磷酸铁锂不同的倍率特性和温度特性，实时动态调整两者的输出功率比，使系统的充放电性能和使用寿命最大化。热管理系统根据环境温度和热管理控制策略对系统进行控制，控制热管理装置使电池工作在最佳温度或特定需求的温度；放电管理系统可以根据系统的每组电池状态，指示电池耦合器控制各组电池输出，同时当电池 SOC 较低时，优先保证重要负载的电源输出；充电管理系统可以根据系统的每组电池状态，指示电池耦合器控制各组电池充电时的输出功率比例，使电池以最大倍率充电；电

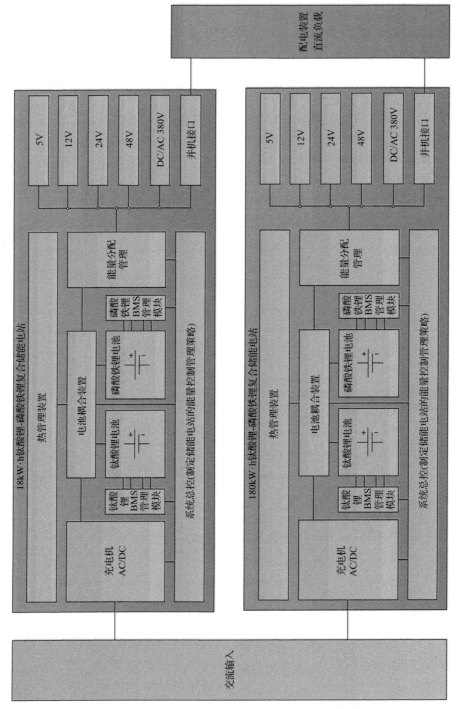

图 3-9　储能电站架构及并机图

图 3-10　180kW·h 储能电站实物图

图 3-11　18kW·h 储能电站实物图

池管理系统是连接电池和能量管理系统的重要纽带，主要功能包括电池物理参数的实时监测、电池状态、在线诊断与预警、充放电与预充控制、均衡管理、温度状态等。

电池管理系统用于准确测量和计算电池组的使用状况，并能够自适应地根据电池组的动态实时数据制定相应的管理策略来调整电池，做到电压均衡、温度均衡，提高电池利用率，防止电池过充电和过放电，保证电池安全，延长电池的使用寿命，降低电池使用成本，提升能源系统的整体性能。同时，配合能量管理系统上报实时采集的电压、电流、电池状态的实时分析，实现充放电管理、系统安全保护、能量均衡管理、系统热管理和历史信息管理功能。

热管理装置、热管理系统应用温度采集、计算及控制管理技术，使电池组在环境温度为−40～50℃的范围内正常工作，保持电池组的性能和寿命。

通过分析钛酸锂电池组和磷酸铁锂电池组，从两组电池的性能参数找出充放电管理的相同点和不同点，根据分析结果并结合应用环境和需求，设计、生产出电池耦合装置。电池耦合器把两组电池耦合在一起，实现两组电池均衡充放电管理，通过外接快充充电柜和直流转换柜，确保为电源系统进行快速充电。

## 3.3　偏远地区场景可再生能源供电指标体系

### 3.3.1　典型偏远地区自然环境分析

我国偏远边境地区地域跨度大，大部分地区海拔高、气压低、温差大、降水量少、空气含氧量低，气候变化无常，极端天气多，地形、气候等自然特点具有鲜明的特殊性。

**1. 高原高寒地区**

新疆的阿勒泰地区和塔城、伊犁等地区的最低温度常达到−45～−28℃，曾出现过最低气温接近−52℃的现象。一年中平均气温在0℃以下的时间在海拔3000m地区长达5个月，在海拔4000m地区长达7个月，在海拔5000m以上地区长达11个月。永久冻土层厚达5～100m，年平均气温0.4℃。寒冷的气候、过大的温差给能源供电系统部署带来困难，从而造成电子元器件故障率高等问题。

高寒地区公路不发达，低等级公路比重大，布局纵多横少。特别是边境地区，公路少、沿线道路曲折、弯大坡陡、升降急骤、多桥涵洞，易受冰川、泥石流、洪水、积雪、风沙等自然灾害的影响，车辆通行力低。除公路外，该地区还有部分骡马道和人行道，受地形、气候影响大，部分具有季节性通行能力。骡马道多沿河谷和山腰盘绕，路面狭窄，多为乱石路面；人行道多崎岖曲折，部分地段系悬崖栈道，坡陡弯急，通视条件差。均易受洪水、积雪影响而阻断或通行困难。

高原地区以山地为主，整体地势南北高、中间低，由西北向东南倾斜，海拔4000m以上的地区占86.1%，海拔3000m以下的地区仅占5.5%，部分地区海拔达5000~6000m。高山峡谷区地势递减急剧，高差通常在500~2000m，山高坡陡，沟深谷窄，地形割裂。以海平面为参照标准，当海拔为3000m时，大气压下降30.26%，气中氧分压力下降30.82%，人体肺气泡中氧分压力下降50%；当海拔为5000m时，大气压力和空气中氧分压力分别下降47%，人体肺气泡中氧分压力下降57%。低温缺氧环境使车辆动力下降近60%，故障率较正常环境高30%。

### 2. 沙漠盆地地区

新疆的南疆地区年降水量不足100mm，天空、阿里地区年平均降水量约66mm，塔里木盆地不到20mm。西北地区冬季受西伯利亚冷空气的影响，气候十分寒冷，冬季漫长。部分地区一年中6级以上大风天长达10个月以上，8级以上大风天长达150天以上，风向风速变化大，起风时沙土弥漫。

塔克拉玛干沙漠系温带干旱沙漠,酷暑最高温度可达67.2℃,昼夜温差达40℃以上，年平均降水量不超过100mm，最低只有4~5mm，而平均蒸发量高达2500~3400mm。东部地区7月份平均气温为25℃，冬季温度寒冷，1月份平均气温为–9℃，最低温度一般在–20℃以下。

### 3. 山麓雨林地区

喜马拉雅山脉南麓是典型的高山、峡谷、密林地带，平均海拔4200多米。该地区地形复杂、山高陡坡，沟壑纵横，草深林密，多悬崖绝壁，道路十分艰险。高寒缺氧，年平均气温为4~8℃，–30~–20℃的低温较常见，人员容易冻伤，全年0℃以上气温约200天，每年11月至翌年5月为降雪期，寒风凛冽，海拔4000m以上山口积雪达1~2m，雪封山时间长达半年之久。夏季5~9月温暖潮湿，雨多雾浓，年降雨量在1000mm以上，年相对湿度在70%以上，易发生山洪、泥石流、塌方。含氧量为海平面的60%~70%，气候复杂多变，有"一山四季"之称，昼夜温差大(日温差达30℃)，有害昆虫多，自然发病率高。

### 4. 海岛地区

南沙群岛大部分地区处于北纬10°以南，属于赤道季风气候区，为海洋性热带雨林气候。在东北季风、西南季风、热带气旋等的影响下，形成的气候特点如下：日照时间长、辐射强、温差小、终年高温高湿，风大雾小，降水丰沛，干湿季节明显等。

年平均气温和平均海温均大于27℃，极端高温可达35℃以上，年平均温差较小，仅为 2～3℃。海域 4～5 月为春季，平均日辐射量总量为 1929.5J/cm²，6～9 月为夏季，平均日辐射量总量为 1783J/cm²，12 月至次年 3 月为冬季，平均日辐射量总量为 1502.6J/cm²，净辐射春强冬弱。南沙群岛海面的气压季节变化和日变化都比较小，夏季气压略低于冬季，平均气压为 1007～1009Pa。主要风场特征为季风，一般从 11 月至次年 4 月为东北季风期，气流较为稳定，且持续时间长达半年，2 月的平均风速可达 6m/s，5～9 月为西南风季风期，风力大，月平均风速为 2.4～4.5m/s，最大风速可达 10m/s，5 月和 10 月为海域季风交替时期，平均风速在 4～4.8m/s。

南沙海域的降水主要由热带气旋和西南季风带来，雨量充沛，降水多且集中于 6～12 月，年平均降雨量约为 2000mm。云雾少，能见度高，其中能见度大于 10n mile（1n mile=1.852km）的频率占 70%以上。

### 3.3.2 可再生能源供电系统应用场景分析

固定基地可依托仓库、医院、基站等开展建设，在既有设施的基础上，融入社会资源，统筹仓储、维修、油料、运输、餐饮等保障能力，配备一定机动装备和集成式箱组。可再生能源供电系统能力指标如表 3-2 所示。

表 3-2　可再生能源供电系统能力指标

| 类别 | 能力指标 |
|---|---|
| 发电 | 总供电功率≥16MW |
| | 噪声≤75dB（A）（1m 处） |
| | 海拔 4500m 处输出功率不下降 |
| | 其他：具备新能源发电、储电能力；具有并联组网能力 |
| 储电 | 总储能容量≥28.8MW·h（分为 16 个单元，单个储能单元储能容量≥1.8MW·h） |
| | 正常工作温度：−41～46℃ |
| | 储存极限温度：−55℃、70℃ |
| | 系统应具备过载、过流、短路、过热等保护措施 |
| | 应具备在相对湿度 95%（40℃）条件下的持续工作能力 |
| 输配电 | 输配电功率：应涵盖 1kW、3kW、6kW、15kW、30kW、60kW 和 100kW 等功率等级 |
| | 输电距离≥200m |

## 3.4　高功率装备应用场景及其指标体系

### 3.4.1　高功率锂离子电池及其电源系统现状

1. 国外现状

SAFT 公司推出的额定容量为 $10A \cdot h$ 的单体电池可以在 1500A 电流下恒流放电，放电倍率高达 150C，连续放电下的电池比功率可达 4375W/kg，性能十分优越，可满足超高功率装备的电源需求。

Yardney 公司开发的 $9A \cdot h$ 高功率锂离子电池的低倍率比能量达到 $70(W \cdot h)/kg$，连续放电比功率高达 6kW/kg，脉冲放电电流 1700A，峰值比功率 11kW/kg。K2 能源公司生产的 26650P 型高功率锂离子电池采用磷酸铁锂正极材料，设计容量 $2.6A \cdot h$，可支持 150A 脉冲放电，放电倍率接近 60C。

图 3-12 是 SAFT 公司研制的 250kW 和 500kW 激光系统用电池系统技术指标。电池系统采用先 12 串再 8 串的方式集成。250kW 系统的比功率约为 1.1kW/kg，比能量约为 35W·h/kg。对 250kW 系统来说，其总能量为 8000W·h，也就是其正常使用时的放电倍率约为 31C。

SAFT 250kW/500kW电池系统
激光系统用紧凑型储能箱

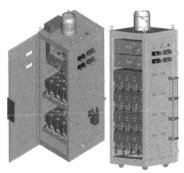

250kW电池　　　500kW电池

优点：
- 使用改良的"非定制"NEMA 12-型架
- 极高功率
- 灵活应用于250kW/500kW系统
- 紧凑型设计
- 生命周期成本低
- 长寿命
  - 100% DOD下1000圈
  - 25% DOD下30000圈
- 安全可靠

| 电特性 | 250kW组件系统 | |
| --- | --- | --- |
| 50% SOC时标称电压 | 345V | |
| 充电上限电压 | 394V | |
| 放电下限电压 | 260V | |
| 功率 | 250kW | |
| 能量 | 8000W·h | |
| 机械特性 | 250kW/500kW | |
| 质量 | | 227kg/363kg |
| 体积 | | 0.54m³ |
| 成组方式 | 12串再8串 | |
| 单体电池 | 4.1~27V | |
| 质量 | 227kg | |
| 体积 | 363L | |
| 比功率 | 1.1kW/kg, 680kW/m³ | |
| 比能量 | 35W·h/kg | |

关键特点：
- 保险联锁装置
- 独立型PC/CUI
- 液气热转换
- 可选的$CO_2$基灭火装置
- 辅助充电器外壳

典型应用：
- 定向能
- 激光武器
- 防御
- 高脉冲功率应用

图 3-12　SAFT 公司研制的 250kW 和 500kW 激光系统用电池系统

## 2. 国内现状

国内现在研究高功率锂离子电池的有中国工程物理研究院等，目前研制的磷酸铁锂离子电池的比功率接近 4kW/kg，比能量接近 50(W·h)/kg，与 SAFT 同款的磷酸铁锂电池性能相当；研制的三元-锰酸锂锂离子电池的比功率接近 7kW/kg，比能量接近 70(W·h)/kg。

### 3.4.2 储能分系统的需求分析

在电源设计和研制时要考虑以下几个方面的要求。

(1)为了使储能模块具有较长的循环寿命、较高的安全性及较平稳的输出电压，不能对其满充全放，而需要限定一定的充电-放电范围，一般充电 80%，放出 50%，只利用放电曲线中间部分的能量(图 3-13)，这样还便于恒流源的设计。基于这一要求，储能模块的能量就需要过量约 100%。

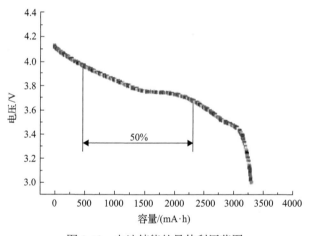

图 3-13　电池储能的最佳利用范围

(2)高倍率放电时，容量和电压均会衰减；放电倍率越高，衰减越严重。为了弥补电池高功率放电的能量衰减，储能模块的能量需过量约 30%(图 3-14)。

(3)容量随充放电循环次数而衰减(图 3-15)。为了保证使用后期一次放电也能输出 60MJ 的能量，储能模块的原始储能量需过量约 30%。

(4)为了弥补电池低温容量衰减，储能模块的能量需过量约 20%。

(5)为了弥补 DC/DC 恒流源的能量衰减及管理系统各元器件的能量耗损，储能模块的能量需过量约 20%。

### 1. 质量和体积的需求分析

在电源研制过程中储能模块中，各组成部件的质量占比如表 3-3 所示。储能模块的总质量 600kg、体积 0.7m³；对应电池的质量 400kg，其他五大组件的质量 200kg。若要求储存的能量为 50kW·h，则电池单体的比能量要达到 125(W·h)/kg，此数对超高功率的电池而言，难度非常大。

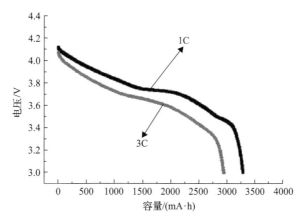

图 3-14　电池高功率放电时的能量衰减

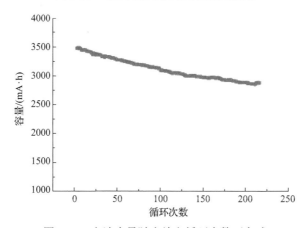

图 3-15　电池容量随充放电循环次数而衰减

表 3-3　储能模块中的各组成部件及其质量占比估算

| 序号 | 储能模块各组成部件 | 占储能模块质量分数/% |
|---|---|---|
| 1 | 电池 | 63.1 |
| 2 | 充电机 | 9.5 |
| 3 | 充放电管理分系统 | 4.2 |
| 4 | 连接件及承重结构 | 9.5 |
| 5 | 散热-保温部件与外壳 | 9.5 |
| 6 | 抗振、防冲击部件 | 4.2 |
| | 合计 | 100 |

### 2. 功率需求分析

若要求电源系统在约 100s 的时间内释放 60MJ 的能量,输出功率高达 600kW,储能系统质量 600kg,电池约 400kg。基于此,电源系统比功率将达到 1kW/kg,相应电池单体的比功率至少应为 1.5kW/kg。当电源系统的工作电压约为 300V 或 500V 时,电源系统的输出电流要达到 2000A 或 1200A 以上。而且,为了保障电池的循环寿命、安全性、较平稳的输出电压,并考虑低温、衰退等因素,所附加电池的备用容量基本上不能用来补偿高功率的需求。因此,电池组的放电倍率至少应达到 40C。此外,要在如此短的时间内输出那么多能量和那么高的电流,电池内阻上的能量耗损造成的电池温升将很大,因此进一步提高放电倍率(即降低电池内阻)是十分有益和必要的。此外,电池系统还需具备快速充电能力,充电时间控制在半小时以内。

### 3. 寿命需求分析

电池系统循环寿命大于 1000 次(容量不小于标称容量的 70%)。对低倍率放电的电池单体而言,此要求不算很高,但对由许多只电池单体串并联组成的且高功率放电的电源系统来说,这一要求却不低。因此,为了满足高功率电源系统的寿命需求,应研究高倍率放电时均一性较好的电池制造技术和电池串并联管理技术。

### 4. 可靠性与环境适应性分析

高功率电源系统要满足在不同的环境条件(-40~60℃)下安全可靠地工作,满足车载机动要求。相应地要求电池单体要具有较高的安全性、良好的环境适应性和抗冲击耐振动特性。因此,需要研究电池的高低温特性、安全特性,并提高电源系统抗冲击耐振动特性的技术措施。

## 3.5 大规模储能的极端边界条件

大规模储能的极端边界条件包含高原、东南沿海、海岛、沙漠等区域的典型场景极端边界条件。本节针对极端条件的电池适应性仿真工作,建立了储能极端边界条件。

### 3.5.1 我国典型地区极端天气条件调研

#### 1. 西藏

西藏空气稀薄,气压低,含氧量少,平均空气密度为海平面空气密度的 60%~70%,高原空气含氧量比海平面少 35%~40%。太阳辐射强烈,日照时间长,年日照时数为 1443.5～3574.3h，其中阿里地区大部、日喀则市西部年日照时数在 3000h 以上，那曲市中西部、日喀则市东部、山南市西部年日照时数为 2800～3300h，那曲市东部、昌都市西部、拉萨河河谷、年楚河河谷日照时数为 2500～3000h。

### 2. 新疆

喀什地区地处欧亚大陆中部，整个地势由西南向东北倾斜。地貌轮廓由稳定的塔里木盆地和以天山、昆仑山地槽褶皱带为主的构造单元组成。印度洋的湿润气流难以到达，北冰洋的寒冷气流也较难穿透，造就了喀什地区干旱炎热的暖温带的荒漠景观。阿尔泰山东部山谷受不同性质气流的严重影响，再加上地形复杂，高低悬殊，地面性状差异，形成了春旱多风、夏短少雨、秋高气爽、冬寒漫长和多大风的气候特点。浅山丘陵及平原河谷的年平均日照时数为 2700～3200h，日照率在 62% 以上，最高可达 71%。冬季日照短，夏季日照时间长。生长季(4～9 月)实际日照时数约 1800h，占全年日照时数的 60%左右，一日最长日照时数可达 15h 以上。

### 3. 黑龙江

黑龙江北部属于寒温带大陆性季风气候。由于大陆及海洋季风交替影响，气候变化多端，局部气候差异显著。漠河县每年平均气温在–5.5℃。各月平均气温在 0℃以下的月份长达 7 个月。气温年较差为 49.3℃。平均无霜期为 86.2 天。年平均降水量为 460.8mm，全年降水量 70%以上集中在 7 月份。5～6 月份为旱季，7～8 月份为汛期。太阳辐射总量年平均为 96～107kcal/cm²(1kcal=4.1868kJ)，日照时数为 2377～2625h。

### 4. 海南

海南省三沙市属热带海洋性季风气候。一年间受太阳 2 次直射，年太阳辐射总量约 140kcal/cm²，日照时数约为 2563h。其中，三沙市地处中国南海中南部、海南省南部，南沙群岛是三沙市分布最广的群岛，总面积 200 多万平方千米(含海域面积)，陆地面积约 13km²(不含吹填新增陆地)，其中西沙群岛约 10km²，南沙群岛约 3km²，中沙群岛基本没有陆地。地理坐标为东经 112°20′22″，北纬 16°49′53″。昌江黎族自治县位于海南的西北部，依山面海，属于典型的热带季风气候区，年平均气温 24.1℃，全年无冬，四季如春，日照充足，年平均降水量为 1676mm，生态环境好。

## 3.5.2　世界典型地区极端天气条件调研

### 1. 北极

北极指地球自转轴的北端，即北纬 90°的那一点。北极地区是指北极附近北纬 66°34'北极圈以内的地区。北极地区的气候终年寒冷。北冰洋是一片浩瀚的冰封海洋，周围是众多的岛屿及北美洲和亚洲北部的沿海地区。冬季，太阳始终在地平线以下，大海完全封冻结冰。夏季，气温上升到冰点以上，北冰洋的边缘地带融化，太阳连续几个星期都挂在天空。北冰洋中有丰富的鱼类和浮游生物，这为夏季在这里筑巢的数百万只海鸟提供了丰富的食物来源。同时，这也是海豹、鲸和其他海洋动物的食物。北冰洋周围的大部分地区都比较平坦，没有树木生长。冬季大地封冻，地面上覆盖着厚厚的积雪。夏天积雪融化，表层土解冻，植物生长开花，为驯鹿和麝牛等动物提供了食物。同时，狼和北极熊等食肉动物也依靠捕食其他动物得以存活。北极地区是世界上人口最稀少的地区之一。千百年以来，因纽特人(旧称爱斯基摩人)在这里世代繁衍。直至在这里发现了石油，许多人从南部来到这里工作。

北冰洋的冬季从 11 月起直到次年 4 月，长达 6 个月。5～6 月和 9～10 月属春季和秋季，而夏季仅 7 月和 8 月。1 月份的平均气温为−40～−20℃。而最暖月 8 月的平均气温也只有−3℃。在北冰洋极点附近漂流站上测得的最低气温是−59℃。由于洋流和北极反气旋及海陆分布的影响，北极地区最冷的地方并不在中央北冰洋。在西伯利亚维尔霍扬斯克和奥伊米亚康曾记录到−70℃的最低温度，在阿拉斯加的育空河地区也曾记录到−63℃的气温。

越是接近极点，极地的气象和气候特征越明显。在那里，一年的时光只有一天一夜。即使在仲夏时节，太阳也只是远远地挂在南方地平线上，发着惨淡的白光。太阳升起的高度从不会超过 23.5°，它静静地环绕着这无边无际的白色世界并缓缓移动着。几个月之后，太阳运行的轨迹渐渐地向地平线接近，于是开始了北极的黄昏季节。

北极有无边的冰雪、漫长的冬季。北极与南极一样，有极昼和极夜现象，越接近北极点越明显。北极的冬天是漫长、寒冷而黑暗的。从每年的 11 月 23 日开始，有接近半年是完全看不见太阳的日子。温度最低可降到−50℃。此时所有海浪和潮汐都消失了，因为海岸已冰封，只有风裹着雪四处扫荡。

北极的秋季非常短暂，9 月初第一场暴风雪就会降临。北极很快又回到寒冷、黑暗的冬季。北极的年降水量一般在 100～250mm，在格陵兰海域可达 500mm 降水集中在近海陆地上，最主要的形式是夏季的雨水。

2. 南极

南极是地球上最后一个被发现、唯一没有人员定居的大陆，总面积为 1390 万 $km^2$，相当于中国和印巴次大陆面积的总和，居世界各洲第五位。整个南极大陆被一个巨大的冰盖覆盖，平均海拔为 2350m，是世界上最高的大陆。南极洲蕴藏的矿物有 220 余种。

由于海拔高，空气稀薄，再加上冰雪表面对太阳辐射的反射等，使南极大陆成为世界上最为寒冷的地区，其平均气温比北极要低 20℃。南极大陆的年平均气温为–25℃。南极沿海地区的年平均温度为–20～–17℃；而内陆地区的年平均温度则为–50～–40℃；东南极高原地区最为寒冷，年平均气温低达–53℃。地球上观测到的最低气温为–93.2℃，这是 2010 年 8 月美国记录到的。2020 年 2 月 6 日中午位于南极半岛的阿根廷埃斯佩兰萨科考站监测到的气温为 18.3℃，这是自 1961年有记录以来的最高气温，打破了 2015 年 3 月 24 日监测到的 17.5℃的纪录。南极半岛靠近南美洲大陆，是南极大陆气温最高的区域之一。南极的寒冷首先与它所处的高纬度地理位置有关，由于高纬度地理位置，所以在一年中漫长的极夜期间没有太阳光。此外，也与太阳光线入射角有关，纬度越高，阳光的入射角越小，单位面积吸收的太阳热能越少。南极位于地球上纬度最高的地区，太阳的入射角最小，阳光只能斜射到地表，而斜射的阳光热量又最低。再者，南极大陆地表 95%被白色的冰雪覆盖，冰雪对日照的反射率为 80%～84%，只剩下不足 20%到达地面，而这可怜的一点点热量的大部分又被反射回太空。南极的高海拔和相对稀薄的空气使热量不容易保存，所以南极异常寒冷。

南极没有四季之分，仅有暖季、寒季的区别。暖季 11 月至次年 3 月；寒季 4月至 10 月。暖季时，沿岸地带平均温度很少超过 0℃，内陆地区平均温度为–35～–20℃；寒季时，沿岸地带平均温度为–28～–5℃，内陆地区为–70～–40℃。1983年 7 月，俄罗斯东方站测得–89.2℃的全球最低温。据估计，在东南极洲上可能存在更低的温度。

## 3.6 极端条件对电池影响的模拟仿真研究及其边界条件确定

根据我国及我国权益主要相关地区的气象调研报告可以看出，极端条件主要包括高温、低温、低气压、盐雾、积雪、雷暴、大风、沙尘、高湿度。

大规模储能系统一般将电池单体串并联成模组，再装配到集装箱体中，形成储能系统。储能系统箱体与货运集装箱类似，一般为钢材，其结构强度大、焊接性高、水密性好。储能系统箱体一般配有避雷接地和空气调节系统(空调)，因而能保证其内部的储能电池免受积雪、雷暴、大风、沙尘的影响。储能电池单体多为钢壳或铝壳封装，气密性好，泄压阀牢固，所以低气压与高湿度一般不会对电池内部造成影响(图 3-16)。以上的极端天气对电池和电池系统性能影响的研究较少。电池属于化学体系，温度能直接决定电池内各复杂化学反应的动力学特性，进而影响电池的充放电能量、功率等特性，以及循环稳定性及其安全性。尽管储能箱带有温度调节系统，但在极低温或极高温环境下，很难维持箱体内部电池处于 20℃左右的最佳温度。另外，需要指出的是，盐雾有可能造成电池系统电路连接处的腐蚀，进而造成部分节点的电阻增大，电池管控难度增大，甚至发生安全事故。

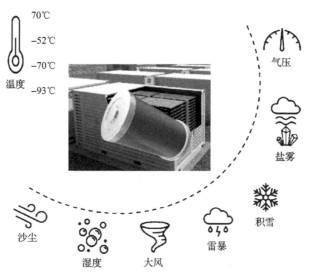

图 3-16 极端气候条件对电池储能系统影响示意图

针对电池建模问题，我们提出了一种电池电化学-热耦合高效建模方法。首先将模型参数分为尺寸测量参数、实验及待辨识参数、待标定参数、文献参考参数等几类。对电池进行拆解获得极片厚度、隔膜厚度等尺寸参数。通过制作纽扣电池获得正负极材料开路电势曲线，并利用遗传算法进行参数辨识，获得初始状态下的化学计量比 $x_{0/100}$、$y_{0/100}$。在 COMSOL Multiphysics® 5.4a 中将电化学模型和热模型进行耦合，并利用不同温度下脉冲实验对固相扩散系数 $D_s$、反应速率常数 $k$ 进行标定，获得 $D_s$ 和 $k$ 随温度变化的阿伦尼乌斯(Arrhenius)公式。通过常温下不同倍率充放电和不同温度下脉冲电流充放电实验对模型进行验证，这种模型的精度和适应性很好，端电压的平均误差小于 10mV，温度的平均误差小于 1.1℃。最后，对固相扩散系数 $D_s$、反应速率常数 $k$ 等难以直接测量的参数进行敏感性分析，分析上述参数对输出电压、电池温度的影响，从而有助于指导研究人员进行参数标定。

### 3.6.1 基本模型理论

Doyle 等[1]基于多孔电极理论建立的准二维电化学模型(P2D)，如图 3-17 所示。电池内部主要分为负极、隔膜、正极三个区域。P2D 模型中建立了若干控制方程，用于描述锂离子在固相颗粒中的扩散、液相中的传质和颗粒表面的电化学反应过程。

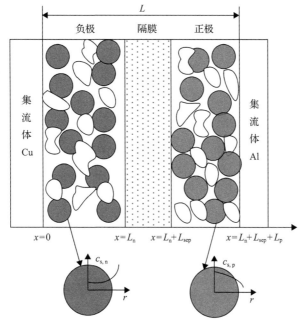

图 3-17　锂离子电池电化学模型剖面结构示意图

$c_{s,n}$ 为负极材料颗粒中锂离子平均浓度；$c_{s,p}$ 为正极材料颗粒中锂离子平均浓度

### 1. 电荷守恒方程

锂离子电池中的固相和液相电势均符合欧姆定律。其中，固相电势 $\phi_s$ 分布如式(3-11)所示：

$$\frac{\partial}{\partial x}\left(\sigma^{\text{eff}}\frac{\partial}{\partial x}\phi_s\right) = j_f = aj \tag{3-11}$$

式中，$\sigma^{\text{eff}}$ 为电极有效电导率，S/m；$j_f$ 为体积电流密度，A/m$^3$；$a$ 为颗粒比表面积；$j$ 为电极颗粒表面的电流密度，A/m$^2$。

边界条件如式(3-12)和式(3-13)所示：

$$\left.\frac{\partial}{\partial x}\phi_s\right|_{x=L_n} = \left.\frac{\partial}{\partial x}\phi_s\right|_{x=L_n+L_{\text{sep}}} \tag{3-12}$$

$$-\sigma^{\text{eff}}\left.\frac{\partial}{\partial x}\phi_s\right|_{x=0} = \sigma^{\text{eff}}\left.\frac{\partial}{\partial x}\phi_s\right|_{x=L} = i \tag{3-13}$$

式中，$i$ 为工作电流密度，A/m$^2$。

液相电势 $\phi_e$ 分布如式(3-14)所示：

$$\frac{\partial}{\partial x}\left(\kappa^{\text{eff}}\frac{\partial}{\partial x}\phi_e\right)=-j_f-\frac{\partial}{\partial x}\left(\kappa^{\text{eff}}\frac{\partial}{\partial x}\ln c_e\right) \tag{3-14}$$

式中，$\kappa^{\text{eff}}$ 为电解液的有效电导率，S/m；$j_f$ 为局部体积电流密度，A/m$^3$；$c_e$ 为液相中的锂离子浓度，mol/m$^3$。

边界条件：

$$\frac{\partial}{\partial x}\phi_e\bigg|_{x=0}=\frac{\partial}{\partial x}\phi_e\bigg|_{x=L}=0 \tag{3-15}$$

2. 质量守恒方程

在球坐标系中，利用菲克(Fick)第二定律可以描述颗粒内部锂浓度 $c_s$ 的分布，如式(3-16)所示：

$$\frac{\partial}{\partial t}c_s=\frac{D_s}{r^2}\frac{\partial}{\partial r}\left(r^2\frac{\partial}{\partial r}c_s\right) \tag{3-16}$$

式中，$c_s$ 为固相中的锂离子浓度；$r$ 为径向坐标。

边界条件：

$$\frac{\partial}{\partial r}c_s\bigg|_{r=0}=0 \tag{3-17}$$

$$-D_s\frac{\partial}{\partial r}c_s\bigg|_{r=R_s}=j_f=aF \tag{3-18}$$

式中，$R_s$ 为颗粒半径。

液相锂离子浓度分布如式(3-19)所示：

$$\frac{\partial}{\partial t}(\varepsilon_e c_e)=\frac{\partial}{\partial x}\left(D_e^{\text{eff}}\frac{\partial}{\partial x}c_e\right)+\frac{1-t_+^0}{F}j_f \tag{3-19}$$

式中，$\varepsilon_e$ 为液相体积分数；$D_e^{\text{eff}}$ 为锂离子在溶剂中的有效扩散系数，m$^2$/s；$t_+^0$ 为锂离子迁移数；$F$ 为法拉第常数，C/mol。

边界条件：

$$\frac{\partial}{\partial x}c_e\bigg|_{x=0}=\frac{\partial}{\partial x}c_e\bigg|_{x=L}=0 \tag{3-20}$$

3. 固液相界面的电化学反应方程

固液相界面的电化学反应满足巴特勒-福尔默(Bulter-Volmer)方程，局部反应电流密度如式(3-21)所示：

$$j = i_0 \left\{ \exp\left[ \frac{\alpha_a F}{RT} \eta \right] - \exp\left[ -\frac{\alpha_c F}{RT} \eta \right] \right\} \tag{3-21}$$

式中，$\alpha_a$ 和 $\alpha_c$ 分别为阳极和阴极电荷迁移系数；$R$ 为气体常数；$T$ 为温度。$i_0$ 与 $\eta$ 的表达式分别为

$$i_0 = k c_e^{\alpha_a} \left( c_{s,max} - c_{s,surf} \right)^{\alpha_a} c_{s,surf}^{\alpha_c} \tag{3-22}$$

$$\eta = \phi_s - \phi_e - U - a j R_{SEI} \tag{3-23}$$

其中，$c_{s,max}$ 和 $c_{s,surf}$ 分别为固相最大锂离子浓度和固相颗粒表面锂离子浓度，$mol/m^3$；$R_{SEI}$ 为 SEI 膜的电阻。$U$ 的表达式为

$$U = U_{ref} - \left( T - T_{ref} \right) \frac{dU}{dT} \tag{3-24}$$

这里，$U_{ref}$ 为参考电压；$T$ 为温度；$T_{ref}$ 为参考温度。

4. 能量守恒方程

充放电过程中的产热主要分为三部分，分别为欧姆热 $Q_{ohm}$、反应热 $Q_{rea}$、极化热 $Q_{act}$。

欧姆热 $Q_{ohm}$ 为

$$Q_{ohm} = \sigma_s^{eff} \left( \frac{\partial \phi_s}{\partial x} \right) + \sigma_e^{eff} \left( \frac{\partial \phi_e}{\partial x} \right)^2 + \frac{2\sigma_e^{eff} R^0 T}{F} (1 - t_+) \frac{\partial \ln c_e}{\partial x} \frac{\partial \phi_e}{\partial x} \tag{3-25}$$

式中，$\sigma_s^{eff}$ 为固相电导率；$\sigma_e^{eff}$ 为液相电导率；$R^0$ 为气体常数；$t_+$ 为锂离子迁移数。

反应热 $Q_{rea}$ 为

$$Q_{rea} = a_s j T \frac{dU}{dT} \tag{3-26}$$

式中，$a_s$ 为颗粒表面积。

极化热 $Q_{act}$ 为

$$Q_{act} = a_s j \left( \phi_s - \phi_e - U - j R_{SEI} \right) \tag{3-27}$$

根据 Bernadi 假设的简化内部温度场变化一致的理论可知，生热率 $q$ 满足式(3-28)，其中，$I^2R$ 项包括欧姆热和极化热，$ITdU/dT$ 项代表反应热。

$$q = I^2R - IT\frac{dU}{dT} \tag{3-28}$$

电池整体的平均温度近似可由式(3-29)计算:

$$mC_p\frac{dT}{dt} = q - hA(T - T_{amb}) \tag{3-29}$$

式中, $m$ 为质量; $C_p$ 为定压比热容; $q$ 为生热率; $h$ 为表面对流系数; $A$ 为表面积; $T_{amb}$ 为环境温度。

5. 温度敏感参数

热模型中温度影响固相扩散系数 $D_s$、反应速率常数 $k$ 等参数,其变化规律符合 Arrhenius 公式,如式(3-30)所示。同时,P2D 模型参数的变化又影响生热率。

$$\psi = \psi_{ref}\exp\left[\frac{E_a}{R}\left(\frac{1}{T_{ref}} - \frac{1}{T}\right)\right] \tag{3-30}$$

式中, $\psi$ 为某一参数; $\psi_{ref}$ 为参考状态下的参数值; $E_a$ 为活化能。

模型中任意时刻电池端电压可表示为

$$V(t) = \phi_{s,x=L}(t) - \phi_{s,x=0}(t) \tag{3-31}$$

### 3.6.2　建模流程

电化学-热耦合模型参数的数量多,来源复杂,主要包括拆解测量、参数辨识、文献参考、实验标定等几种获取方式。为了提高模型精度,应尽可能多地通过实验确定参数,减少参数标定的数量。

模型中的设计参数和部分热物性参数,如极片厚度 $L_{P/N}$、隔膜厚度 $L_{sep}$、活性物质面积 $A_{cell}$、定压比热容 $C_p$、对流换热系数 $h$ 等参数可以通过工具测量和实验测定。正负极均衡电势曲线 $U_{ref,P/N}$ 一般通过制作纽扣电池,以极小的电流进行实验获得。固相颗粒的最大嵌锂浓度 $c_{s,max}$,初始时刻化学计量比 $x_{0/100}$、$y_{0/100}$ 等参数的获取较为困难,一般通过参数辨识进行获取。正负极固相颗粒半径 $R_{s,N/P}$、电解质初始盐浓度 $c_{l0}$、孔隙率 $\varepsilon$ 由电池厂商提供。

利用各种途径获得模型参数后,将电化学模型和热模型进行耦合。由于固相扩散系数 $D_s$、反应速率常数 $k$ 与温度 $T$ 密切相关,并符合 Arrhenius 公式,可以通过不同温度下的脉冲实验标定得到相应数值和活化能 $E_a$。最后,通过常温下不同倍率充放电和不同温度下的脉冲放电来验证模型的准确性和适应性,具体建模流程如图 3-18 所示。

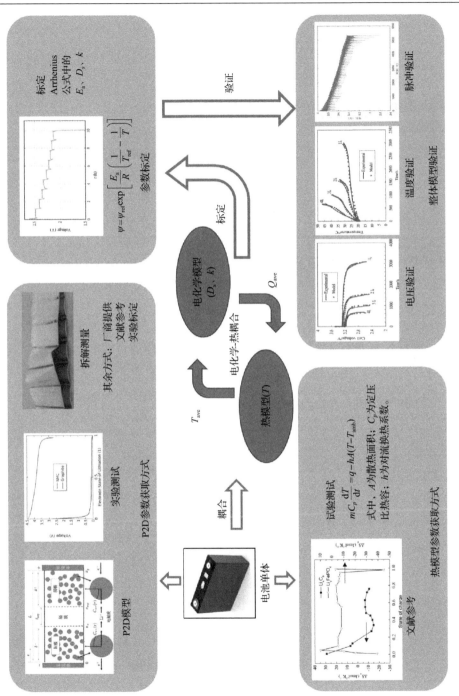

图 3-18 电化学-热耦合模型搭建流程图

1. 固相颗粒扩散系数 $D_s$ 对模型的影响

固相扩散是一个非常缓慢的过程，严重影响了颗粒内部和表面的锂离子浓度分布。随着正极固相扩散系数 $D_{s,p}$ 或负极固相扩散系数 $D_{s,n}$ 的减小，端电压达到截止电压的时间越早。由于正负极电势由锂离子浓度决定，且端电压曲线可看作是正负极均衡电势曲线相减的效果。因此，正极固相扩散系数 $D_{s,p}$ 越小，正极区域固相颗粒表面锂离子浓度 $c_{s,surf}$ 越大，正极均衡电势末端越低，从而使端电压提前达到截止电压。随着负极固相扩散系数 $D_{s,n}$ 减小，负极区域固相颗粒表面锂离子浓度 $c_{s,surf}$ 越小，负极均衡电势末端越高，使端电压提前达到截止电压。随着正极固相扩散系数 $D_{s,p}$ 和负极固相扩散系数 $D_{s,n}$ 的减小，电池内部的总反应时间减小，表现为电池最高温度降低。

2. 反应速率常数 $k$ 对模型的影响

固相颗粒表面发生电化学反应速率的快慢影响了锂离子从液相到固相的难易程度。随着负极反应速率常数 $k_n$ 或正极反应速率常数 $k_p$ 的减小，内部阻抗增大，端电压整体下降。由于内阻增大，电池产热增加，因而电池整体的平均温度升高。

### 3.6.3　常规/极端环境下界面副反应特性及仿真模型

低温下锂离子电池充放电极化均增大，尤其是充电时负极可能会发生金属锂析出，带来安全隐患，需要在研究与应用中重点关注。

充电过程中，电池负极表面发生锂析出与重嵌入两个电化学副反应。因此，在电池使用过程中，负极表面可能会发生 3 个电化学反应，如式(3-32)～式(3-34)所示，其反应电流密度分别为 $j_1$、$j_2$ 和 $j_3$，总反应电流密度 $j$ 为三者之和，如式(3-35)所示。其中，式(3-32)为锂离子嵌入/脱出石墨负极的反应，也称为主反应；式(3-33)为锂离子析出的副反应，锂析出生成三种产物，分别为可逆锂 ($Li_{rev}^{(s)}$)、死锂 ($Li_{dead}^{(s)}$) 和新形成的 SEI 膜，三者占比分别设为 $z_1$、$z_2$ 和 $z_3$；式(3-34)为可逆锂重新溶解反应。

$$Li_x C_6 + \Delta x Li^+ + \Delta x e^- \longrightarrow Li_{x+\Delta x} C_6 \tag{3-32}$$

$$Li^+ + e^- \longrightarrow z_1 Li_{rev}^{(s)} + z_2 Li_{dead}^{(s)} + z_3 SEI \tag{3-33}$$

$$Li_{rev}^{(s)} \longrightarrow Li^+ + e^- \tag{3-34}$$

$$j = j_1 + j_2 + j_3 \tag{3-35}$$

根据负极表面发生的电化学反应，可以将电池的低温充电及随后的静置过程划分为 4 个阶段(图 3-19)。在阶段 I 中，负极过电势始终保持在 0V 以上，负极表面只发生主反应，没有锂离子析出；当负极过电势低于 0V 时，负极表面开始发生锂析出副反应，此时负极表面同时发生主反应和锂析出副反应两个电化学反应，两个反应的反应电流方向相同，相互竞争。通常而言，锂离子从负极表面析出后，主要生成三种产物：①与电解液反应生成新的 SEI 膜；②表面覆盖有 SEI 膜后游离于电解液中，形成死锂；③覆盖在负极表面，与负极保持良好的电连接，这部分称为可逆锂。其中，可逆锂是最主要的存在方式，占 70% 以上。锂析出副反应的速率取决于负极过电势 $\eta_{Li}$，相应反应产物的含量随反应的进行不断增加，直至过电势 $\eta_{Li}$ 回升至 0V 以上，反应停止。

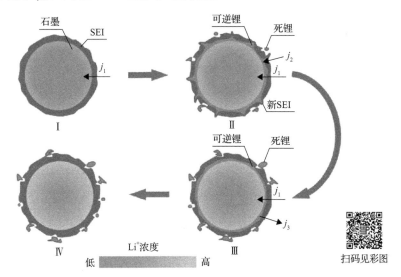

图 3-19　石墨负极锂离子析出与重新嵌入过程示意图(电池低温充电过程的 4 个阶段)

在阶段 III 恒压充电或静置过程中，负极过电势逐渐回升到 0V 以上，可逆锂发生溶解。可逆锂溶解反应的动力学方程与锂析出反应相同，但方向相反。溶解在电解液中的可逆锂重新参与主反应，并嵌入石墨负极中，也可以将溶解并重新嵌入石墨负极的过程统称为可逆锂重嵌入过程。因此，在阶段 III 中，负极表面也进行了两个电化学反应，分别为主反应和可逆锂溶解反应，但二者的反应电流相反。可逆锂溶解反应的反应速率不仅取决于负极过电势，还与可逆锂的含量相关，当可逆锂被完全消耗时，该反应随之停止。在阶段 IV，可逆锂已经全部溶解，负极表面不再进行电化学反应，电池内部的锂离子在扩散过程的作用下逐渐达到平衡状态。

对于正负极的锂离子嵌入/脱出反应，局部反应电流密度遵循 Butler-Volmer 方程，如式(3-36)所示。式(3-36)中，$i_{0,1}$ 为交换电流密度，可以根据反应动力学特性通过式(3-37)计算得到,其中,$k_1$ 为反应速率常数,$\alpha_{a,1}$ 和 $\alpha_{c,1}$ 为传递系数。$\eta_1$ 为反应的过电势,可以通过式(3-38)计算。式(3-38)中,$U$ 为固相均衡电势,取决固相的开路电势和温度,如前述的式(3-24)所示;$FjR_{SEI}$ 为 SEI 膜阻抗引起的压降,仅在负极-电解液界面起作用,其中 $j=j_1+j_2+j_3$,为负极-电解液界面的总反应电流,而正极侧无须考虑界面膜阻抗的影响。

$$j_1 = i_{0,1}\left[\exp\left(\frac{\alpha_{a,1}F\eta_1}{R^0T}\right) - \exp\left(-\frac{\alpha_{c,1}F\eta_1}{R^0T}\right)\right] \tag{3-36}$$

$$i_{0,1} = k_1 c_e^{\alpha_{a,1}}(c_{s,max} - c_{s,surf})^{\alpha_{a,1}} c_{s,surf}^{\alpha_{c,1}} \tag{3-37}$$

$$\eta_1 = \phi_s - \phi_e - U - FjR_{SEI} \tag{3-38}$$

负极锂析出的副反应的反应速率同样遵循 Butler-Volmer 方程,如式(3-39)所示。锂析出反应的交换电流密度由式(3-40)计算得到,而反应的过电势如式(3-41)所示,其中,反应均衡电势 $U_{Li}$ 为 0V。如前面所述,可逆锂重新溶解的反应动力学方程与锂析出反应一致,如式(3-42)所示。式中,$\dfrac{\lambda n_{Li,rev}}{1+\lambda n_{Li,rev}}$ 为考虑可逆锂含量 $n_{Li,rev}$ 对反应速率影响的修正项,将 $\lambda$ 设定为一个较大的数值,使得 $n_{Li,rev} \gg 1$ 时,$\dfrac{\lambda n_{Li,rev}}{1+\lambda n_{Li,rev}} \approx 1$,当 $n_{Li,rev}=0$ 时,$\dfrac{\lambda n_{Li,rev}}{1+\lambda n_{Li,rev}}=0$。

$$j_2 = i_{0,2}\left[\exp\left(\frac{\alpha_{a,2}F\eta_{Li}}{R^0T}\right) - \exp\left(\frac{\alpha_{c,2}F\eta_{Li}}{R^0T}\right)\right], \quad \eta_{Li} < 0 \tag{3-39}$$

$$i_{0,2} = k_2 c_e^{\alpha_{a,2}} \tag{3-40}$$

$$\eta_{Li} = \phi_s - \phi_e - U_{Li} - FjR_{SEI} \tag{3-41}$$

$$j_3 = i_{0,2}\left[\exp\left(\frac{\alpha_{a,2}F\eta_{Li}}{R^0T}\right) - \exp\left(\frac{\alpha_{c,2}F\eta_{Li}}{R^0T}\right)\right] \cdot \frac{\lambda n_{Li,rev}}{1+\lambda n_{Li,rev}}, \quad \eta_{Li} > 0, \quad n_{Li,rev} > 0 \tag{3-42}$$

如图 3-19 所示,随着锂析出副反应的进行,负极表面的 SEI 膜不断增厚,引起 SEI 膜阻抗 $R_{SEI}$ 的增加,如式(3-43)所示。式中,$\sigma_{SEI}$ 为 SEI 膜的电导率;$\delta_{SEI,0}$ 和 $\Delta\delta_{SEI}$ 分别为原始的和增加的 SEI 膜厚度。$\Delta\delta_{SEI}$ 与新生成的 SEI 膜的量成正比,如式(3-44)所示。式中,$M_{SEI}$ 和 $\rho_{SEI}$ 分别为 SEI 膜的摩尔质量和密度。

$$R_{SEI} = \frac{\delta_{SEI,0} + \Delta\delta_{SEI}}{\sigma_{SEI}} \tag{3-43}$$

$$\Delta\delta_{SEI} = \frac{n_{SEI} M_{SEI}}{\rho_{SEI}} \tag{3-44}$$

## 参 考 文 献

[1] Doyle M, Fuller T F, Newman J. Modeling of galvanostatic charge and discharge of the Lithium/Polymer/Insertion cell[J]. Journal of the Electrochemical Society, 1993, 140(6): 1526-1533.

# 第4章　锂离子电池性能衰减机制与抑制策略

锂离子电池是现代社会国民经济与生活的基石之一，助推了信息化与交通电动化的发展，广泛应用于可再生能源储能、电动车、消费电子、工业备用电源等领域，是确保我国实现"双碳"目标的重要装备。因此，锂离子电池在整个服役周期内的性能保持稳定十分重要。然而，与铅酸电池等其他化学电源一样，锂离子电池的性能会在使用过程中逐渐衰减。

尽管锂离子电池性能衰减的现象广为人知，但其背后机制却鲜有人注意。对于锂离子电池，其内部既有正负极的金属氧化物、石墨等活性物质，也有电解液、集流体、导电剂等物质。这些电芯的组成部分被钢壳、铝壳、铝塑膜等外部封装与外部隔绝且对空气中的水分、氧气较敏感。因此，与铅酸电池等活性物质对空气不敏感的体系相比，锂离子电池内部更像一个"黑箱"，研究材料随服役发生的衰减机制的难度较大。

众所周知，索尼公司于1991年发布了首个商用锂离子电池，在随后的30年时间中其性能不断完善，研究者对其活性物质的储能机制与性能衰减机制的认识也在持续加深。综合相关文献，锂离子电池性能衰减机制的研究可粗略地分为三个时期。20世纪90年代，电化学家与工业界结合，开始从对锂离子电池表观的性能衰减进行电化学理论角度的解读，例如，用多孔传质相关理论结合对固液界面(SEI)膜的初步认识模拟材料衰变而导致的性能下降。在21世纪的最初十几年，随着高分辨透射电子显微镜(HRTEM)、功能化的原子力显微镜(AFM)、固体核磁共振等先进的原位谱学表征手段广泛而密集的应用及模拟仿真相关能力的大幅提升，研究者获得了大量多尺度化学、物理表征数据与系统深入的模拟仿真数据，实现了对材料晶格、界面、体相、电极各层面衰变现象的精准描述。2016年以来，随着冷冻电镜技术、球差矫正电镜技术等先进表征手段的应用与普及，研究者更加细致地阐明了SEI的细微结构与演化过程、正极材料晶格的滑移、缺陷发展、过渡金属析出及其与负极间的串扰等问题，显著加深了对锂离子电池性能衰减问题的研究深度。

本章针对锂离子电池性能衰减机制，从材料、电极、器件等多尺度下逐一进行阐述，最后集中讨论主流的衰减抑制策略。考虑到目前储能锂离子电池负极多为石墨材料，而正极方面，国家能源局已有中大型储能电站禁用三元正极锂离子电池的规定，本章内容安排如下。首先，对正极活性物质的衰变进行讨论，以磷酸铁锂正极为主，兼顾中高镍三元和近期研究较多的富锂锰基材料。其次，对负极材料的衰变进行讨论，包括正极金属离子溶出后的恶化反应，再对隔膜、集流体等非活性物质在电池性能衰减过程中的作用机制进行讨论。最后，集中对抑制锂离子电池衰变的相关策略进行讨论。

# 4.1　正极性能衰变

一般来说，锂离子电池正极在容量衰减的同时其内阻缓慢增加，但此现象对电压较低的磷酸铁锂电池并不明显。对于三元等典型高充电截止电压正极，过度充电会导致电解质被氧化且释放气体，层状 $LiMO_2$ 氧化物（M 代表过渡金属元素）晶体结构中的氧损失，都会使活性材料衰变和电池内部压力增加。此外，释放的氧气和氧化基团与负极还原性物质发生反应（会大量放热），且无法被消除，从而造成了较大的安全隐患。溶剂被氧化的速度与工作电压及活性材料的成分和表面积有关，也与碳导电剂的表面积有关。

本节重点讨论磷酸铁锂电极的衰变问题，并对三元与富锂锰基正极的衰变问题进行简要介绍。

## 4.1.1　磷酸铁锂正极性能衰变

锂离子电池的寿命由其循环或放置（也称为存储）衰变的速率决定。近年来，锂离子电池的性能衰减问题得到了大量研究。然而，这些工作大多集中在 $LiCoO_2$（LCO）、$LiMnO_2$（LMO）和 $LiNi_xCo_yMn_{1-x-y}O_2$（NCM）正极的电池衰减。磷酸铁锂（$LiFePO_4$，LFP）正极因具有较长的循环与放置寿命和良好的安全性而成为储能电池的首选及电动汽车的主流电池正极，全球有数十亿只磷酸铁锂电池在运行，因此了解它们的性能衰减机制并学习如何管理它们至关重要。然而，对磷酸铁锂电池性能衰退的研究相比三元锂离子电池更难，且主要集中在负极金属锂析出、SEI 增厚等。研究表明，磷酸铁锂正极在高温下会析出铁离子，造成活性材料损失（LAM）和容量衰减。有研究人员声称，SEI 劣化带来的活性锂损失是磷酸铁锂电池性能衰减的主要原因。在包括纳米 CT 等先进表征技术的帮助下，研究者可以深入考量单颗粒和界面水平上的反应不均匀性及磷酸铁锂的衰变。

本节对磷酸铁锂电池正极在多种条件下的衰减机制进行系统讨论。我们的分析将集中在包括磷酸铁锂晶格、颗粒表面和电极结构的尺度上。在总结不同用电工况（包括充放电倍率、放置储存和长循环）、机械应力和热场下磷酸铁锂正极衰变情况的基础上，对未来磷酸铁锂正极衰变的研究进行展望。

1. 不同用电工况下磷酸铁锂正极性能衰减

电池材料通过电压与容量输出能量。除材料组分外，电极反应动力学、工作温度和放电速率均影响输出能量。电池放出能量在本质上由电子的数量和平均能量决定。大多数锂离子电池电极材料在电子得/失过程中都伴随着锂离子的嵌入/脱出，因此电池性能与锂离子的输运行为密切相关。例如，功率特性通常受制于电解质与电极材料中的锂离子迁移率，电极材料中锂离子和电子之间的反应则是存储电能的有效手段。然而，在实际的电池环境中会发生不同程度的副反应，这些副反应速率由电子能量和环境温度决定。通常情况下，这些副反应是不可逆的，直接造成了电池容量下降。

电池性能衰减的具体表现在容量、工作电压逐渐降低与功率特性下降，这种衰减在充放电和存储过程中均会发生，且在长循环与高充放电倍率情况下更为显著。下面总结磷酸铁锂电池在不同充放电与储存条件下的衰减情况，并重点阐述其副反应机制。

与其他锂离子电池正极相比，磷酸铁锂的电势较低，对电解质的氧化也没有层状氧化物正极严重。在循环充放电过程中，磷酸铁锂颗粒的理论体积变化仅为 6.77%，与尖晶石 $LiMn_2O_4$ 正极材料相似。此外，铁离子发生轻微溶解，导致活性材料损失，且这些溶解的铁离子可能在负极表面上被还原而造成 SEI 劣化，导致内阻增加和锂损耗（loss of lithium inventory，LLI）。然而，与 LMO 正极锂离子电池相比，磷酸铁锂电池具有更长的寿命，这是因为铁离子的溶解量较小，这种优势在高温环境下应用时更加明显。

早期研究表明，在中等 SOC 范围内循环的磷酸铁锂电池比在高或低 SOC 下循环的磷酸铁锂电池表现出更好的稳定性（图 4-1）。恒电流间歇滴定技术（GITT）和电化学阻抗谱（EIS）等电化学表征结果表明，在高或低 SOC 下磷酸铁锂电池表现出更高的阻抗极化。这归因于电解质和电极之间发生的副反应，以及在较高或较低的 SOC 范围内磷酸铁锂正极和石墨负极材料发生的结构变化。因此，可以通过控制 SOC

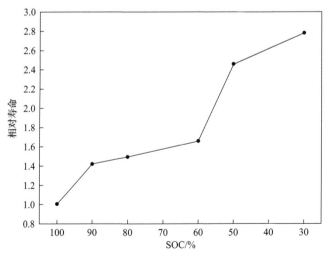

图 4-1　充电到不同 SOC 下磷酸铁锂电池相对寿命

减缓衰变和提升磷酸铁锂电池的循环稳定性。结合对各种 SOC 下容量损失机制的理解，可以建立磷酸铁锂电池性能衰减程度的高精度预测模型。有研究表明，在45%SOC 和 55%SOC 之间的 1C 充放电倍率下，循环的容量衰减速度大于 50%和100%放电深度(depth of discharge，DOD)的衰减速度。此外，在 4C 下循环会导致比在较低充电/放电速率下循环更小的容量衰减速度，这些有趣的现象需要进行进一步系统研究。

　　SEI 随循环或放置过程的衰变及其对全电池性能衰减的影响一直是研究重点。LLI 被认为是磷酸铁锂电池性能衰减的主要原因，其他重要原因还包括石墨负极活性损失、气体生成(图 4-2)和负极剥离等。高 SOC 和高温存储会产生更厚的 SEI 和更严重的 LLI。当负极表面的电解液减少时，体现出混合动力学-扩散机制，SEI 生长严重依赖于电势。此外，非均匀 SEI 的持续生成逐渐消耗电解液，使电解液的电导率降低。在全电池的中心区域，锂离子扩散受阻明显，降低了石墨负极嵌锂的动力学特性，并产生额外的不可逆锂金属沉积，分割电极颗粒，从而导致更加严重的 LLI 和 LAM，并形成恶性循环。在长循环的初期，LLI 是主要的性能衰减机制，随后其逐渐被电极活性面积减少和电池阻抗增加所取代。

　　正极电解质界面(CEI)的发展演变显著影响磷酸铁锂电池的性能衰减。尽管磷酸铁锂电池的开路电压(约 3.2V)使正极处于热力学稳定范围内，但 $LiPF_6$ 电解质还会在磷酸铁锂表面发生缓慢反应(以月衡量，经 $^7Li$ MAS-NMR 核磁验证)。此外，CEI 形成过程中的副反应可导致正极过度充电并析出气体。在磷酸铁锂上包覆碳层是缓解钝化和防止铁溶解的常用方法，此策略在高温下的效果非常明显。与石墨负极的 SEI 一样，磷酸铁锂正极上的 CEI 并不是均匀的，当电池在高温下运行时，它将包含更多的有机成分。以有机成分为主的 CEI 将造成电极内的电接触损失(图 4-3)，加速电池性能衰减。凝胶聚合物电解质和双(草酸)硼酸锂(LiBOB)有助于在磷酸铁锂颗粒上形成薄而均匀的 CEI，从而阻碍铁离子的溶解并保护磷酸铁锂结构的完整性。磷酸铁锂正极性能衰减也可能由炭黑(CB，导电添加剂)的团聚和结晶度的损失引起，这些过程可降低电极的电导率。

　　除 SOC 外，充电/放电倍率会影响磷酸铁锂电池性能衰减速度。较高的充放电速率通常可导致更快的性能衰减，这主要是由于不可逆的 LLI 更为显著。当充电速率高于 2C 时，LLI 的主要原因是石墨表面上的锂金属沉积，而不是锂在充电后期在副反应中的消耗(如 SEI 膜的演变)。这种容易导致负极过充的现象也与磷酸铁锂正极平坦的充电电位平台有关，它使负极的充电电位被推至低于 0V vs.Li/Li$^+$，即达到锂的沉积电位。当充电速率较低时，电池衰减速率随充电速率增加而线性提升。增加放电速率也会导致磷酸铁锂电池衰减速率增加。当放电速率高于 4C 时，容量损失速率保持在较高水平，因为石墨 SEI 膜趋于不稳定，甚至在快速脱出锂离子期间破裂。活性材料的进一步衰变可导致容量衰减率在循环后

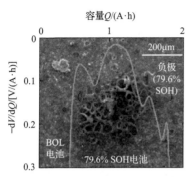

图 4-2　磷酸铁锂电池和衰减后电池的 d$V$/d$Q$ 曲线(插图为衰变石墨负极表面的 SEM 图像,显示了由副反应产生的气体造成的孔隙)

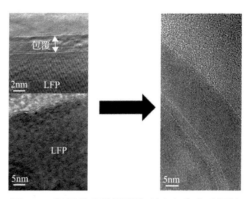

图 4-3　新鲜磷酸铁锂颗粒(左)和衰变后颗粒(右)的 TEM 图像

期进一步上升。高的放电倍率可增加磷酸铁锂电池的内阻,阻碍快速放电。

循环降低了磷酸铁锂正极的性能,特别是在高 DOD 下更明显(90%DOD 下的 200 次循环比 10%DOD 时的 2000 次循环衰减得更严重)。充电/放电制度会影响磷酸铁锂电池的循环衰减情况。例如,与使用恒流转恒压充电相比,单纯恒流充电时的劣化速率更慢。恒流-恒压辅以负脉冲(CC-CVNP)充电,低振幅的脉冲可以稳定电池容量,降低内阻,降低衰减速率。因此,充电/放电策略研究有望减缓磷酸铁锂电池循环容量的衰减速率。

**2. 不同温度场工况下磷酸铁锂正极性能衰减**

对于不同种类的锂离子电池来说,相同条件下磷酸铁锂电池的储存衰减速率低于钴酸锂和三元锂离子电池,这与前者正极相对低的电位有关。在给定温度与初始 SOC 下,衰减速率保持不变,因此可看出磷酸铁锂电池的放置衰减与温度的相关性很强。在高于室温工况下(30~60℃),磷酸铁锂电池的储存衰减速率主要由温度和 SOC 决定,高存储温度与高 SOC 会导致更快的衰减速率(图 4-4)。倍率性能、阻抗和恒电位间歇滴定技术(PITT)的测试结果表明,LLI 是高温储存衰减的主要机制。差分电压-电容数据表明,石墨负极不存在 LAM。此外,磷酸铁锂电池在高温储存(如 60℃)下的容量损失可分为可逆部分和不可逆部分。值得注意的是,尽管高 SOC 导致在高温下长期储存后更严重的容量损失,但有研究者报道 SOC 为 50%的电池在 60℃下储存 900 天后显示出最显著的功率下降。这种有争议性的结果还需要进一步验证与研究。

通过比较磷酸铁锂电池与三元锂离子电池的储存衰变情况可知,并不是所有储存衰减速率都随 SOC 增加而持续上升。在 SOC 为 20%~30%的区域,容量衰

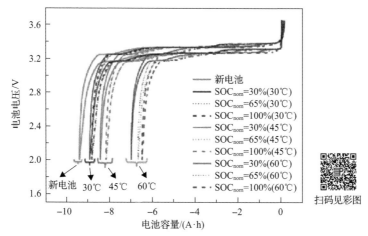

图 4-4　新电池与在不同温度和 SOC 储存条件下衰减后的电池在 25℃下的 3.65～2.0V 放电/充电 PITT 结果(在降解试验结束时进行了 PITT 测量)

减速度的变化不大。在 100%荷电状态下，NMC 三元锂离子电池的容量衰减明显加快，而 NCA 电池荷电状态超过 90%只会引起电池衰减速度略微上升。值得注意的是，在 15～35℃的温度范围内，磷酸铁锂电池的容量衰减率随温度升高而增加，而 NCM 三元锂离子电池则与此相反，表明两者在此温度范围发生的主要衰变机制不同。这些细微的实验现象有助于在特定温度工况下优选磷酸铁锂或三元锂离子电池，并设计合理的电池管理系统(BMS)逻辑策略来用好电池。此外，NMC 和 NCA 三元锂离子电池性能深受放电深度的影响，因而与磷酸铁锂电池相比，应更好地设计 SOC 范围来对接应用。

　　低温下磷酸铁锂电池性能衰减的研究相对高温工况较少。对于具有 50%SOC 的磷酸铁锂电池，其在 10℃和 0℃下的储存衰减速率比室温要低(图 4-5)，这是由于低温下的 SEI 生长、变化速率降低。在研究不同温度的储存衰减时，通常假设副反应速率遵循阿伦尼乌斯定律，除此之外，还需关注具有不同速率常数和活化能的反应是同时发生还是相继发生的。

　　图 4-6 描述了高温下的储存衰减机制：石墨表面会有更厚的 SEI 形成和金属离子沉积，从而使锂难以嵌入/脱出部分石墨表面。铁离子可以通过与电解液中质子的置换反应从正极中溶解脱出。XPS 结果证实这些离子迁移到负极并被还原成金属微粒。这些微粒有两个负面效果：①通过促进电子传导加速 SEI 的变化；②阻挡并致使部分石墨层无法嵌入/脱出锂离子。

　　在实际应用中，储存衰减时常与充放循环引起的衰减相耦合。对相同温度下这两种过程的比较表明，循环充放电将造成磷酸铁锂电池更显著的容量衰减。循环衰减对温度也非常敏感，在 45℃下循环的电池容量损失是室温下循环的 4 倍。温度相比 SOC 参数而言对衰减的影响更大。在 45℃时，负极面积减小使电池电

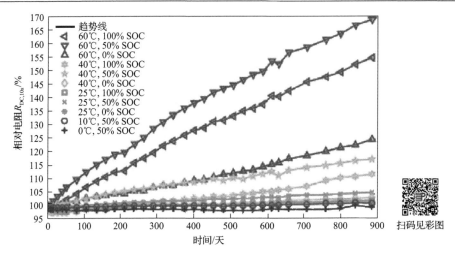

图 4-5　在不同 SOC 和温度下储存 885 天的电阻增加情况（温度选点为 0℃、10℃、25℃、40℃ 和 60℃，SOC 选点为 0%、50% 和 100%）

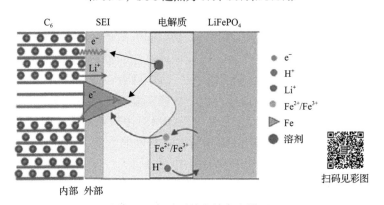

图 4-6　高温下的存储衰变模型

阻略有增加，但在 25℃下电阻几乎没有变化。此外，长循环中更高的充放电倍率将产生更大的极化和焦耳热（进一步加热电池），导致更显著的电池衰减。对高温下的循环衰减进行建模有助于建立基于总充放电安时数、充放电倍率和温度的寿命模型，从而为减缓衰减设计合理策略。

在低温下循环的磷酸铁锂电池的高压平台变短，这是由可循环锂的损失造成的。对失效电池进行检查表明，可循环锂损失的主要机制是石墨负极上的锂沉积和 SEI 生长，这也是导致低温下电池容量损失的主要机制。在 0℃下循环电池的石墨负极表面上可观察到微量锂沉积，与 -18℃下循环的电池相比明显缓和。0℃循环下石墨负极表面上也有 SEI 增厚的现象。因此，锂沉积和 SEI 增厚是 0℃时的主要衰减机制。石墨活性材料的损失也导致容量衰减，但影响较小，这也与商业电池中石墨负极尺寸的过量配备有关。此外，在 -18℃下循环电池的石墨负极表现出更高的倍率充放电能力和更多的无定形碳存在，这可归因于石墨颗粒或颗粒表面的开裂，它是由锂沉积层产生的机械应力和低温下的扩散诱导应力造成的。相比之下，磷酸铁锂正极在低温下并没有出现明显的衰变情况，证明该体系在低温应用中的优势。

高温循环可加速磷酸铁锂正极的衰减。图 4-7 显示了 70℃循环下磷酸铁锂正极的电化学性能和原子尺度的衰变表征结果。图 4-7(a)中，随着循环次数的增加，电池极化增加，放电容量从 1226.0mA·h 衰减到 200 次循环后的 903.3mA·h，容量保持率 73.6%。图 4-7(b)为磷酸铁锂原始颗粒的球差矫正 HRTEM 图像，颗粒表面上可见厚度约为 3nm 的非晶层。图 4-7(c)为放大的 HRTEM 图像和对应的傅里叶变换(FFT)分析图，表明结晶区的结构为橄榄石相。图 4-7(d)为 70℃循环后磷酸铁锂的晶格结构图像，原来的磷酸铁锂单晶倾向于变成纳米多晶。图 4-7(e)

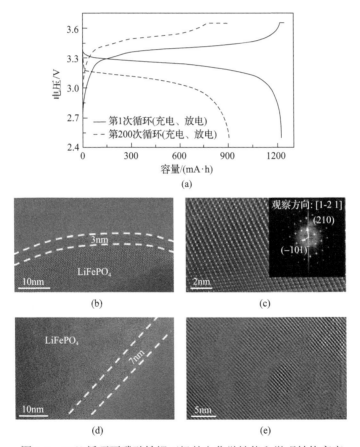

图 4-7　70℃循环下磷酸铁锂正极的电化学性能和微观结构衰变

(a)LiFePO₄|石墨 18650 型圆柱形电池在 0.5C 和 70C 下 2.5～3.65V 的第 1 次和第 200 次循环的典型电压与容量曲线。(b)磷酸铁锂的 HRTEM，显示了由薄非晶层覆盖的晶体结构。(c)磷酸铁锂和相应 FFT 的放大 HRTEM 图像(插图)，沿区域轴定向。(d)循环后磷酸铁锂的 HRTEM 图像，显示较厚的非晶层和开裂的晶体结构。(e)有缺陷的循环磷酸铁锂的放大显微照片

的放大 HRTEM 图像显示橄榄石相中存在大量缺陷。

需要注意的是,当磷酸铁锂电池在高温下储存衰变后,其在低温循环中的性能急剧下降。镀锂导致放电曲线在起始时的高压平台在放电中没有出现,也就是说储存衰变从根本上改变了电池内部活性物质与电极的基本状态。因此,当衰减后的电池再用于低温工况(尤其是充电)时,电池的安全性与其他性能均较差。为了延长锂离子电池的寿命,提升可靠性,储存条件和低温充电工况都是电池管理系统设计中需要重点考虑的因素。

除储存时间和循环温度外,充电/放电速率也显著影响了锂离子电池的衰减速率,这将在下一节中讨论。

3. 不同机械应力下磷酸铁锂正极性能衰减

在电池循环过程中,电池表面和核心之间的热不均匀性会不断发展,造成循环寿命更短甚至产生安全问题。在高倍率充电时这种温度的不均匀性更显著,如7C 的快速充电可能引起 5℃ 的热差值。充电速率越高,器件表面和核心之间的热梯度越高。以 70A 脉冲周期充电的磷酸铁锂电池电芯内部的电流密度可达到外部电流密度的 1.3 倍,内部与外表温度则分别为 40.9℃ 和 19.5℃(图 4-8),且内部与外部的 SOC 差值可达 9.5%。因此,与温度分布均匀的电池相比,温度、电流和SOC 的不均匀分布使锂离子电池内较热部分遭受更苛刻的衰变条件,进而导致整个电池加速衰减。

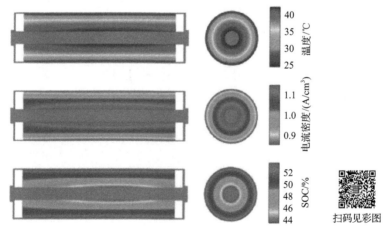

图 4-8 磷酸铁锂电池脉冲充放电结束后(6530s)电池内的模拟温度、电流密度和 SOC 分布

除了快速充电外,浅循环与长循环周期均会在电极内部产生明显的不均匀状态,进而导致锂离子的分布不均及容量衰减。然而,部分电池容量可通过全充全放操作来恢复(图 4-9)。这种恢复策略对锂离子电池在大规模储能电站系统的应用

尤其重要。除了循环过程中温度的升高等热参数，一些电极的机械应力增加等非热参数也可导致电极衰变。对这些热效应和非热效应进行解耦、量化，进而确定每种效应对容量衰减的贡献程度，对理解高倍率充放电造成的锂离子电池性能衰减机制非常有帮助。

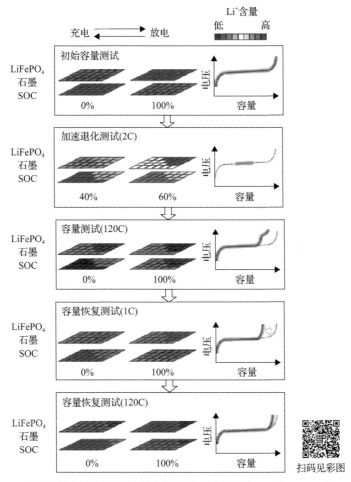

图 4-9　磷酸铁锂电池在运行过程中的容量衰减模型（20C 下 SOC 40%～60% 和 1C 下 SOC 0%～100%）

　　循环充放电中的热不均匀性和与 SOC 相关的机械应力都会损害电池的循环可逆性。例如，磷酸铁锂在锂化（放电）过程中颗粒的体积变化为 6.77%，而锂嵌入石墨可引起石墨沿 $c$ 轴膨胀 12%。电极不同区域不均匀的局部电化学阻抗造成了电流密度的分布不均匀，进而造成与 SOC 相关的机械应力也不均匀。局部开路电位对温度的依赖性强且存在滞后性，因而即使在长期不充电的情况下，循环后的磷酸铁锂电池中各个位置的 SOC 分布仍不均匀。热/电的不均匀性可能造成电池内部不同位置衰减情况的差异，进而影响整个单体的衰减。

　　通过研究内部锂浓度和外部负载引起的应变对磷酸铁锂正极孔隙率和电导率的影响表明，孔隙率与电导率的变化很小，外部负载对电化学性能没有显著影响。然而，锂浓度因素可占孔隙率和电导率变化的 5%，尽管不大，但在电动车辆应用中常见的高倍率用电和电池散热差的情况下，其影响还是需要关注的。磷酸铁锂电极的锂化/脱锂在第一次充电/放电循环中通常可引起 0.6%的应变，随后的循环中应变缓慢降低，锂离子嵌入/脱出的可逆性逐渐增强。将孔隙率和电导率作为局部锂浓度和表观体积应变的函数，可以在严格的电化学-热框架内描述这些应变效应。中子深度造影技术(NDP)能够有效地描绘锂沿正极和负极近表面的浓度图像，结果显示锂浓度沿从圆柱形电池的外边缘到芯部持续变化，但沿电极平行与轴心方向保持不变。当充放电倍率高于某一特定值后，锂浓度随着倍率的增加而下降，正极中锂浓度梯度随着倍率的增加而减小，而磷酸铁锂颗粒的粗糙化则限制了锂在正极中的扩散，因此负极表面上的锂离子浓度随倍率的增加而增加。

　　磷酸铁锂与 $LiClO_4$ 和 $LiPF_6$ 电解质进行匹配时，在充电/放电中发生的相变分别产生单峰和多峰的应力和应变。$LiPF_6$ 中电流峰值的分裂更强，EIS 结果也表明阻抗更高，说明磷酸铁锂正极上生成了更厚、电阻更大的 CEI 层[图 4-10(a)]。此外，锂离子在 CEI 中迁移的动力学限制使电极表面的应力和应变进一步发展。将常规磷酸铁锂电极的循环衰减与薄膜电极的衰减进行比较，后者表现出较明显的衰减，这表明黏合剂引起的机械衰变比活性材料引起的问题更大。图 4-10(b)为初始和衰变后的磷酸铁锂正极膜的 AFM 图像，可知循环中一些磷酸铁锂粒子发生了转化，且颗粒之间的边界变得不清晰。薄膜电极的孔隙率较大，且在没有黏合剂的情况下刚性活性材料在脱锂/锂化过程中会发生形态变化（如发生体积变

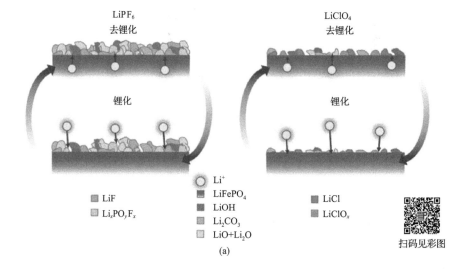

(a)

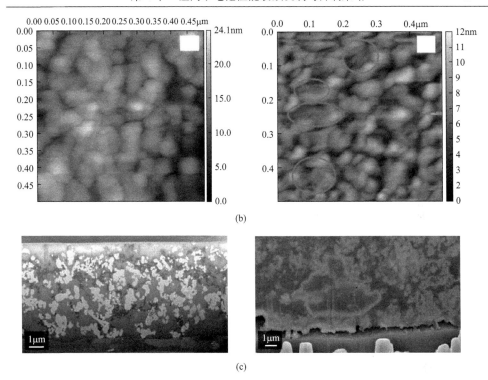

图 4-10 磷酸铁锂正极衰变引起的机械应变和应力

(a)脱锂和锂化过程中，CEI 对磷酸铁锂/电解质界面处锂离子扩散的影响。$LiPF_6$ 和 $LiClO_4$ 电解质中脱锂和锂化过程中锂离子通过 CEI 扩散的比较。在脱锂过程中，锂离子须穿过厚且电阻高的 CEI，此过程在界面处产生应力，可能导致在锂化过程中更容易扩散的裂纹。$LiClO_4$ 电解液中 LFP/电解液界面处的锂离子扩散则只需通过更薄且电阻更低的 CEI。在这两种电解质中，与脱锂相比，锂化过程中的 CEI 更薄。(b)在 100 次充电/放电循环(右，循环衰减)后，不锈钢基底上薄膜磷酸铁锂的 AFM 图像(0.5μm×0.5μm)。红色椭圆表示观察到颗粒粉碎的区域。
(c)初始(左图)和衰变(右图)磷酸铁锂正极与铝集流体界面

化)。且薄膜电极内无黏合剂，与普通电极相比，薄膜电极容易出现开裂、粉碎和颗粒从集流体上脱落的情况。因此，材料的大孔隙率、颗粒粉碎和分离是衰变薄膜电极中活性颗粒之间边界不清晰[图 4-10(b)中的红色椭圆表示]的主要原因。此外，衰变电极表面比原始样品表面光滑得多，表明复合电极中活性颗粒断裂和粉碎的可能性很大。

磷酸铁锂颗粒衰变引起的机械应变和应力可使电极中产生微裂纹。这些微裂纹可能导致磷酸铁锂颗粒的电子绝缘，甚至电极与集流体分离[图 4-10(c)]，这将进一步增加充满电电极中活性磷酸铁锂的损失。$FePO_4$ 和 $LiFePO_4$ 之间的相位对比表明，衰变正极中被"架空隔离"的颗粒数量高于初始电极，这点也已被 EIS 数据佐证。考虑到高循环倍率(>2C)可能会降低磷酸铁锂正极的弹性和硬度，可以使用一次可探测数千个活性粒子的硬 X 射线相位对比层析成像技术进行进一步的结构变形研究，实现对快速充电条件下磷酸铁锂复合电极化学机械转化的统计分析。碳包覆技术是广泛应用于磷酸铁锂电池的技术，然而包覆层可能开裂使磷酸铁锂复合正极的容量损失。循环过程中 PVDF 黏合剂的机械性能衰变与其结晶度降低有关，此情况在高充电/放电速率下更为明显。磷酸铁锂颗粒、碳包覆层和 PVDF 黏合剂的衰变在微观尺度上将产生显著的不均匀性。此外，正极的结构衰变及负极的显著开裂和分层均会导致磷酸铁锂电池性能的迅速下降。

**4. 磷酸铁锂全电池性能衰减及其安全性问题**

锂离子电池由正极、负极、电解质等多种组分构成。尽管磷酸铁锂全电池的部分性能可通过正极半电池行为推测，但因正极衰变会影响甚至改变负极衰变机制，所以研究全电池衰减还应考虑石墨负极及正极与负极间的化学串扰，尤其是石墨负极上的锂金属沉积、SEI 增厚和石墨衰变、溶解铁离子带来的杂质相及其诱发的衰变问题。电解液中的微量 HF 会侵蚀磷酸铁锂表面并导致铁溶解，使磷酸铁锂颗粒表面出现富铁和富磷相。表面腐蚀开始于富铁杂质相，从而进一步降低了整体的表面稳定性。富磷相内发生如同金属电化学腐蚀的氧化反应过程，并致使相邻的磷酸铁锂物质发生从 $Fe^{2+}$ 到 $Fe^{3+}$ 的氧化。微量的水杂质容易产生 HF 并造成严重影响，消除溶解铁离子的添加剂对提升磷酸铁锂电池的稳定性非常有效。值得指出的是，当石墨负极发生显著衰变时，其对磷酸铁锂正极的影响并不大。

磷酸铁锂电池中的石墨负极在高倍率充电时易发生金属锂沉积，这可能与电解液之间发生反应触发热失控(TR)有关。被高倍率充电过的电池，其 TR 的触发温度($T_2$)显著降低(仅为 103.9℃，相比之下，低倍率充电电池的 $T_2$ 为 215.5℃)。因此，在应用锂离子电池时应避免负极金属锂沉积。三元 NCM 和 LCO 锂离子电池领域均对电滥用进行了深入研究，如过充电及其对电池安全的影响等。这些方法和结果也应该被应用于磷酸铁锂离子电池的安全性研究，以回答包括哪种衰变电池事故不剧烈，具有较低的 TR 温度，具有较低的气体生成量和可燃气体等问题，只有解决这些问题，才能使人们能够更好地对磷酸铁锂电池的寿命进行预测并实现用电安全。

一般认为，正极材料中热失控的起始温度遵循 LCO＜NCM＜LFP 的顺序，因此认为磷酸铁锂电池具有更好的安全性。磷酸铁锂的橄榄石结构包含强 P—O 共价键，可形成具有优异热力学和动力学稳定性的晶格结构。然而，在热失控时，锂离子电池可能会喷出易燃气体和固体粉末，包括有机物(如碳酸盐和 $CH_4$)、碳和金属微粒，所以磷酸铁锂电池还可能导致次生灾害，包括大规模储能站的爆炸。具体而言，从磷酸铁锂电池排出的物质具有较低的爆炸极限，因为很多还原性物质不会被正极(磷酸铁锂正极的氧化性远低于 NCM 和 LCO)消耗。为了解决磷酸铁锂电池的安全问题，研究人员不仅应阐明其在各种工况下的衰变机制，还应制定先进的运维策略，在电池单体、模组、电池簇和电站系统尺度上控制、用好磷酸铁锂电池。创新高效的预警和消防措施对大规模储能磷酸铁锂系统的安全也至关重要。

### 4.1.2　其他正极性能衰变

1. 其他高性能正极性能衰减

磷酸铁锂正极电池是大规模储能电站的主流电池,三元锂离子电池在电动汽车等中小型储能系统中还占有较大的市场份额。三元正极的衰变机制一直是学术界的研究热点。NMC/NCA 三元正极的结构衰变机制分为四类:①阳离子迁移和相变;②氧释放反应;③锂的再分布和析出;④颗粒间/颗粒内开裂和碎裂。图 4-11是每种衰变机制的代表图。需要强调的是,尽管机制可以划分为不同的组,但它们之间具有高度相关性,通常会耦合在一起发生。对充电态 NMC 正极的 TEM 研究表明,Ni 是迁移到 Li 层的第一类阳离子,因此对 NMC 正极结构不稳定性的影响较大。原位加热 STEM/EELS 实验表明,随着镍含量的增加,氧释放和结构衰变得更容易,并在较低温度下发生。NCA 和 NMC 正极的原位 X 射线吸收近边光谱(XANES)分析也证实,Ni 是充电态 NCA 和 NMC 正极中首先发生还原的阳离子,但 Ni 和 Co 向相邻 Li 八面体位置的迁移路径不同。具体来说,尽管 Co 离子穿过最近的四面体位置再迁移到八面体 Li 位置;但 Ni 离子的迁移过程并不占据相邻四面体位置,而是直接从过渡金属层迁移到锂位置,这是因为 Ni 离子在四面体位置中不稳定。尽管这两条迁移路径都会导致 $LiMn_2O_4$ 型尖晶石相的形成,但随着 Ni 离子继续迁移到 Li 八面体位置将导致 MO 型岩盐相($Fm3m$)的形成。然而,Co 原子倾向于迁移到 Li 四面体位置并形成 $Co_3O_4$ 尖晶石相,与 MO 型岩盐相比较,该相具有更高的氧含量。此外,通过对加热 NMC 正极进行扩展 X 射线吸收精细结构(EXAFS)分析,可知 Ni 的局部配位对应于 $LiMn_2O_4$ 型尖晶石,而 Co 的局部配位倾向于转化为 $Co_3O_4$ 型尖晶石。

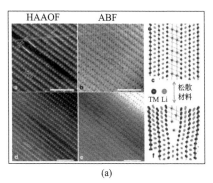
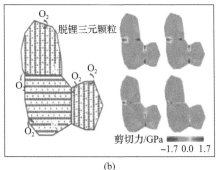

图 4-11　NMC/NCA 结构衰变和氧释放机制实验验证与示意图

(a)过充电 NMC 结构中颗粒内裂纹形成的原子分辨率图像;(b)NMC 阴极晶界剪切应力的有限元建模导致阴极颗粒粒间开裂

因此，Ni 离子周围的 $LiMn_2O_4$ 型尖晶石结构在 350℃时转变为 NiO 岩盐结构，在 500℃时则未观察到从尖晶石 $Co_3O_4$ 到岩盐 CoO 的转变。此外，原位加热 TEM 对 NCA 正极表面形成纯 Ni 纳米颗粒的研究表明，与 Ni 位点相比，Co 位点周围结构的稳定性更高。这表明正极表面镍含量增加可能是导致氧析出程度增加的原因。根据 EXAFS 分析，由于八面体位置中 $Mn^{4+}$ 较稳定，Mn 离子的环境热稳定性高达 400℃，有助于 NMC 整体的结构稳定性。对具有各种微结构 NMC 中单个氧原子的 AIMD 模拟表明，微结构中含有更多 Ni 时氧原子更不稳定，且这类氧原子更容易与过渡金属断键并以 $O_2$ 形式释放。相比而言，当微结构中含较多的 Mn 原子时，O—TM 键合的稳定性提升。总之，NMC 结构中的稳定性排序为 Mn>Co>Ni。

除化学成分外，颗粒大小和形态也是决定 NMC 和 NCA 正极热稳定性的重要因素。在长期充放电循环后，表面层的锂流失将形成表面区域的 O1 相且表面不稳定。此外，表面欠配位原子及正极表面与电解质界面的存在也会带来不稳定性。在 NMC 材料热分解的早期阶段，锂在正极颗粒内发生重新排布，在长期高温工况下颗粒表面会形成锂基化合物而导致更多的锂流失。NMC 正极材料衰变中后期伴随颗粒的开裂和破碎，使活性物质颗粒失活，电池容量迅速衰减甚至失效。图 4-11（c）和图 4-11（d）为颗粒内（单晶一次晶粒和颗粒内部）和颗粒间（晶界和一次颗粒之间）的开裂。当充电电压较高时，脱锂引起的相变产生的机械应力通过颗粒内的位错释放，位错核逐渐演化为早期裂纹，如图 4-11（c）（003）方向上的一些晶格间距突然从 0.48nm 增加到约 0.8nm。随后，初步裂纹转变为完整裂纹，最终导致晶粒的破碎和解离。高截止电压（4.7V）下重复循环引起的晶格收缩和膨胀不均匀会导致颗粒之间裂纹。此外，高温暴露导致的相变和氧释放反应使晶界应力累积，也会导致晶间开裂[图 4-11（d）]。

### 2. 单晶与多晶 NMC 正极

传统多晶（PC）NMC 材料的颗粒是由许多一次晶粒组成的二次团聚体，容易沿晶粒间/颗粒边界粉碎，导致正极的循环稳定性差。单晶（SC）NMC 正极近年成为研究热点。研究者认为，SC-NMC 的结构完整性和较低的电解质界面将具有更好的储能特性。然而，SC-NMC 结构的优点及其结构衰变机制仍然存在争议，最新的结果表明，在大单晶内有随充放电过程出现和消失的缺陷滑移面。

下面对 SC 和 PC-NMC 正极的物理性能及储能性能进行比较，以阐明 SC-NMC 的优点和未来研究方向。此外，简要介绍 SC-NMC 在液态与固态电解质中电化学储能机制的最新研究进展。

受单晶 $LiCoO_2$ 正极具有优越的循环稳定性和较高的体积能量密度的启发，2015 年后 $LiNi_{0.5}Mn_{0.3}Co_{0.2}O_2$、$LiNi_{0.6}Mn_{0.2}Co_{0.2}O_2$、$LiNi_{0.83}Mn_{0.11}Co_{0.06}O_2$ 和

$LiNi_{0.88}Mn_{0.09}Co_{0.03}O_2$ 等单晶 NMC 正极被陆续合成。与其对应的多晶电极相比，由于表面和相边界减小，循环稳定性确实有所改善。这些单晶 NMC 电极的初次颗粒多为 3μm，明显大于多晶 NMC 初级纳米颗粒的尺寸(数百纳米)。单晶 NMC 具有以下优点：首先，其好的结构完整性可以降低压制极片过程后电极的孔隙率，提高体积能量密度；其次，单晶 NMC 的晶间界面小，有利于可逆的平面滑动和微裂纹自愈，因此，单晶 NMC 对充电/放电期间的异向形变具有更好的耐受性；再次，单晶颗粒上的导电包覆层更均匀，可确保更高的电子电导率；最后，较小的表面可以减少 NMC 与电解质之间的副反应及元素溶解。

单晶 NMC 在同样条件下循环 100～1000 次的容量保持率要比其多晶参考材料高 10%～50%，优势明显。因此，SC-NMC 电池能够充电到相对更高的电压，实现能量密度的进一步提升。一般来说，在长期充放电的过程中，PC-NMC 表现出更差的结构/界面不稳定性，性能严重退化甚至出现严重的安全隐患。相反，与 PC-NMC 相比，SC-NMC 具有更好的热稳定性、更少的电解质分解和更少的气体析出，也表现出更安全的性能。等温微量热分析结果表明，在不同电压范围内，PC-NMC 电池的平均副反应热流高于 SC-NMC 电池。此外，TGA/MS 数据显示高 SOC 的多晶 NMC 正极在约 80℃便开始释放氧气；然而，高 SOC 的 SC-NMC 电池在 200℃ 以下几乎没有氧气释放，显示出更好的热稳定性和安全性。

尽管 SC-NMC 正极已被广泛研究并接近商业应用，但高性能 SC-NMC 材料的制备仍具有挑战性，尤其是 SC-NMC 微结构等物化特性与循环稳定性之间的关系仍需研究。因此，开发先进的方法来深入阐明单晶 NMC 性能衰减的机制，并开发合适的策略进一步提高 SC-NMC 在先进锂离子电池中的性能需要研究者投入更多的力量。笔者绘制图 4-12 描述 SC-NMC 正极性能改进的研究方向。

制备特殊形态的 SC-NMC 正极是非常有前途的改性方法。相互连接或多孔的单晶结构可以增强锂离子在正极和电解质中的扩散，消除颗粒之间的界面电阻，并缩短锂离子在颗粒中的扩散路程。定向排列或放射状排列的微结构也可以加速锂离子的扩散。此外，模板策略和静电纺丝方法对获得具有 1D 结构的前驱体、合成具有可调节孔结构的高功率性能的 SC-NMC 样品非常有效。直接在稳定导电基体上生成 SC-NMC 可以有效确保电极具有优良的电子导电能力和高倍率。通过控制产物外部晶面比例[保证更多的活性(010)面向外]能够制备具有高容量和优良速率性能的 SC-NMC 正极。例如，沿(001)方向具有更厚壁的六角形 SC 颗粒可实现快速的 $Li^+$ 嵌入/脱出。此方面的研究也需提前考虑活性面更多暴露后带来更严重副反应的问题。

振实密度对高能锂离子电池非常重要。SC-NMC 的平均尺寸通常约为 3.0μm，若粒径分布集中，将导致电极密度不高。有关 SC-NMC 电极密度的报道不多。设计多种尺寸与形态的 SC-NMC 颗粒进行匹配可组成紧密填充的电极结构，从而确

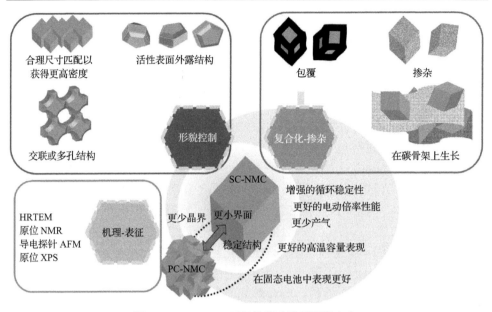

图 4-12 SC-NMC 正极性能改进的研究方向

保高密度正极的制备。包覆技术可进一步提高 SC-NMC 正极在高工作电压下的稳定性，如硼化物、磷酸盐或亚氧化钛具有的强抗氧化性及其与 NMC 有良好接触的包覆层都能起到很好的效果。

SC-NMC 在固态锂离子电池中的性能优势原因有待进一步研究。在这个领域，可用原位原子力显微镜、多光谱 X 射线照相术和高分辨率固体 NMR 进行应力演化和化学异质性的微米层面定量表征；用 X 射线吸收近边缘结构光谱中的细节了解 SC-NMC 的精细衰变机制，如研究 SC-NMC 中沿 (003) 平面的可逆微裂纹和平面滑动、缺陷的可逆形成及其与诱导应力的关系、晶格中的 Li 和过渡金属原子浓度梯度等方面的细节。这些研究可能形成关于衰变机制的新见解，也将为缓解颗粒开裂提供改进方法。此外，未来的工作还应关注高镍 SC-NMC 的合成、结构与性能，如粒径、形貌与稳定性之间的关系等。新的合成、研究方法将促进 SC-NMC 锂离子电池的性能提升及其在电动汽车和大规模储能系统中的应用。

**3. 富锂锰正极材料衰变**

富锂锰基 (LRM) 正极材料是一种新兴的三元镍钴锰材料，通常公式为 $x\text{Li}_2\text{MnO}_{3-(1-x)}\text{LiMO}_2$ (M=Ni，Co，Mn)，相比传统的层状正极材料，因其具有更高的可逆放电容量 [>250mA·h/g]，且成本低、毒性小，被认为是下一代正极的候选材料之一。富锂锰基正极材料首次于 1991 年提出，2010 年后受到电动汽车对提高锂离子电池比能量的迫切要求下得到了广泛关注。然而，富锂锰正极的首圈库仑效率低、循环性能差、电压衰减严重、倍率性能差，阻碍了其在电动汽车和便携式电子设备中的实际应用。由于本章的主题是电池的性能衰减，本节将对富锂锰正极材料的衰变性质进行讨论。

LRM 有两个主要的放电区域，分为两个阶段，具有 $R\bar{3}m$ 空间群的菱形层状相（即 $LiTMO_2$），类似于 $LiCoO_2$，其对低电压（<4.5V）下的容量有贡献；而具有 $C2/m$ 空间群的富锂相（即 $Li_2MnO_3$）则在高压贡献容量（通常大于 4.5V）。当 LRM 正极材料充电到高电位时，$LiTMO_2$ 相中的 $Li^+$ 脱出，此过程对第一次充电过程中的比容量有相当大的贡献，但该反应几乎是不可逆的，通常该反应在第一次放电过程中可使容量损失 20%~30%。另外，表面钝化层 CEI 的形成消耗了一定量的 $Li^+$，进一步造成了首圈库仑效率的降低。提高 LRM 的初始库仑效率最直接和有效的策略是进行表面改性，还包括表面离子换位、表面缺陷工程和表面重构。此外，氧空位可以降低表面氧分压，抑制不可逆的氧释放，防止循环过程中高活性氧自由基的形成，减轻界面副反应。碳包覆层可实现调节表面势能，有效缓解表面氧的释放，提高材料的导电性。

导致 LRM 正极锂离子电池性能衰减的原因主要有以下几点。①氧参与氧化还原。当充电超过 4.5V 时，生成不可逆的单斜 $Li_2MnO_3$ 相，$O^{2-}$ 氧化为 $O^-$ 甚至 $O_2$ 进行价态平衡。氧的氧化还原和氧的释放促进了 TM 离子的还原，从而在较低电压下引发氧化还原反应。氧的释放随后产生氧空位，削弱了 TM 和 O 之间的键能，使 TM 更容易迁移到 Li 位点而发生相变，造成氧进一步损失且电压下降。②结构转变和 Li 迁移率下降。在长时间储存和循环的过程中，O 的损失使表面趋于无定形态，形成无序定向的尖晶石结构，使结构衰变和随后的电压衰减。这种相变由晶体表面开始并最终导致表面重构，并使循环过程中电压逐渐下降。③体积和表面效应。LRM 正极中的纳米微缺陷或裂纹扩大了比表面积，促使更多的氧气析出，导致更严重的相变和电压下降。析出的氧与电解质之间存在多种副反应的可能性，进而导致电极表面持续生成较厚的 CEI 层并累积，使离子、电子传递受限。CEI 层的生长使整个电极电化学反应动力学速度更加缓慢，过电位增加，放电电压降低。因此，可以通过掺杂、包覆和缺陷设计等方法有效地消除 CEI 反应、晶间裂纹和层状-尖晶石相变等负面因素，维持电极/电解质界面的结构稳定性，保持长效快速离子输运，减弱 LRM 正极材料的性能衰减。

## 4.2　负极性能衰变

索尼公司于 1991 年推向市场的锂离子电池负极是可以嵌入锂离子完成储能的石墨材料。30 余年来，石墨一直是锂离子电池中使用最广泛的负极材料，且在未来十年甚至更长时间仍将占据负极的最大市场。与石墨负极相比，钛酸锂电池的循环性能衰减更小，能确保锂离子电池获得 10000 次以上的循环寿命，因而在一些价格不敏感、能量密度要求不高的场景中有一定应用。尽管硅基负极的容量显著高于石墨负极，但由于充放电过程中的体积变化大，难以单独作为负极使用，目前多以 5% 左右的添加量与石墨负极混用以满足高能量密度需求的应用场景。金属锂负极具有极高的容量，但充电过程易产生锂枝晶造成安全事故，且循环稳定性也有待提升。金属氧化物、硫化物等通过"转化反应"进行储锂的负极材料因脱锂电位高，综合性能与石墨相比不占优势，所以一直没有推广到商业化应用。稳定安全的先进金属锂负极在 2015 年后成为研究热点，然而目前金属锂负极技术离大规模商业应用仍有距离。因此，笔者在此重点介绍石墨负极的性能衰减情况，简要介绍钛酸锂材料的性能衰减，并对高性能长寿命负极面临的挑战进行展望。

### 4.2.1　石墨负极性能衰变

石墨与锂盐/有机电解液在较低电位时会发生反应形成 SEI，消耗来自正极或电解质的 $Li^+$。SEI 的形成主要发生在首次充电过程，通常会导致不可逆容量损失（ICL，通常占石墨可逆容量的 10%）。随着多次循环，更多的 $Li^+$ 参与反应，SEI 厚度增加。由于 SEI 膜不导电，且在一定程度上会对 $Li^+$ 脱嵌造成一定影响，从而限制了使用石墨负极锂离子电池的能量和功率密度。此外，由于在锂化和脱锂过程中石墨晶格发生膨胀和收缩，SEI 膜在循环过程中处于空间不稳定状态。因此，SEI 膜的不断重排、石墨表面的电解质不断还原、活性 $Li^+$ 的损失是锂离子电池的几个主要性能衰减原因。

SEI 膜的成分是动态变化的，包括氟化锂盐（如 $LiPF_6$、$LiAsF_6$、$LiBF_4$）与电解质中的微量水反应生成的 HF 和 LiF 等分解产物，也包括碳酸烷基酯溶剂分解生成的 $Li_2CO_3$、Li 烷基碳酸盐、$Li_2O$ 和反酯化反应的聚合物。SEI 的具体成分直接受电解液配方的影响，因此不同 $Li^+$ 盐和溶剂组合的电解液对 SEI 组分与特性影响的研究一直是学术界与产业界的研究重点。尤其是碳酸丙烯酯（PC）电解液中的 $Li^+$ 嵌入石墨会导致石墨晶格剥落和破坏，故尽管 PC 介电常数较高，但很少在锂离子电池中应用。碳酸烷基酯溶剂（如 EC、DEC、DMC、EMC 等）与 $LiPF_6$ 盐的组合配方是商品锂离子电池最常用的电解液，因为其电压稳定范围高达 4.5V 且具有较高的离子电导率（约 $10^{-2}$ S/cm）。然而，$LiPF_6$ 会产生毒性 HF 以及固有易燃性促使研究者寻找其他具有高稳定性和导电性的锂盐。例如，锂（三氟甲磺酰）亚胺（LiTFSI）具有极高的热稳定性（约 360℃）和高离子电导率（室温下在 EC/DMC 中为 9.0mS/cm）。LiTFSI 在 1,3-二恶戊烷（DOL）或二甲氧基乙烷（DME）的高浓度溶液中可提高锂嵌入/脱出石墨晶格的可逆性。然而，LiTFSI 对铝箔（正极集流体材料)的腐蚀阻碍了其应用。目前,还没有锂盐能够在安全性、导电性、热稳定性和材料成本方面全面超过 $LiPF_6$。

确保石墨生成性质优异的 SEI 并在长期储存或循环过程中保持稳定一直是改善锂离子电池性能衰减的主要努力方向。以极缓慢的速率化成(一般为 0.05C)和循环(约 0.2C)可使锂离子电池在化成期间生成性能优异的 SEI 膜并减小 ICL 及保证 SEI 膜稳定。另外,可以通过电解液添加剂提高 SEI 的均匀性,这些添加剂的作用机制多是在锂离子嵌入石墨之前确保溶剂优先还原,从而减少石墨表面分解反应消耗的锂离子量。比较常见的 SEI 成膜添加剂有碳酸乙烯酯(VC)、碳酸乙烯基乙烯酯、碳酸烯丙基乙烯酯和醋酸乙烯酯。VC 是研究较多的添加剂,其添加量为溶剂总质量比的 2%～3%,可促进溶剂混合物的快速还原。这些添加剂中的烯烃官能团可发生溶剂分子参加的自由基阴离子聚合,实现在石墨嵌锂之前表面形成稳定的 SEI。这些还原型添加剂在 SEI 形成的初始步骤中十分关键,其作用是:①减少 SEI 形成过程中的 ICL;②减少石墨表面电解液分解产生的气体量;③提高石墨负极长期的循环稳定性。

研究者普遍认为,LiF 等含氟化合物在嵌锂电位附近较为稳定,因而富含此类化合物的 SEI 性质优良。多种促使生成 LiF 组分的电解液得到研究者重视。例如,5%的氟乙烯碳酸酯和 95%的 EMC(质量比)使工作电压为 4.4V 的 NCM422/石墨电池性质稳定。以清除自由基阴离子并形成更稳定的分解产物为目标的"反应型"添加剂可通过其良好共轭结构中的离域作用稳定自由基阴离子,进而稳定 SEI。此类添加剂主要是羧基酚/芳香酯类和酸酐化合物等。

对石墨包覆处理也是改变表面成分促使形成优良 SEI 的有效方法。例如,石墨烯或热解碳、导电聚吡咯或 PANI 包覆层可增加石墨颗粒之间、电极层面的导电性;金属氧化物层(如 $Al_2O_3$、$ZrO_2$)可减少石墨/电解质接触面积;$Li_2CO_3$、$Na_2CO_3$ 和 $K_2CO_3$ 等包覆层可促进富含无机物的 SEI 生成。尽管这些研究在减少初始 ICL 方面都有效果,但要生成非常耐用且稳定的 SEI 仍有难度。

由于石墨负极嵌锂电位接近锂金属沉积电位[约 0.1V (vs. Li/Li$^+$)],故其上容易发生析锂。石墨上的析锂的原因可能有:①电解液的成分和浓度(如高 EC 含量的电解液发生析锂的概率较高);②负极和正极容量比(N/P 值);③当温度低和/或充电速度快时,通过将负极/正极容量比控制在约 1.1 来减轻负极的极化,减少析锂。然而,N/P 值高会增加电池成本,降低电池能量密度,同时锂离子消耗量随着重复循环而增加,因此无法实现长期稳定性和高库仑效率。另外,析锂和枝晶生长的程度也高度依赖于石墨晶格的无序程度。随着石墨无序度的增加,电极表面的电流分布变得不均匀,在嵌锂过程中出现苔藓状枝晶生长。此外,如果粒度分布较大,电流变得更加不均匀,枝晶生长也变得更显著。

　　石墨发生析锂后，不但发生内短路与安全事故的风险增大，而且电池的库仑效率也会显著下降。通常研究者认为性能衰减机制为劣化的 SEI 将石墨颗粒"封死"，致使锂离子无法嵌入石墨。最近，原位 XRD 的结果表明(图 4-13)，当石墨负极过度充电发生析锂后，其嵌入-脱出机制在数十个循环消失殆尽，而"失活"后石墨的 XRD 信号有清晰的石墨嵌入化合物(GIC，如 $LiC_{12}$、$LiC_6$ 等)的存在。因此，石墨负极在发生析锂后的性能衰减机制为石墨插层化合物被死锂或一些副反应沉积物包裹，使锂离子无法脱出，锂在石墨负极中嵌入/脱出机制逐渐消失，石墨负极变成了"实心"的金属锂沉积/溶解的载体(图 4-14)。低温或高倍率充电会显著加速这一衰变过程。另外，金属锂一旦开始沉积，其沉积速率将持续加快，原因有二：①在锂化过程中，死锂或副反应沉积物将产生更大的极化；②一旦锂沉积发生，锂沉积的过电位降低，锂更容易发生沉积，形成恶性循环导致石墨快速失活。因此，在锂离子电池的应用中，应尽量避免发生金属锂析出。通过优化电解液添加剂、设计低极化电极、避免恶劣循环条件可以有效抑制金属锂的析出过程，同时提高安全性。

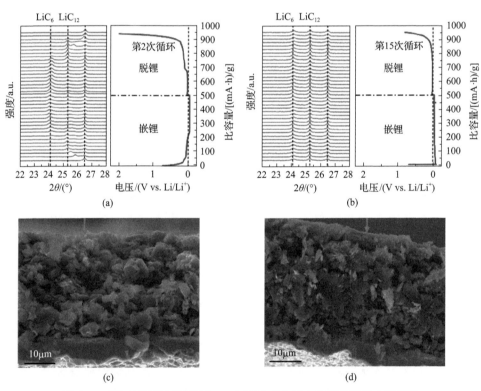

图 4-13　石墨过度嵌锂的原位 XRD 图及对应的电极截面扫描电镜照片

在第 2 次循环(a)和第 15 次循环(b)期间，通过原位 XRD 表征的石墨锂的(002)反射[相当于(002)$LiC_{12}$ 和(001)$LiC_6$]随容量的变化。第 1 次循环(c)和第 15 次循环(d)期间，去锂化循环后石墨电极的 SEM 图像

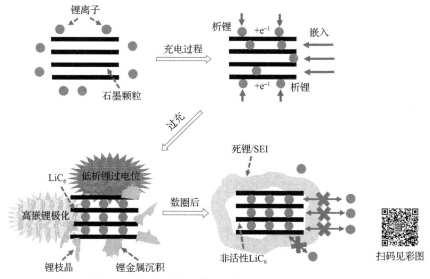

图 4-14　析锂行为引起石墨负极退化机制示意图

### 4.2.2　钛酸锂负极性能衰变

　　石墨嵌锂电位低一方面造成 SEI 的生成与演化，进而导致循环性能衰减；另一方面潜在的锂沉积会导致枝晶产生和内短路，具有一定的安全隐患。与石墨相比，钛酸锂（$Li_4Ti_5O_{12}$，LTO）的锂嵌入电位高（$\geqslant 0.8V$），远高于普通电解质的还原电位，所以不须形成 SEI 便可进行稳定循环。LTO 的主要缺点是导电性差（$10^{-13}\sim 10^{-8}S/cm$）和锂离子缓慢扩散（$10^{-13}\sim 10^{-8}cm^2/S$），但可通过掺杂、颗粒形态调控和纳米结构设计进行改性以提升性能。LTO 最大的储能优势是"零应变"：在 Li 嵌入和脱出的过程中，LTO 的晶格尺寸几乎没有变化。然而，LTO 的理论比容量低（$175mA\cdot h/g$）和高脱锂电位（$1.5V\ vs.\ Li/Li^+$）降低了 LTO 基锂离子电池的能量密度。提高 LTO 能量密度的一种方法是用高容量负极材料（如 $SnO_x$、MO）共同构筑复合负极，可将负极电位窗口扩大到 $0.01\sim 3.0V\ vs.\ Li/Li^+$。然而，高容量复合负极通常会发生较大体积膨胀/收缩，使循环稳定性显著衰减。

　　LTO 的振实密度较高（约为 $1.8g/cm^3$，真实密度为 $3.5g/cm^3$），能够带来更高的活性物质填充效率，实现高体积能量密度。合成富含介孔的钛酸锂能够提升功率特性，但需注意的是孔隙率不宜过高，否则会降低材料振实密度。掺杂是在保持晶体材料结构的基础上提升电导率的有效方法，但 LTO 掺杂改性方面的研究不如正极材料多。由于锂离子在 LTO 晶格中的输运较慢，通过减小颗粒尺寸或构筑纳米结构缩短锂的扩散距离或通过增加材料的表面积（以牺牲能量密度为代价）增加可进入的锂插入位点的数量均能提升倍率特性。优化锂离子电池电极中颗粒尺寸和振实密度之间的博弈关系是产业界需要关注的重点。

在充电和放电期间释放气体(如 $CO_2$、$CO$、$H_2$)是 LTO 的主要安全问题,这会导致电池显著膨胀。其实,仅通过在无电解质的纯溶剂中浸泡 LTO 便能产生 $CO_2$,而 $H_2$、$CO$ 与碳氢化合物气体(如 $C_2H_4$、$C_2H_6$)则会通过反复充放电产生。对于应用 1mol/L $LiPF_6$ EC/DMC/EMC(质量比 1∶1∶1)电解液的 LTO/NMC 与石墨/NMC 锂离子电池,LTO 电池在 25℃时表现出比石墨/NMC 电池更小的容量衰减。相反,在 55℃时,LTO 电池中 $H_2$ 的生成量大幅增加,其性能更差一些。显著的气体生成主要归因于 LTO 的氧化还原电位高于石墨,使电解液中的微量水生成 $H_2$,而 $CO$ 和 $CO_2$ 则是由强路易斯酸(即 $PF_5$)引发的电解液分解产生的。

减少 LTO 电池气体生成的策略主要有两种:①在 LTO 负极上使用表面包覆(如纳米结构碳包覆层),以防止电解质和 LTO 表面之间的接触;②严格控制电解质和电极中的水分含量,这可能是 $H_2$ 生成的原因。更换电解液也有利于提升 LTO 的稳定性,如在混合 EC-γ-丁内酯电解液中,0.5mol/L LiTFSI 和 1mol/L $LiBF_4$ 的组合在 60℃高温下的循环显示出不错的稳定性。

LTO 嵌脱锂电位在 1.0V 以上,因此不易产生 SEI。但原位 TEM 和 X 射线光电子能谱(XPS)分析表明,LTO 表面也形成了 SEI 层。LTO 上 SEI 形成的机制不同于石墨,它不是由于电极表面的电解质还原/分解而形成的,而是通过 LTO 与电解质溶液的反应而形成的。这层 SEI 对长期循环的产气与循环衰变有影响,有待对其生成机制进行深入研究,进而实现通过调控 SEI 减少或消除气体生成,提升 LTO 电池的循环寿命。

# 4.3 非活性物质性能衰变

## 4.3.1 隔膜性能衰变

隔膜具有多孔、化学性质稳定的特性,是保证正负极间电子绝缘、离子输运畅通的关键部件,其性能下降可能造成电池功率衰减,最终导致电池故障。隔膜衰变的主要原因包括锂枝晶生长、电解质侵蚀、隔膜通道堵塞及高温或长循环引起的本征结构衰变。高温(通常为 130~150℃)可致隔膜软化,孔隙闭合,阻碍电极之间的离子传输,导致充放电过程难以进行。因此,这类通常称为"闭孔"隔膜。如果电池发生轻微内部短路(如少量杂质进入隔膜),隔膜的局部会通过熔化形成一小片闭孔区域。当内部温度异常升高至 130℃左右时(如由电池外部短路产生的高电流欧姆热),整个电池也可能会永久失效。

尽管隔膜由惰性高分子材料制成,其本身不会影响电输出与能量存储,但其物理特性对电池性能和安全性将产生重大影响。为了使锂离子电池获得良好的性能,隔膜应具有均匀的孔结构、低收缩特性和低离子电阻。高离子电阻的隔膜在高放电倍率下性能不佳，使电池的充电时间被迫延长。低收缩特性非常重要，例如，笔记本电脑的温度有可能达到 75℃，该温度有可能导致隔膜收缩，最终将导致电池的高电阻及快速循环性能衰减。此外，由于正极和负极之间的短路放热，横向收缩（TD）可能会导致严重的安全问题。隔膜孔隙结构中较大的孔隙缺陷本身可能导致制造过程中的短路，或者导致更高的自放电；反之，尺寸过小的孔在循环和高温储存下可导致高电阻和循环寿命较短。因此，优化隔膜孔径以达到适当强度和离子输运性能非常重要。

隔膜常在正极侧遇到强氧化环境，在负极侧遇到强还原环境。因此，隔膜需保证在这些因素与长期高温耦合循环的恶劣条件下能够稳定。抗氧化性不足的隔膜可能会导致在高温下的储存性能与循环稳定性较差。与 PE 相比，外层为 PP、内层为 PE 的多层隔膜（PP/PE/PP）的抗氧化性更好。隔膜的渗透阻力、隔膜厚度、隔膜渗透率、孔隙度和韧性都可能对电池性能产生影响。举例来说，提高电池容量的方法之一是减小隔膜厚度，因为较薄隔膜的离子阻力较低。然而，这种策略有一个缺点，即较薄的隔膜可持有的电解液较少，机械强度不高，电池容易发生故障。一般来说，电池在高温老化或循环过程的阻抗会持续上升，隔膜贡献的阻抗增加值占整个电池阻抗增加量的 10%，其阻抗增加机制主要是由电解质分解产物导致的隔膜孔隙堵塞，该问题在高温下更严重。例如，老化七个月后电池内隔膜原来均匀的孔结构完全变形，纤维上覆盖着 10～200nm 的电解质分解产物微粒，且微粒分布也不均匀，呈块状团聚，这进一步减小了孔径和降低了隔膜的均匀性，增加了离子的平均迁移路径长度，对锂离子传输造成障碍，增加极化。总之，电解质分解的产物在隔膜上形成膜，堵塞孔隙并阻碍锂离子的传输，这是电池电阻增加的部分原因，约占电池总阻抗增加的 10%。

### 4.3.2　集流体性能衰变

铝箔和铜箔是锂离子电池正极和负极的集流体材料。集流体的主要作用是将电池的总电流均匀传输到每一处活性物质，并为电极活性物质提供机械支撑。锂离子电池的集流体材料均容易发生衰变：铜易在周边化学环境的作用下开裂，铝易发生局部坑状腐蚀。一般来说，铝集流体的局部点蚀发生在与正极材料相关的高氧化电位下。然而，正极集流体中的点蚀机制还受其他与有机电解液与正极活性物质相关的复杂机制的影响。正极集流体发生腐蚀后，凹坑和腐蚀部位充满了金属氧化物的混合物，形成了结核和表面凸起。负极集流体方面，一般都是发生腐蚀开裂。下面分别详述锂离子电池铝集流体和铜集流体的腐蚀衰变。

#### 1. 铝集流体腐蚀衰变

铝的表面一般会形成氧化铝（$Al_2O_3$）和氢氧化铝［$Al(OH)_3$］组成的保护表面

层,所以铝在空气和中性水环境中基本稳定。同样,铝在有机电解质溶液(包括少量氧化剂)中也基本稳定。常用的有机电解质溶液是溶解无机锂盐($LiBF_4$、$LiPF_6$等)的烷基碳酸脂溶液。由于 $LiPF_6$ 在含有微量水的有机介质中极易分解生成 LiF 与强腐蚀的 HF,因此研究者一直在寻求替代 $LiPF_6$ 的盐。含氟表面保护膜的形成在防止有机电解质溶液造成的铝集流体腐蚀方面起着重要作用。加速腐蚀的研究表明,锂离子电池在 PC:DEC 溶剂中进行 40 次充放电循环后,铝集流体表面便出现了一些局部点蚀,而在 EC:DMC 电解液中产生的腐蚀点密度更大。这些腐蚀点的形貌表现为在凹坑中堆积的"土堆",俄歇电子能谱(AES)和 XPS 表征结果表明"土堆"由 $Al(OH)_3$ 和 $Al_2O_3$ 组成,从而导致活性物质与铝箔电绝缘。电化学阻抗谱(EIS)的分析能进一步得出以下主要结果。①电解液成分对铝集流体腐蚀的影响。与 PC:DEC 溶剂组成的电解质相比,EC:DMC 电解质的电解液似乎腐蚀性更强。另外,将两种电解液混合可进一步加速铝集流体的腐蚀。②外加电位对铝集流体的腐蚀作用。铝的耐腐蚀性随充电电位的增加而降低,较高的电位可产生较大的腐蚀电流。③铝合金成分对集流体腐蚀的作用。腐蚀速度与循环次数和合金成分的关系不大,需要进一步深入研究。

**2. 铜集流体腐蚀衰变**

电池在极低电压(约 1V)下,铜集流体的电位升高到铜开始氧化并以铜离子的形式溶解在电解液中。这些铜离子析出后会促进金属锂在铜集流体的沉积,导致活性锂流失,容量下降,沉积的金属锂甚至可能造成内短路,引发灾难性故障。当发生严重过放电时,电池衰变通常会加速,甚至会发生正极片镀铜,使正极无法嵌入锂。这种情况将形成恶性循环,在充放电过程中进一步导致铜溶解、锂沉积、正极失活、容量下降及热失控。

与铝表面不同,铜通常不易发生局部点蚀,这是由于铜在此类电解质中的氧化电压大于 3V,而其作为锂集流体带来的工作电位为 0~1.5V。因此,铜受到阴极保护。需要注意的是,通过调整冶金制备条件,获得合适晶粒组成的铜箔,可以加强铜集流体的耐开裂能力。

# 4.4 表征电池材料衰减的先进研究手段

电极材料和器件设计研究的进步得益于表征技术的发展,表征技术的进步尤其能够加深对电极材料纳米及以下尺度衰变相关机制的深入理解。本节重点介绍研究表征电池电极衰变的新兴方法,尤其是能够提供电池内部真实信息的原位表征技术。

X 射线衍射技术在电极材料表征方面应用广泛,目前比较盛行的表征方法是具有充放电功能的原位 XRD 表征。该方法一般通过一个有玻璃观察窗的原位电池构件，实现边充放电边进行 XRD 表征，规避了非原位检测时电池打开后材料暴露发生变质的问题。原位 XRD 技术有助于理解正负极反应机制和衰变机制，如通过高聚焦同步加速器 X 射线（纳米束衍射）能够获得电极内单个活性物质纳米颗粒的 XRD 数据，能够研究材料颗粒的形状和组分的演变，及其在充电过程中的分解动力学。

原位 XRD 被用于研究各种正极材料（如 $LiFePO_4$、$Li_2MoO_3$、$LiNi_{1/3}Co_{1/3}Mn_{1/3}O_2$ 等）的相变。例如，研究者发现了 $LiFePO_4$ 在高速循环期间形成的非平衡固溶相，该相跨越了两个热力学相之间的多种组成（$Li_xFePO_4$，$0<x<1$），这种非平衡单相固溶体的形成对纳米材料的高倍率充放电性能起着很大的作用。

中子粉末衍射（NPD）具有对锂原子更高的灵敏度，且能使锂与相邻元素形成更高的对比度。作为锂离子电池结构和动力学特性的研究手段，中子衍射与 X 射线研究方法相比具有更大的穿透深度，足以对整个电池进行成像，包括较厚重的方形电池。

原位 TEM 能够观察充电和放电过程中多尺度上材料的实时变化，其精度可达原子尺度，因而成为研究电极反应机制的有力工具。一般采用两种策略进行原位 TEM 实验。第一种策略是使用"开放式"电池，包含由一个纳米尺度的电极，其一端浸入含参比电极材料（如锂）的真空下稳定的电解质中。第二种策略是将两个电极都浸在电池内，该电池包含超薄电解质层和参比电极，可实现电位控制。例如，在 TEM 腔体内组装由 $SnO_2$ 纳米线负极、$LiCoO_2$ 正极和离子液体电解质组成的电池，对其进行放电和再充电；将硅纳米线与锂通过 $Li_2O$ 导离子电解质接触来实现放电并原位观察 Si 在嵌锂过程中的机制，可观测到 $Li_{15}Si_4$ 或 $Li_{22}Si_5$ 在非晶 Si 纳米线充电（锂化）时的形成过程。正极材料同样可以使用此类原位模具进行研究，如将 $Li_xM_2O_4$（$x=0$）纳米线正极插入覆盖有离子电解质的 $Li_4Ti_5O_{12}$ 负极并进行锂化。锂化开始时，立方 $Mn_2O_4$ 晶系首先转变为正交晶系（$x≈1$），最后形成四方晶系（$x≈1.6\sim1.8$）。

电化学应变显微镜（ESM）是一种扫描探针显微镜，用于研究材料表面离子的传输。它被用于探测 $LiMn_2O_4$ 表面上的 $Li^+$ 迁移，发现 $Li^+$ 的扩散系数在 $LiMn_4O_4$ 样品中降低了约一个数量级，这些样品以 16C 的速率循环 $10^6$ 次后性能发生显著劣化，锂迁移系数减小可归因于点缺陷累积导致的结构无序增加。

先进表征技术的快速发展对当前电池研究具有重大价值，能够从原子尺度到材料的体积性质及器件尺度的行为进行研究，对阐明材料的衰退机制有很好的促进作用。

基于 X 射线探针的 X 射线显微镜可用于解析真空中材料的元素组成，这使得对电池和电容器电极的无损分析成为可能。与传统的 TEM 类似，X 射线显微镜的形貌表征机制通过用微米级光斑照到样品上，并透射光子成像到位置灵敏的探测器上。此类显微镜另有一种扫描探针模式，其通过光栅预聚焦的 X 射线束穿过样品并分析该束的透射电子，成像机制类似于扫描透射电子显微镜(STEM)。在以上两种模式下，通过测试 X 射线的光子能量可得知测试元素的种类。

相干 X 射线衍射成像(CXDI)已用于绘制单个阴极纳米颗粒的局部三维应变不均匀性。研究者将 CXDI 应用于单个 LMNO 正极颗粒中的应变分析，包括原位应变和扣式电池中的应变，实现了空间分辨率为 40nm、能量分辨率为 0.50fJ(3121eV)的非均匀应变分布的分辨率。

透射 X 射线显微镜(TXM)与中子衍射技术(NPD)结合可以原位研究电极材料的退化和失效问题，尤其是提供正极充电期间发生的成分和形貌变化，包括体积收缩和微米级裂纹的形成，以及在放电和 Li 插入期间一些裂纹的愈合。

# 4.5　全电池性能衰减

一些电极活性材料也可能遭受部分溶解，这可能与特定的操作条件(如高温)或与 HF 的反应性有关，HF 是由 $LiPF_6$ 水解与微量水杂质形成的，在充电时于电池中形成 LiF 和氢的反应之前暂时存在于电池中。电解液中存在的金属离子($Fe^{3+}$、$Mn^{2+}$、$Co^{3+}$)与负极接触时会发生反应，从而损坏 SEI，并进一步催化电解液分解。

导致负极性能损失的两个主要因素是 SEI 的不稳定性和锂金属镀层。锂沉积可在高充电速率(引发高极化，达到锂金属沉积电位)或低操作温度下发生。在低温(<10℃)下，锂离子在石墨结构内的扩散变得缓慢，锂金属沉积在负极表面，有形成枝晶和短路的风险。此外，沉积的 Li 反应形成其自身的 SEI，消耗电解质并降低界面孔隙率，从而在电极中产生不均匀性。结果，电池显示出降低的功率(由于较慢的动力学)和较低的容量(由于电池中活性锂离子的损失)。

循环和储存时稳定的最佳 SEI(离子导电、电子绝缘和机械弹性)对长循环寿命至关重要。典型的 SEI 降解途径是高温下的部分溶解或由电极操作固有的机械应力而形成的裂纹，这将形成新的裸露石墨表面并暴露于电解液中，并在电解液上生长额外的 SEI 继续消耗电解液，进而提高电极电阻率。SEI 的热击穿通常在 110℃左右开始，远低于 200℃以上发生的放热正极降解反应，并最终导致热失控。SEI 的性能极依赖于成分，因此由使用的电解质决定。这解释了为什么大多数商用电池的电解液配方都很复杂，并且通常使用一些成膜添加剂(如碳酸亚乙烯酯)。SEI 在电池运行的第一个循环(通常称为形成循环)中形成，这是制造过程的最后一步，通常伴随气体分解产物的释放。这些循环通常在特定温度和循环速率条件下形成，以最小化涉及的电化学容量，通常导致电池中最初存在的活性锂离子发生约 15% 的不可逆消耗。因此对电池容量有重大影响，优化两个电极的质量比例可实现电池能量密度最大化。在理想情况下，这种容量平衡并不随电池寿命的变化而变化，但实际上它被上述大多数老化过程所影响。除了会造成电池能量密度低外，过充还会在负极侧造成锂金属沉积，带来安全隐患。为了解决这种意外情况，电池实际上是用过量的负极活性材料制造的。这是一种以牺牲电池能量密度为代价的提高安全性的策略。

除了电极材料，电池单体结构的设计也会影响衰变特性。通常来说，从电极材料到最后的储能系统，按照空间尺度和功能实现可分为材料、电极、电池和系统四个层级 (图 4-15)。每个级别都可能影响储能系统的寿命。需要指出的是，电池储能系统设计需要考虑许多因素及其相互影响，如热量产生和耗散、SEI 形成等，这些因素非常复杂且相互耦合，给全面多尺度研究性能衰减带来了难度。

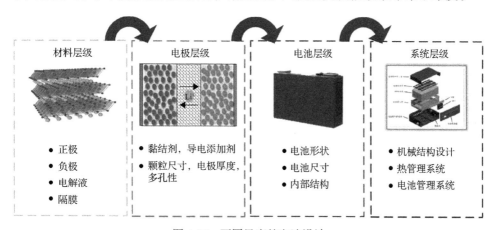

图 4-15　不同尺度的电池设计

总的来说，在电池活性物质材料体系确定的基础上，合理的设计可有效延长电池寿命。材料方面的衰变在上面已经详述，此处不再重复。但也需指出，通过包覆、掺杂等方法可以进一步提高材料稳定性并减少副反应，提高电池的寿命性能。例如，对于富镍正极材料，通过锂过渡金属氧化物全浓度梯度设计，大大提高寿命。

### 4.5.1　电解液对衰变特性影响

电解液被称为电池的"血液"，对电池性能的发挥十分重要。电解液可粗分为水系电解液、聚合物电解液、有机电解液和全固态电解质。现在几乎所有的锂离子电池都使用非水有机电解液。这种电解液通常由一些溶解在有机碳酸盐中的锂盐和一些添加剂组成，添加剂通过提高 SEI 成膜质量、离子导电性、器件阻燃性来改善电池的性能。

用作溶质的锂盐包括 $LiClO_4$、$LiAsF_4$、$LiPF_6$ 等，其中 $LiPF_6$ 的应用最广泛，其具有良好的导电性能，但稳定性较差。特别是它易与水反应，产生包括 HF 的各种副产品，并影响电池寿命。近年来，研究人员致力于寻找替代性的锂盐，如 LiODFB、LiTFSI 等。锂离子电池电解液中使用的溶剂通常为有机溶剂，包括 EC（碳酸亚乙酯）、PC（碳酸丙烯酯）、DMC（碳酸二甲酯）、DEC（碳酸二乙酯）、EMC（碳酸甲乙酯）等。EC 具有更高的介电常数和更好的导电性，且 EC 有助于形成更高质量的稳定的 SEI 层并提高电池寿命。然而，EC 在室温（熔点 37℃）下为固相，不能单独用于传统锂离子电池。PC 具有高介电常数和低熔点（–49℃）特征，所以包含 PC 的电解液在低温下具有更好的性能。然而，PC 可能会在负极表面分解，导致形成的 SEI 层质量不佳，锂离子插入时可能会发生 PC 溶剂共插现象，使石墨剥落和石墨颗粒开裂，循环性能较差。DMC 具有低黏度和良好的循环性能，但介电常数和闪点较低。为了确保电池性能，通常使用不同溶剂的混合物。此外，一些不同的电解质添加剂也有助于提高电解质电导率、SEI 膜质量等。

### 4.5.2　电极设计对衰变特性的影响

电极的设计非常重要，可能会显著影响电池寿命。此处电极设计主要是指电极关键参数的设计优化，包括正极和负极活性材料的比例（N/P 比）、粒度、孔隙率、电极厚度等。研究者常利用准二维的纽曼结构模型（P2D）模拟电池在不同电极参数下的性能。纽曼结构模型是一种平均场模型，此外还有些更复杂的模型陆续得到开发并用于电极设计优化，这些基于模型的优化方法也是电池电极设计的主要方法。通过优化设计可以减少机械因素（如应力）、电气因素（如极化）、热因素（如温度）和其他因素对衰减的影响。

电极设计最重要的参数之一是负极容量与正极容量之比，即 N/P 值。一般来说，N/P 值通常设计为略大于 1，这意味着负极活性材料稍微过量。如果该 N/P 比太小，表明负极活性材料不足，则电池容量可能会受负极容量的严重限制。此外，降低 N/P 值将显著增加镀锂的风险，导致快速的容量衰减和安全问题。SEI 的形成会导致锂离子损失、容量衰减和低首效，这是 N/P 值设计需要考虑的问题。如果 N/P 值太大，则有太多的负极活性材料冗余，导致低能量密度，并且在过量的负极材料表面会形成额外的 SEI 膜，消耗正极活性材料携带的可用锂离子。特别是对于一些第一次循环库仑效率较低的负极材料（如 SiC 复合材料），需要通过向负极或正极添加不同的锂源来补偿前几个循环中的不可逆容量损失。负极添加方面，主要是特种锂粉末或锂箔。在随后的循环过程中，过量的锂可能通过扩散到负极或迁移到正极而变成可循环的锂。该补锂技术已经实现了商业化。然而，锂是非常活泼的，具有一定的危险性，因此生产过程需要严格控制。因此，$Li_xSi$ 等其他锂源也被考虑用作预锂化。另一种预存锂的方法是在组装前在负极活性材料上形成 SEI，但此处理步骤较复杂。在正极侧，也可添加一些高容量材料，如 $Li_{1+x}Ni_{0.5}Mn_{1.5}O_4$ 和 $Li_5FeO_4$ 作为锂源添加剂。在循环过程中，过量的锂离子可以插入负极补偿第一次循环的不可逆容量损失。

负极和正极活性材料的粒度也可能影响电池寿命。一方面，随着颗粒半径的减小，单位体积的比表面积增加，这意味着包括 SEI 和 CEI 形成等副反应更容易在颗粒表面发生。尽管电池比功率增加，但增加的 SEI 膜面积和 SEI 形成速率可能缩短电池寿命。另一方面，随着粒子半径的减小，在锂离子嵌入和脱出的过程中，粒子表面的应力减小且诱发的裂纹将减少，电池寿命将得到改善。此外，活性材料的振实密度可能随颗粒半径的减小而减小，这可能会影响电池的能量密度。因此，需要对活性材料的粒度进行全面优化。

电极的孔隙率是另一个可调整的设计参数。大的孔隙率可能引发电极的低压实密度。虽然电解质相中的离子导电性得到改善，但由于颗粒之间的松散接触，故导电性会很差。颗粒很容易在电极内发生机械崩解，特别是对于循环过程中体积变化较大的材料，如硅基负极。小孔隙率能使电极材料的压实密度更高，颗粒之间的接触更紧密，接触电阻更低，所以电导率和能量密度更高。然而，电解液的离子导电性降低可导致锂离子在电解液相中的输运不良，电池的可用功率也会降低。通过分级孔隙率设计可以改善电池性能。通常，应降低集流体侧的孔隙率以获得更高的能量密度，并增加隔膜侧的孔隙率以提高锂离子输运速率。

电极厚度可以直接影响电池的能量性能和功率性能。电极厚度越小，锂离子的传输路径越短，所以功率密度更高和能量密度更低。相应地，增加电池能量密度通常最简单的方法是增加电极厚度，但锂离子传输路径也会更长，电池阻抗会增加，故电池的动力性能较差。一般来说，电极固相电导率比电解质相的电导率好得多。因此，隔膜侧的活化过电位要高得多，电化学反应主要发生在这一部分的活性材料。相比之下，集流体侧的过电位较低，反应活性相对较小。从电化学机理的角度来看，虽然电池的理论容量随着电极厚度的增加而增加，但可用容量有限。此外，如果电极太厚，电池阻抗可能会增加，发热增加，散热性能较差。

需要指出的是，一些导电剂和黏合剂等添加剂对电池寿命也有很大影响，甚至可能会影响关键参数和性能，包括负极和正极材料的电导率、孔隙率、安全性能。例如，石墨烯可以极大提高电极材料的导电性和导热性。因此，它可以降低电池内阻和温度，从而提高电池寿命。

### 4.5.3　电池结构设计对性能衰减的影响

此处的结构主要是指电池单体内部结构、形状和尺寸。通过电池设计，电池内部电流分布更均匀，温升更小，温升不一致性更小，从而提高电池寿命。

电池内部结构基本上可分为两种类型：卷绕型和堆叠型。卷绕型电芯的生产工艺相对简单，生产效率非常高，堆叠型电极的生产效率则相对较低。在生产过程中，卷绕型电芯边缘的折叠区域可能有较大变形，引发耐久性和安全问题，而堆叠型电芯在生产过程中的变形则较均匀。在充放电的过程中，锂离子的嵌入和脱嵌会引起活性物质的体积变化。对于卷绕型电芯，应力集中较高，而对于堆叠型的应力分布更均匀。通常，堆叠型电极电池的内阻较低，电流分布更均匀。卷绕型电芯常被设计为只有一个接线片，电池内阻可能更大，电流分布不一致，并且很容易导致由过多的局部极化引起的锂金属沉积和其他副反应，从而影响电池寿命。总体而言，堆叠式结构的电池寿命略优于缠绕式结构电池。

储能锂离子电池形状通常有三种：圆柱形电池、立方体形电池和软包电池。通常，圆柱形电池因比表面积较低，散热面积相对较小，在充电和放电期间内部温度较高，从而影响电池寿命。立方体形电池的散热面积稍大。软包电池由于表面积大和厚度更薄，可以更有效地散热。圆柱形电池通常缠绕得很紧，在充电和放电过程中产生很高的内应力，影响电池寿命。软包电池和立方体形电池通常具有较小的变形度，可更好地承受材料形变带来的应力。此外，由于圆柱形电池缠绕紧密，通常电池中的电解液相对较少。如果电解液损失到一定程度，电池容量可能会快速下降，从而影响电池寿命。软包电池和立方体形电池通常具有相对较多的电解液。

单体也会影响循环寿命。电极结构优化的主要目的是使流经电池内部活性材料的电流更均匀，以防止过大局部电流和过大局部极化电压引起的副反应，并在一定的散热条件下降低温升和温差。为了实现这些目标，通常考虑以下事项。①使用较厚的铜箔和铝箔作为负极和正极的集流体，降低电池内部电阻，进而减少发热。还可以提高通过活性材料的电流一致性，防止局部电流过大。然而，较厚的集流体可能使能量密度降低。②增加极耳的厚度和宽度或添加更多极耳，将极耳放置在电池的相对侧，而不是同一侧。这些方法可以使电池的内部电流与温升更加均匀。③减小电池厚度并优化电池的其他尺寸，可以改善电池散热或使电池内部温度更均匀。

电池储能系统设计对衰减的改善涉及将电池单体集成到电池系统中的一系列机械、电气和热相关问题。设计目标是确保每个电池能够在适当温度和电压区间内工作。系统级设计应包括机械结构、热管理系统(TMS)和电池管理系统(BMS)的设计。通常，TMS 将视为 BMS 的一部分。电池系统中的电池配置非常重要，使用串联—并联、并联—串联或其他混合配置将影响系统中每个电池的电流分布，也将影响 BMS 算法。例如，基于对称回路结构的系统设计可以为内部短路诊断提供极大便利。目前，考虑到成本和可靠性问题，大多数电池系统的配置都是并联—串联结构。电池首先并联以达到所需容量，该单元是 BMS 的最小可控单元，然后这些单元将串联以达到所需电压。在这些过程中，降低母线电阻，降低焊点电阻，提高焊接质量，可以保证系统性能，尤其是通过每个电池的电流更加均匀。

## 4.6　电池工作条件对衰变的影响

相同的电池在不同的工作条件下，其寿命完全不同。影响电池寿命的主要因素包括高温（加速内部副反应）、低温（金属离子易还原、锂沉积、活性材料的晶体结构容易损坏）、高 SOC 或过充电（电解质分解、电解液和阴极之间的副反应、锂离子沉积）、低 SOC 或过放电（阳极铜集流体容易腐蚀、活性材料的晶体结构容易坍塌）、高充放电率（活性材料的晶体结构易疲劳和损坏、高充放电速率导致温度升高、加速内部副反应）。一般来说，电池有一个合理的工作窗口，如图 4-16 所示。BMS 和 TMS 的主要目的是使电池在长寿命和高性能的工作区内工作，并防止其在危险区域内工作，应及时报警并采取措施。

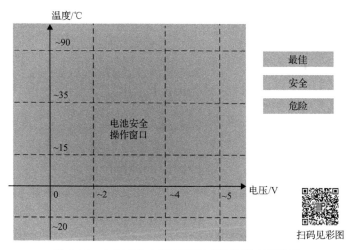

图 4-16　电池工作电压与温度对性能影响示意图

### 4.6.1　温度的影响

温度是影响电池寿命的最重要因素之一。高温和低温都会导致电池加速退化。一般来说，对于大多数商用锂离子电池，合适的工作温度区间为 15~35℃。如果温度较高，副反应速率较高。此外，如果电池超过一定温度，可能会进一步触发自热，导致电池热失控。在低温下，由于内阻的增加，极化增加，这可能导致额外的副反应。特别是在低温下充电可能会导致锂沉积，进而可能导致电池快速退化，甚至发生安全问题。低温下的材料脆化也可能影响电池寿命。因此，确保电池在适当的温度范围内工作是提高电池寿命的关键。

电池温度由许多因素决定，包括环境温度、电池热容量、电池导热率、电池发热、TMS 中的加热和冷却系统等，如图 4-17 所示。所有因素都可能对电池温度产生较大影响。

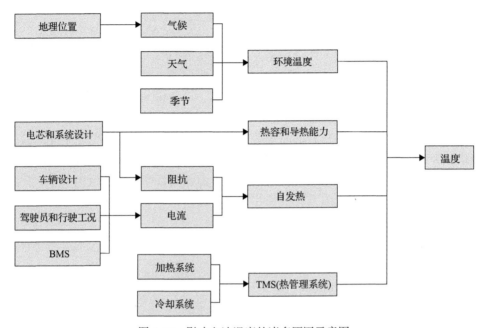

图 4-17　影响电池温度的诸多原因示意图

环境温度对电池寿命有很大影响。大多数情况下，电池温度基本上由环境温度决定。而影响电池放置寿命的关键因素有温度和 SOC。在环境温度较高的地区容量损失更大。数据显示，美国 Leaf 汽车在低纬度地区(温度高)的电池容量损失率明显高于高纬度地区。此外，在高纬度地区，由于冬季温度可能低于 0℃，因此有必要利用加热系统来防止低温充电引起的锂沉积，这可能导致安全性和耐久性问题。

在电池充电和放电过程中有显著的欧姆热产生，该过程引起的电池温度变化取决于电池的热特性(热容量、导热率等)、电阻(电池内阻及导线、母线和焊点的电阻)及流经电池的电流强度。通过合理的电池和系统设计，可以改善电池的热特性和电阻。充电系统会极大地影响电池温度，充电速度越快温升越高，这些都可能影响电池寿命。

此外，TMS 设计包括低温加热、高温冷却和隔热措施，以确保电池在适当的温度范围内工作。按照冷却介质来分类，冷却系统通常分为空气冷却(应用较广泛)、液体冷却(通常用于电动车，因为热传导率较高)和相变冷却。加热系统可分为内部加热和外部加热方法。外部加热方法包括加热板、加热膜加热等。外部加热方法易于实施，但能量损失较高，电池温度均匀性较差。内部加热方法包括内置镍片法、交流加热、梯级内部加热法等。在电动汽车中使用可靠的 TMS 可以有效地维持电池温度，延长电池寿命。对于在储能站工作的二次电池，由于具有高性能的空调，温度通常控制得很好。

### 4.6.2　SOC 的影响

电池 SOC 对电池寿命也有显著影响。应当注意，电池 SOC 和电池电压是相关的。给定电池的 SOC 和电流可以导出电池电压，这种关系可以描述为电池模型。SOC 表示蓄电池中存储的可用容量，这对剩余容量估算很有意义。

一般来说，较高的 SOC 可引起较高的端子电压，这意味着较低的负极电位和较高的正极电位。对于电势较低的石墨负极，SEI 变厚等副反应速率较高，从而导致电池具有更高的老化速率。如果出现过充电或低温充电等异常充电，负极电位可能过低，达到锂沉积电位，则可能发生锂沉积的副反应，加速电池老化(图 4-18)。同时，对于电势较高的正极，会出现电解质氧化和正极分解。较低的 SOC 表示较高的负极电位和较低的正极电位，这通常有利于延长电池寿命。然而，如果电池 SOC 太低，负极铜集流体的腐蚀和正极活性材料结构的紊乱将显著影响电池寿命。

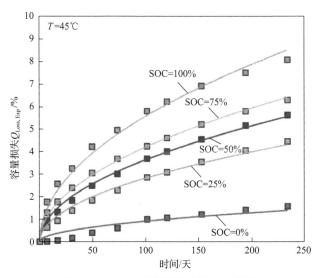

图 4-18　SOC 对容量损失影响示意图

如图 4-19 所示，在电池工作模式下，电池在低 DOD 状态下会更好。例如，在 20%DOD 下的电池寿命很长。在较高的 DOD 下，电池寿命将显著缩短。总的来说，考虑到电池寿命，似乎有一个最佳的 DOD 区间，但这一 DOD 区间通常太小，无法满足高效储能的要求。

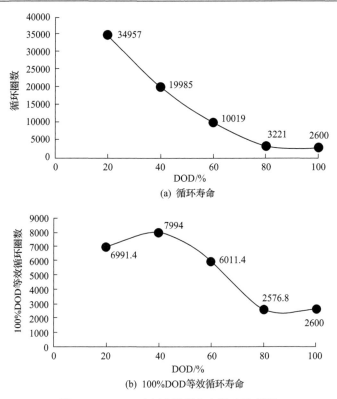

(a) 循环寿命

(b) 100%DOD等效循环寿命

图 4-19　DOD 对电池循环寿命影响示意图

### 4.6.3　电流的影响

电池电流对电池寿命也有明显影响。一方面，流经电池的电流会产生焦耳热，从而影响电池温度。特别是大的充电和放电速率可能导致温度急剧上升，从而影响电池寿命。另一方面，电流也会影响电池端子电压和内部电势，从而引发相关的副作用，缩短电池寿命。特别是在充电过程中，存在锂沉积的边界电流。此外，过大的电流表明颗粒表面上锂离子快速嵌入和脱嵌的过程，这可能导致活性材料结构的疲劳和损坏。过大的电流也可能使电池内部电流分布不均匀，从而导致局部锂沉积或不一致的结构变形。在快速充电的情况下，有限的锂离子迁移率可能导致锂沉积并影响电池寿命。总之，在大多数情况下，流经电池的电流越小，电池寿命就越长。

电池充电过程通常在充电器上进行，充电电流可由 BMS 控制。因此，充电行为较易被优化。充电面临的主要问题是温度升高和锂沉积，如图 4-20 所示。基于面向控制的电化学模型和稳定的参考电极技术，建立锂沉积状态的闭环观测器。在低温充电的情况下，由于锂离子的传输速率低，电池的充电能力受到很大限制。

目前已有一种自加热电池面世，它可以快速加热电池以解决低温充电问题。

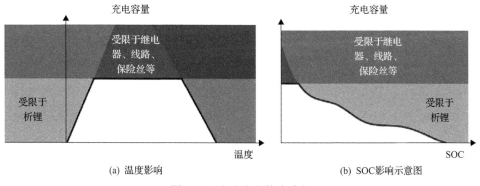

(a) 温度影响　　　　　　　　　　　(b) SOC影响示意图

图 4-20　电池充电能力分析

　　简而言之，电池的设计、生产和工作条件均可能影响电池寿命。要解决这一问题，一方面，应深入分析与不同因素相关的电池老化机理；另一方面，电池老化模型需要考虑老化机理。然后，基于该退化模型，进行优化的电池设计、生产和管理可以有效地提高电池寿命。

## 4.7　电池系统的老化机理

　　目前，对单电池老化的研究相对较多，而对电池系统老化的研究较少。一方面，系统的性能直接取决于每个单电池的性能，这意味着电池老化可能直接导致系统老化；另一方面，电池单元之间的不一致性极大地影响了电池系统的性能。

　　对于并联系统，由于内部电阻、容量等的差异，流经每个电池的电流可能有很大差异，并且不均匀的电流分布也可能影响每个电池的温度分布。相反，电池之间的温度分布也会影响电池内部电阻及电流分布。特别是在极端条件下，流经不同电池的电流可能有很大差异，甚至相差数倍。由于电流和温度的不同，电池和系统的寿命也会受到显著影响。从定性上讲，流过内阻小的电池的电流很大，这可能加速电池的退化，其内阻可能会增加得更快。这种负反馈机制将导致收敛。

　　在实际的并联电池系统中，通常只使用一个电流传感器来测量总电流，对于并联的几个电池，只能测量一个电压。因此，实践中并联的单元通常被视为一个单元。

　　对于串联系统，由于电池容量和 SOC 之间的差异，每个电池的可用充电和放电容量显著不同。但流经单个电池的电流是相同的，因此可用的充电和放电容量有限，无法充分利用。更具体地说，假设第 $i$ 个电池的容量为 $C_i$，电量（即可用放电容量）为 $Q_i$，则电池 SOC 可定义为 $\mathrm{SOC}_i = Q_i/C_i$。整个系统的可用放电容量为 $\min(Q_i)$，而可用充电容量为 $\min(C_i Q_i)$。因此，整个系统的容量为

$$
\begin{aligned}
C_{\mathrm{pack}} &= \min(Q_i) + \min(C_i - Q_i) \\
&= \min(\mathrm{SOC}_i C_i) + \min[(1-\mathrm{SOC}_i)C_i]
\end{aligned}
\tag{4-1}
$$

由于每个电池的容量和 SOC 不同，系统的容量非常复杂，不等于最小容量电池。

为了更好地描述系统的状态，通常可以使用如图 4-21(a) 所示的直方图。然而，这样的图表并不方便，也不能充分反映系统容量和 SOC 条件。因此，可以使用电量-容量散点图，如图 4-21(b) 所示，横轴为容量轴，纵轴为电量，每个单元的状态可以用图中的点表示，然后根据两个单元获得系统的状态。

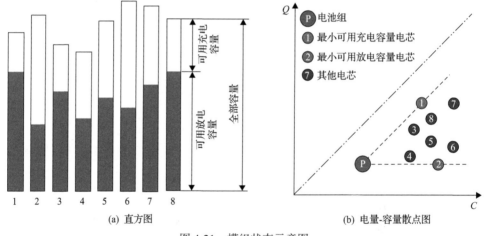

(a) 直方图　　　　　　　　　　　(b) 电量-容量散点图

图 4-21　模组状态示意图

如图 4-22 所示，系统容量衰减可能是由单电池老化引起的，如情况 A 所示，这种情况表示不可逆的系统容量衰减。如情况 B 所示，系统容量衰减也可能由系统一致性恶化引起，这种情况表示可逆的系统衰减过程。系统容量的损失可以通过平衡来弥补。当然，在大多数情况下，系统容量会出现不可逆和可逆的损失，如情况 C 所示。

根据散点图和模型仿真可以很容易地发现，如果没有有效的平衡系统，系统性能损失主要受库仑效率、自放电率等因素的影响。通常，可逆容量损失占很大比例。通过合理的耗散均衡系统设计，可以有效地补偿这部分容量损失。然而，对于耗散均衡系统，电池系统的最佳容量将仅等于最小电池容量。使用非耗散均衡系统，电池系统可以获得更大的可用容量，但成本要高得多，可靠性差，而且

效益相对有限。

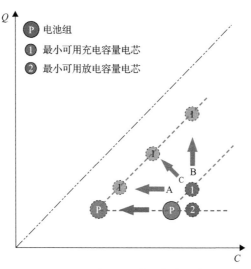

图 4-22　不同系统的容量损失示意图

## 4.8　本　章　小　结

锂离子电池是具有许多不同降解机制的复杂系统。因此，对电池劣化的研究非常重要。电池老化机理及其建模是电池研究领域的关键科学问题。容量和功率衰减可能由多种复杂的副作用引起。副反应可能受许多因素的影响，包括电池设计、生产和使用电池的方式。本章全面回顾了电池在整个循环寿命过程中的退化情况。然而，电池降解问题仍需进一步研究，特别是具有新化学成分的高能量密度电池，包括富镍阴极、富锂阴极、锂硫电池、全固态电池等。

电池老化效应可分为容量衰减和功率衰减，内部老化模式可分为 LAM、LLI、LE 和 RI。根据不同的阳极和阴极，总结了相关的内部副反应。这些副反应可能直接受包括电池设计、生产和应用在内的各种因素的影响。为了延长预期寿命，需要仔细设计电池。基于模型的优化方法可用于减少内部副反应。在生产过程中，应保证电池质量，特别是每个过程的均匀性非常重要，应做到同时控制。在使用电池时，需要通过车辆、电池组、TMS 和 BMS 算法的设计将温度和电压控制在最佳工作范围内。需要根据内部阳极电势仔细控制充电电流，以避免镀锂副反应的发生。

电池系统的退化是复杂的，这是由单电池的老化和系统一致性的演变决定的。通过电量-容量散点图可以直观分析电池系统状态。电池压力的优化设计、电池平衡算法有助于延长系统的使用寿命。

# 第5章 锂离子电池的热特性与安全性

## 5.1 锂离子电池的安全特性

锂离子电池已经广泛应用于储能领域、动力驱动领域，异常的热环境和热行为严重影响了电池的使用性能和安全状态，对电池的热特性与安全性之间的关联研究是延长电池工作寿命、保障电池工作可靠性的重要环节。

电池通过正负极材料发生电化学反应实现电能与化学能之间的转化，高比能量的锂离子电池在荷电态时，正极和负极分别具有非常高的氧化性和还原性，不但接触时会发生剧烈的氧化还原反应，而且各自都有与有机电解液溶剂和锂盐发生化学副反应的倾向。电池处于正常状态时，正负极之间通过隔膜进行隔离，避免直接接触；而正负极活性颗粒与电解液之间的化学副反应是通过首次充放电过程中在界面形成的钝化膜，隔绝电极材料与电解液之间的化学副反应。这个钝化膜对锂离子石墨负极而言尤为重要，不仅隔绝了嵌锂态石墨与电解液之间的化学副反应，还隔绝了电解液的电化学副反应。当电池充电/放电时，虽然这个钝化膜由于缺陷等不能完全避免电极/电解液之间化学副反应的发生，但副反应的发生速度和发生概率非常低，其对电池造成的有害影响非常有限，可以实现几年甚至十几年的使用寿命。但是，当电池处于机械滥用、电滥用或热滥用等极端工况时，钝化膜随着电池内温度的升高而发生崩溃，电极与电解液之间的化学反应大量发生，并伴随放出大量热量进一步使电池内温度升高，还可能伴随与电化学反应和隔膜失效复杂的耦合效应，使电池内的产热速度急剧上升，达到热失控状态。即便不是滥用情形，电池的热行为也与电池内的副反应相互关联，包括化学副反应、电化学副反应和热化学副反应。例如，电化学反应以较高速率发生不仅会影响电池电化学反应本身的产热率，还会因电阻等产生显著的焦耳热，造成电池内温度温和的升高；而即便是温和的温度升高，也会引起电极/电解液界面钝化膜隔离性能的降低，继而引发更显著的放热副反应。

鉴于各种动力电池和储能电池应用中难以避免低温、大电流充放电等工况，为了优化电池使用性能，提升电池安全性，有必要充分了解电池的热特性。大量研究和工业应用经验表明，电池的性能边界在很大程度上取决于其当前的热特性，高温可促使材料老化、低温可导致电极析锂甚至产生枝晶。此外，一个电池单体的热失控还将通过加热周边单体、引发周边单体热失控而导致热失控蔓延，当系统内若干节电池出现异常产热时，如果无法及时将该异常热源扑灭或隔离，热蔓延将在系统内传播，连锁的链式反应将点燃整个系统。

电池安全的边界条件有很多，但其危害主要是热失控，其中电池单体因老化和电源管理问题在正常使用或静置情况下发生的自引发热失控是当前亟待攻克的技术难题。电池单体在自引发热失控的情况下，由热失效到热失控的演变过程会发生一系列反应，反应放热使电池温度随时间延长逐渐升高。如图 5-1 所示，对于石墨负极和高镍层状三元氧化物(NCM)正极组成的电池，大多数情况下随时间/温度演变而顺序发生的反应为 SEI 膜(因溶解或分解)失效、负极与电解液反应，正极材料与电解液反应，正极材料分解导致的负极黏结剂分解，隔膜因熔融变形或破裂发生失效或崩溃，以及剩余电解液的燃烧。对于不同的电池材料体系和组成成分，热失控反应的发生序列和临界反应温度均不同，商品电池负极通常采用石墨材料，不同的电池体系主要表现为正极材料差异。三元 NMC 和 NCA 的临界温度分别为 211～260℃和 170℃，而钴酸锂(LCO)和磷酸铁锂(LFP)的临界温度则分别为 178～250℃和 245℃。有研究指出，在三元体系中 Ni 的含量越高则其热稳定性越差。对于其他部件，如负极、石墨与电解液反应的临界温度约为 120℃；对于 PP 或 PE 材质的隔膜，由于熔融收缩而导致的崩溃发生于 130～170℃，而陶瓷涂覆隔膜的崩溃温度则可以提高到约 250℃。

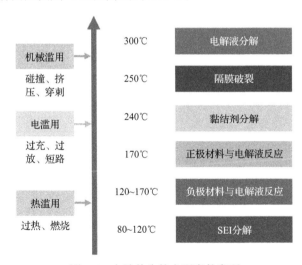

图 5-1　电池热失控主要事件序列

鉴于电池安全事故中破坏性最强的表现是热失控，电池的热特性与其安全性始终是紧密关联的，通过电池的热表现通常能够直观地判别电池的安全特性。本章将从机械滥用、电滥用和热滥用三个主要滥用工况介绍电池在不同滥用情形下热特性对其安全性能的映射，本章最后简要介绍基于电池热特性对电池进行安全管控的思路。

### 5.1.1　电池的燃烧三角与热失控演变

　　锂离子电池的热失控通常伴随剧烈的起火甚至爆炸现象。电池燃烧在本质上是剧烈的氧化反应，这种剧烈表现为反应速度快、放热速率大、温度高。通常情况下电池的热失控由三种元素构成，如图 5-2(a) 所示是常见的燃烧三角，构成电池热失控的燃料通常是负极、电解液及其次生的还原性物质。一是氧气，除了空气中的氧气，当荷电态的锂离子电池正极在热失效至一定高温时，也会分解释放出氧气，通常含镍量越高的三元材料热分解释放氧气的临界温度越低，而荷电态磷酸铁锂正极在温度超过 650℃时分解释放氧气。二是火源，严格来说是热源，通常由电池内短路释放的焦耳热、环境过热等使电池温度超过电池内燃料性物质燃烧的临界温度。认识燃烧三角并据此对电池内此三要素进行调控，是控制电池热失控的关键理论和技术依据。

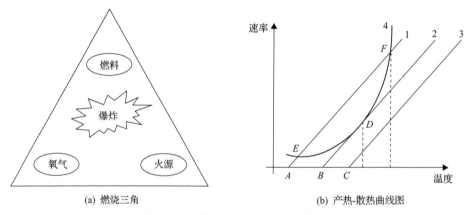

(a) 燃烧三角　　　　　　　　　　　(b) 产热-散热曲线图

图 5-2　燃烧三角与电池产放热曲线

　　锂离子电池的热失效特性由电池产生的热量和耗散的热量之间的关系决定，热量生成遵循指数函数，而热量耗散则表现为线性函数。当产热速率超过散热速率，则电池内形成热量累积，电池的温度逐步升高。

　　当由内短路、环境加热、电池内副反应热累积等造成电池温度超过一定值时（如高于 120℃），电极和电解液之间的放热化学反应被激活，电池内部的产热速度提高。如果电池的散热速率足够高，电池内部的产热并不会使电池温度持续升高，如图 5-2(b) 所示，对于散热曲线 1，当放热曲线 4 始终位于 EF 段时，电池无法蓄积足够热量引发电池内最剧烈的氧化还原反应，因此电池不会出现热失控。散热曲线 2 则存在临界点 $(T_{NR}, D)$，当超过 $T_{NR}$，电池产热速率超过散热速率，电池将出现温度持续升高的情况。然而，如果热量产生速度高于热量散发的速度，如图 5-2(b) 中的曲线 3 所示，电池产热将在类似于绝热的条件下进行，电池温度迅速升高。温度升高不仅进一步加速了化学反应，还会引发新的放热反应，从而产生更多热量和更高的产热速率，最终导致热失控。

电池产热-散热遵循式(5-1)的能量平衡方程：

$$\frac{\partial(\rho C_p T)}{\partial t} = -\nabla(k\nabla T) + Q_{\text{ab-chem}} + Q_{\text{Joule}} + Q_{\text{S}} + Q_{\text{P}} + Q_{\text{ex}} + \cdots \tag{5-1}$$

式中，$\rho$ 为密度，$\text{g/cm}^3$；$C_p$ 为定压比热容，$\text{J/(g·K)}$；$T$ 为温度，$\text{K}$；$t$ 为时间，$\text{s}$；$k$ 为热导率，$\text{W/(cm·K)}$；$Q_{\text{ab-chem}}$ 为电池中滥用化学反应热，$\text{J}$；$Q_{\text{Joule}}$ 为电池焦耳热，$\text{J}$；$Q_{\text{S}}$ 为熵变热，$\text{J}$；$Q_{\text{P}}$ 为过电势热，$\text{J}$；$Q_{\text{ex}}$ 为系统和环境间的热交换，$\text{J}$。

### 5.1.2 机械滥用及其热失控演变

电池系统在使用过程中可能会遇到冲击、挤压甚至穿刺等极端情形，在这些情况下，电池的结构完整性将遭到破坏，所触发的内短路可致电池机械、热学和电学等外在特征表现异常，利用这些外特性的变化能够轻易获得电池的安全状态演化。

如图 5-3 所示，平板挤压工况能够产生全局挤压效果，圆柱挤压工况能够产生线形刻痕挤压效果，而球形挤压工况能够产生局部的点状挤压效果，采用这三种工况能够模拟常见电池机械滥用的属性特征。

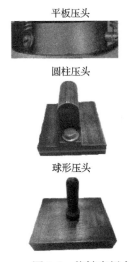

图 5-3　能够表征大部分机械滥用工况的挤压头类型

在球形挤压工况下，当电池发生力学软短路(电池力对位移一阶导数极值处，也就是临界失效状态)，如图 5-4(a1)所示的红色方块标记区域，蓝色标记为发生热失控的单元，电芯局部不再承载载荷力，且力学软短路发生在电芯的上部及中部(挤压点在电芯上部)。如图 5-4(a3)所示为在球形挤压条件下采集的电池温度分布图像，从图中发现电池上部出现高温点，这是由外载荷导致电极层的热失控发生在电芯的上部（即受力处），局部应力集中效应发生于此，此时温度缓慢升高，电压轻微下降。当载荷进一步增加时，如图 5-4(a2)和(a4)所示，电池极片断裂，电极的相对运动增加了正负极间的接触，并且加剧了层间断裂，从而使电池进入不可逆转的硬短路状态，电压骤降，温度急剧上升，达到热失控状态。

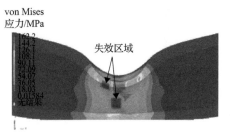

(a1) 球形挤压力学失效模式：软短路临界失效

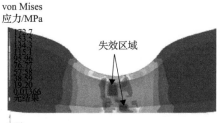

(b1) 圆形挤压力学失效模式：软短路临界失效

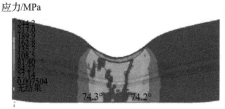

(a2) 球形挤压力学失效模式：热失控

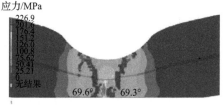

(b2) 圆形挤压力学失效模式：热失控

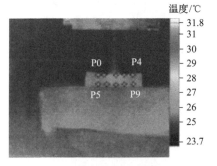

(a3) 球形挤压临界失效温度

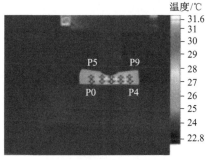

(b3) 圆形挤压临界失效温度

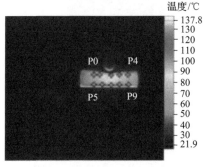

(a4) 球形挤压热失控失效温度

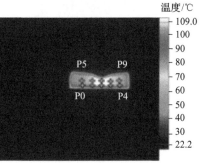

(b4) 圆形挤压热失控失效温度

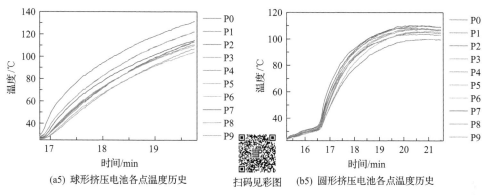

(a5) 球形挤压电池各点温度历史　　扫码见彩图　　(b5) 圆形挤压电池各点温度历史

图 5-4　电池力学失效与热学对照结果

相似地，如图 5-4(b1)～(b4)所示为圆柱挤压试验结果，电芯中间和底部极片发生了局部断裂，当载荷力进一步增加时，断裂扩展到整个电池，随即硬短路发生。如图 5-4(b2)和(b4)所示，与球形挤压工况不同的是，圆柱挤压试验中芯轴并未拥有足够能力来限制压头的侵彻，由于拉伸应力的作用电池底部结构出现破坏。

如图 5-4(a5)和(b5)所示，在两种滥用工况下电芯的率先温升点和最高温度点均位于 P2 点附近。在球形挤压工况实验中，P2 位于压头的下方，如图 5-4(a1)所示。在圆柱挤压工况测试中，P2 位于电池底部，如图 5-4(b5)所示，虽然 P2 有最高温度，但其与周围点的温差并不明显，这因为圆柱形锂离子电池金属外壳具有优异的导热性，层间断裂层产生的热量可以快速通过电池的金属外壳耗散到周围环境，随着内部放热反应的蔓延，电池内的温度场分布相对均匀；随着 P2 点的反应放热逐步趋于稳定，而且由于电池底部接触万能拉力实验机的金属底座散热条件好，所以 P2 的温度比周围温度低。

电池在机械滥用工况下的机械、热学、电学特性是紧密结合的，通过综合机-电-热特性的分析能够对电池的安全性进行更加准确的判断。图 5-5 为不同滥用工况下电池力-热-电信号随时间的变化。电池在热失控发生时温度和电压信号发生突然变化的时刻几乎是一致的。但是，这个现象仅发生在诸如 18650 这类小型锂离子电池的测试中。对于一些大型的锂离子电池，局部的小破损并不一定会引发电池温度或电压的改变，一方面，因为此类较小范围的内短路通常不会伴随极端剧烈的能量释放，电池 SOC 等的变化也比较缓慢，由此导致的电池温度和电压的改变也是缓慢的；另一方面，电池的温度测试点大多在电池外表面，而电池的导热较差，使局部高温并不能被及时且有效地测试到。这种缓慢和轻微的电压和温度改变通常不会引起 BMS 的关注，但如果局部短路引发的热化学反应在电池内部扩散，则可能会引发电池内部温度持续升高，甚至发生局部热失控，因而存在较大的安全隐患。

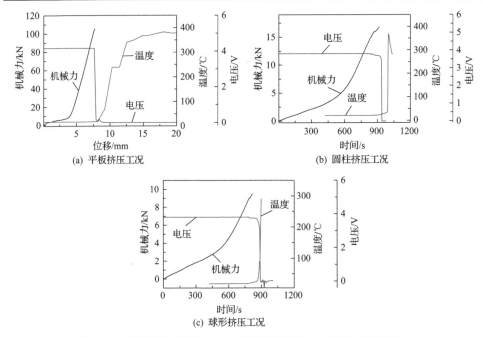

图 5-5　不同滥用工况下 18650 电池承受机械力、温度(热信号)、
电压(电信号)随位移和时间的变化曲线

　　除了碰撞、挤压等大规模的滥用工况，针刺工况也是十分严苛和后果严重的机械滥用形式，针刺实验设置如图 5-6 所示。在进行针刺实验时利用热像仪捕捉电池全局热相图，刺针采用直径为 3mm、锥度为 30°的不锈钢针，刺针进给速度为 0.1mm/s，设置针刺深度为 6mm，刺穿整个电池，刺穿电池后刺针不做停留撤出电池，采用针刺实验可以模拟电池在最恶劣的机械滥用工况下的安全特性。

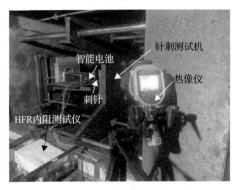 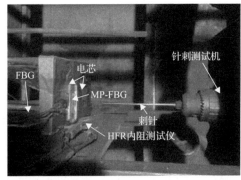

图 5-6　针刺机械滥用实验装置及测试方法

　　在针刺工况下锂离子电池的热失控机理是刺针刺破隔膜的同时，金属质的刺针在电池内部形成电子通路，触发电池内短路，会释放显著的焦耳热并引发放热

的化学反应，在此过程中会释放大量的热，同时电压下降，内阻改变。

如图 5-7 所示，在对 0%SOC 荷电态电池进行的针刺实验中，在 274s 时传感器的力学模式监测到了异常的力学增长信号，电池温度的骤升出现在 295s，即当刺针与电池接触的瞬间，力学信号先于热学信号出现明显的易识别特征；随着刺针的深入，电池电压在某一瞬间突然出现下降、电阻趋于无穷大，表明电池内部瞬间断路。从上述过程能够看出，电池的热学和电学失控发生在刺针进入电池后。在很多 0%SOC 电池的针刺实验中，电池内阻均会出现一过性的交流断路-内阻恢

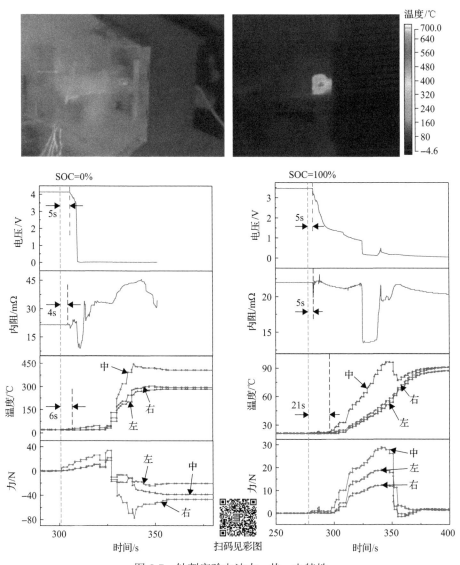

扫码见彩图

图 5-7　针刺实验电池力、热、电特性

复现象，这是因为内阻传感器是基于交流注入法的监测原理，在实际内短路发生后，电池内部形成贯穿的电流通路，导致交流内阻趋于无穷大，此时电压发生骤降，而后由于电池内部的高温熔融效应，短路区域被短暂重连，交流内阻回归正常。

在对 100%SOC 荷电态电池进行的针刺实验中，在刺针刺穿铝塑膜的一瞬间电池内阻出现波动，此时电池的力学信号相应地出现了轻微波动；而后当刺针刺穿隔膜后，电池热失控在一瞬间被触发，电池温度骤升到 400℃以上，伴随温度骤升的还有射流火焰，电池内阻在一次骤增之后彻底呈现断路的信号状态。在此极端恶劣的状态下，单纯参考电池电学信号很难对电池的安全状态给出准确而及时的响应。例如，电池在 304s 时发生温度骤升，而此时电池内阻和电压的波动较小，与温升不同步，这意味通过识别电阻或电压信号的异常变化对电池安全进行及时可靠的预警或检测是不可行的。

研究人员通过大量电池安全实验发现，锂离子电池的热学、力学和电学特性随电池安全状态的变化行为各有特点，特别是电池热失控之前的变化也存在很大的差异性。这启发了研究人员进一步探讨不同外特性参数对电池安全性表征的敏感程度，以期获得更为灵敏和可靠的安全预警信号。

信号在热失控前及发生显著改变的时间提前量对安全预警尤为重要。为此，研究人员对电池单体热、力、电相关信号相对于热失控的时间提前量进行了分析。如图 5-8 所示，(a)部分定义为力学软短路($dF/dx$ 达到极值)至电学软短路(电压轻微下降)所持续的时间，(b)部分定义为电学软短路至力学失控所持续的时间(在此阶段力学失控与电学失控几乎同时发生)，(c)部分表示力学失控至电池表面达到最高温度所持续的时间，(d)部分表示电池完全热失控之后的过程。安全提前量的初步定义是时间 $t_i$ 到 $t_1$ 的时间比值，如式(5-2)所示：

$$Q_i = \frac{t_i}{t_1}, \quad i = 1, 2, 3 \tag{5-2}$$

时间信号 $t_i$ 的含义如图 5-8 所示，$t_1$ 是从电池力学软短路到完全热失控(以温升速度为判断依据)所用的时间。在 $t_1$ 开始，电池隔膜受到挤压而表现出的塑性行为达到极限，隔膜开始出现屈曲和局部微损伤，因此单位位移所需外力($dF/dx$)减小。然而，此时隔膜尚未被完全挤压穿透，正负极并没发生可观的直接接触，电池电压和温度并没有明显的变化，这也说明力学软短路信号对电池安全失效预警的时间提前量最大。$t_2$ 是电池发生电学软短路至电池完全热失控所用的时间，在此阶段隔膜随外力的进一步增大而发生破损，但损坏程度较轻，正负极仅发生活性颗粒之间的接触，受固相扩散反应速度和电解液中锂离子传输速度的限制，正负极之间的氧化-还原反应程度非常有限，因而此时电池电压略有下降。在此，可以发现电池的电学软短路滞后于力学软短路。$t_3$ 是电池发生热学软短路到电池完全热失控所用的时间。随着电池被进一步挤压，电池隔膜发生大面积破损，正负极接触程度非常大甚至出现正负极集流体直接接触的情况，电池电压突然下降，同时电池发生热失控。然而，由于电池的径向导热系数较低，可以观察到电池表面的温升速度发生由慢到快的变化，因此用电池的热学软短路进行安全预警具有相对最小的安全裕度。

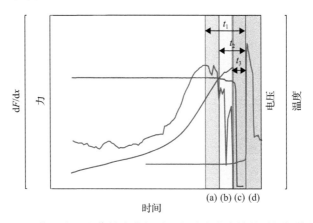

图 5-8　热、力、电信号变化相对于电池安全失效的时间提前量

如表 5-1 所示，当处于力学滥用工况的电池在不同 SOC 状态时，电池各种信号表征的安全失效(短路)时间和距离热失控的时间提前量是不同的。电池力学软短路信号的提前量最高，其次是电学软短路信号，热学软短路信号的提前量最低。但是，对于很多小型电池，电池的电学和热学信号的提前量相似，这主要是因为在小型电池中，当电池发生电学软短路时，电池欧姆热效应产生的热量快速传导到电池表面，同时观察到电池的温升和电压的下降。相似地，小型电池的电池力学软短路的提前量与电学软短路的提前量相似，这主要是由于小型锂离子电池的容量相对较小，电池发生力学软短路时正负极间通过直接氧化-还原反应消耗的容量相对于电池总容量的占比较为可观，即造成电池荷电态明显降低，而电压可及时响应 SOC 的降低，因而力学软短路与电学软短路之间的时间差较小。然而，这些现象与以下结论并不矛盾：力学信号的软短路具有最高的安全告警提前量，电学信号的软短路警告权重紧随其后，热学信号的软短路提前量最低。在电动汽车和储能应用领域，主要采用大容量的锂离子电池单体，当电池发生局部短路或软短路时，失效局部发生的化学反应消耗的能量相对于电池总能量占比极低，使得电池的 SOC 不会因局部容量的快速降低而立即降低，因此电池电压对局部短路或软短路的表征不够敏感。同时，由于电池径向导热系数较低，而温度传感器只能放置在电池表面，所以电池内部温升传导到电池表面温度需要的时间较长，即电池温度升高的信号将滞后于其他信号。

表 5-1　不同信号表现的电池安全失效(短路)时间和提前量

| 时间及预警权重 | 圆柱挤压(SOC=0.2) | 圆柱挤压(SOC=0.6) | 球形挤压(SOC=0.2) | 球形挤压(SOC=0.6) |
|---|---|---|---|---|
| $t_{力学软短路}$/s | 820 | 750 | 822 | 785 |
| $t_{机械失效}$/s | 1095 | 915 | 1020 | 860 |
| $T_{电学软短路}$/s | 952 | 825 | 1025 | 795 |
| $t_{热学软短路}$/s | 952 | 913 | 1033 | 810 |
| $t_{热失控}$/s | 1208 | 999 | 1083 | 898 |
| $t_1$/s | 388 | 249 | 261 | 113 |
| $t_2$/s | 256 | 174 | 58 | 103 |
| $t_3$/s | 256 | 86 | 50 | 88 |
| $Q_1$ | 1 | 1 | 1 | 1 |
| $Q_2$ | 0.659794 | 0.698795 | 0.222222 | 0.911504 |
| $Q_3$ | 0.659794 | 0.345382 | 0.191571 | 0.778761 |

### 5.1.3　电滥用及其热失控演变

当储能电站或电动车辆遭遇防水失效或其他透水事故时，极易因浸水而造成外短路，促使电池甚至系统产生大电流，在短时间内迅速产热，引发电池热失控。此外，当 BMS 管理失效或电池一致性差异变大，就可能出现某个单体被过充电或过放电的情况。过充或过放不仅会造成电池容量和功率性能的加速衰变，还会造成安全隐患。严重的过充电易导致电解液在正极分解加剧、正极析氧和负极发生金属锂枝晶生长(后两者主要发生在以三元层状氧化物为正极的电池中)，使电池内部发生显著的放热反应；而过放电则易导致负极铜集流体溶解，继而在后续充电中负极形成铜枝晶，形成刺穿隔膜，造成电池内短路的安全隐患。在过充电状态下，锂枝晶的生成和生长慢慢地刺破隔膜导致内短路的形成，而内短路已经被证明是造成电池自引发热失控的高危因素。

过充电是指充电电压高于电池的额定充电截止电压。与正常充电相比，过充电使负极可能析出化学活性更高的金属锂，导致负极的热化学稳定性降低，即电池的热安全性降低。此外，高活性的金属锂还会诱发电解液分解，如果金属锂以锂枝晶的方式沉积则还会因生成死锂而造成更快的活性锂损失。过充电使正极处于氧化性更强的状态，从而引发或加速电池内部的副反应，副反应产物累积和正极荷电态升高都会造成电池阻抗增加；过充电压过高还会导致电池产热、产气加剧，因为层状氧化物正极在过充电状态下过度脱锂，从而引发材料的相变和析氧反应，使正极材料的结构发生崩塌，导致活性颗粒产生裂纹、过渡金属溶出、释放氧气。过充后，负极金属锂析出和正极处于更高的氧化态，都分别使负极和正极的热稳定性低于正常荷电态时的负极和正极，这意味着电池的热安全性降低，对热、电、力等的耐受力降低。

过放电是指电池的放电电压低于额定的放电截止电压。过放电会导致负极铜集流体电解：一方面使负极极片发生部分脱落造成不可逆容量损失；另一方面电解出的铜离子迁移至正极，可能诱发电解液的催化分解，也可能在正极或负极沉积生成铜枝晶刺穿隔膜，形成内短路或热失控隐患。

### 5.1.4　热滥用与热失控演变

电池热滥用安全实验有很多项，其中热箱测试能够反映电池最常遇到的热滥用场景，因此在电池安全评价中最常用。热箱安全性测试通常采用改进的《电动汽车用动力蓄电池安全要求》（GB 38031—2020）测试标准，如图 5-9 所示，电池表面安装固定好传感器后被放置于温箱中，温箱以 5℃/min 的温升速度加热至 120℃保温 1h，而后强制散热。

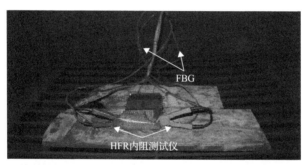

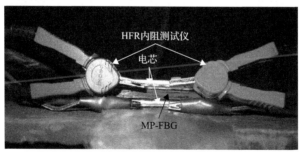

图 5-9　热滥用实验设置

如图 5-10 所示，对软包电池进行热箱滥用的实验中，随着温度的升高，电池内阻在 82℃附近达到最低。利用传感器力学模式，可知电池此时并未发生鼓包膨胀现象，同时电池电压也未出现明显压降，由此判断在当前温度下电池达到了内阻最优状态。随着温度升高，电池内阻在 100℃左右回归至实验前水平，然而此时传感器力学模式监测到电池的力学特性出现变化，电池膨胀力开始增加，显示

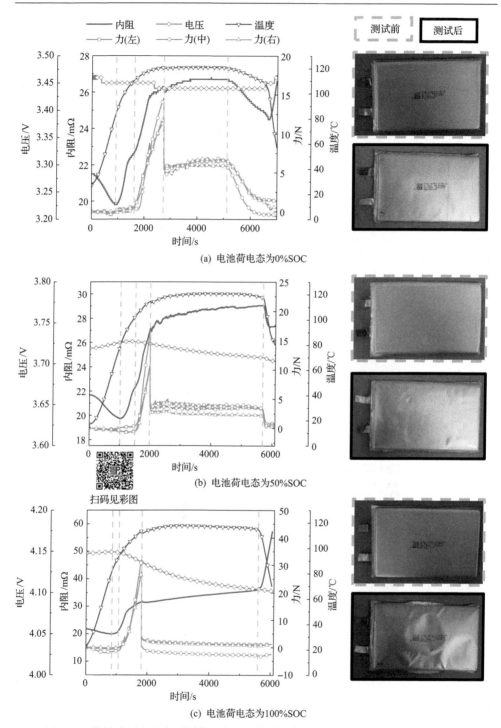

(a) 电池荷电态为0%SOC

(b) 电池荷电态为50%SOC

扫码见彩图

(c) 电池荷电态为100%SOC

图 5-10 热箱滥用实验中不同荷电态电池外特性参数的变化曲线及电池外观变化

电池内部出现异常热膨胀行为或异常的产气反应。随着温度进一步升高到 100～120℃，电池膨胀力迅速增大，最高膨胀力增幅超过了 3N/min，该膨胀速度显然超过了电池正常热膨胀速度的极限，因此可以判断电池内发生了显著的产气反应，这与观测到电池出现鼓包的现象相吻合。当 120℃时，温箱进入保温状态，电池产气反应持续进行。合并电池热膨胀现象，测试电池初始荷电态分别为 0%SOC 和 50%SOC 时，电池剩余膨胀力维持在 5N；而对于初始荷电态为 100%SOC 的测试，由于电池鼓包情况超越了铝塑膜的耐压极限，电池出现局部泄漏现象，气体迅速逸散，膨胀力降为 0N。在热滥用实验中，电池内阻与电压呈负相关，即高温下电池内阻增加、电池电压降低，但电池电压的变化幅度小于 0.1V。当恒温结束后进行强制散热，对于低荷电态的电池，电池表面传感器测得的力学信号随温度的下降而下降，最终降为 0N；而初始荷电态为 100%SOC 的电池，由于电池铝塑膜外壳破损，电池表面测定的应力在泄气后始终维持在 0N。实验结束后对电池外观进行观测，发现不同 SOC 的电池虽然在实验前外观光洁平整，但在热箱滥用实验后电池均出现不同程度的松弛甚至折皱，证实电池在热滥用中出现的严重鼓包现象已经使铝塑膜发生了不可逆的拉伸形变。对于不同电解液和电池体系，电池高温产生的气体组成和气体量有明显不同，而恢复到常温后的电池中残留气体量和种类也有显著差异。

在热滥用实验中，单纯通过电学参数，如内阻和电压很难对电池实际内特性进行直观分析。通过 FBG 传感器能够直观地对电池的几何特性进行分析，当测试电池的初始荷电态分别为 0%SOC、50%SOC 和 100%SOC 时，热箱测试时电池中部的最大膨胀位移为分别为 1.52mm、1.73mm 和 3.24mm，电池边缘膨胀位移分别为 1.26mm、1.14mm 和 2.82mm。同时，FBG 传感器获取的电池外形的几何特征还可以间接给出电池完整性的信息，例如，在热箱滥用实验中 0%SOC 和 50%SOC 荷电态的电池在 120℃时膨胀位移稳定不变，证明电池铝塑膜包装完整，电池未出现明显破损；而 100%SOC 荷电态的电池在恒温阶段的膨胀位移达到先最大而后迅速降为 0，证明电池铝塑膜包装发生破损。

## 5.2　电池热安全技术策略

触发锂离子电池热失控的具体方式和原因有很多种，但各种外部触发机制可以归为机械滥用、电滥用和热滥用；而电池的自引发热失控的实质是电池老化使安全边界随电池寿命发生改变，如果不对电池的应用条件进行相应调整，则电池实际处于微滥用状态，这种微滥用仍然可以被归类为力、电和热三大类。在系统层面，热失控通常从一个或几个电池单体开始，通过力、电或热的方式使其邻近的电池处于滥用状态，从而形成电池单体热失控行为的传播或蔓延，造成灾难性后果。本节重点关注热失控缓解策略。缓解热失控的目的是提高 LIBs 的安全性，从而减少由此产生的危害。

电池热失控的量化特性对制定有效缓解策略至关重要。采用加速量热技术（ARC）进行电池热失效及热失控过程的跟踪和解析目前被电池行业和学术界广泛接受。该技术只采用可控可测的加热方式触发电池热失效，并提供一个绝热测试环境对电池产热进行定量测量，避免不同电池（如不同材料体系的电池、同种材料体系但不同尺寸和容量的电池等）散热差异对实验的影响，同时避免了不同外应力作用于不同电池时引起的触发效果很难一致的难题。大量验证表明，ARC 测试的重复性和可比性比其他实验方法好得多。更为重要的是，ARC 能够较好地反映大型电池系统散热差的实际情况，结合散热参数，可用于对电池热失控蔓延的模拟和仿真研究。图 5-11 显示了 ARC 测试的过程。其基本过程为将电池样品放在 ARC 室中，加热直至电池出现自产热，在此过程中 ARC 系统将跟踪测试样品的温度，提供一个绝热测试环境，被称为"加热—等待—跟随"的实验过程，一旦检测到试样产生明显的热量，ARC 监测系统将记录温度、电压等信号，直至电池温度自发升高到触发热失控。其中，电池自产热起始温度、电池温度自发升高速度、电

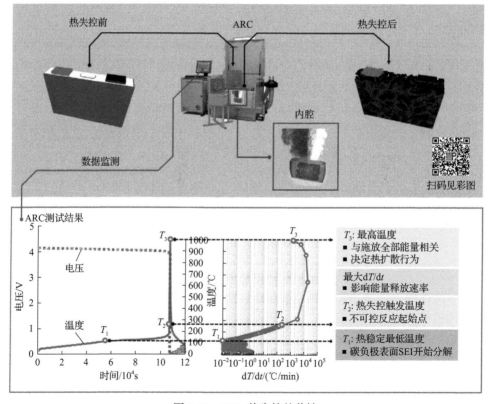

图 5-11　LIBs 热失控的共性

池热失控最高温度等信息, 结合电池开路电压、阻抗, 甚至产气种类、热失控残骸物质结构组成等表征信息, 可进一步用于分析电池热失控的机理。

在积累了大量电池样品的 ARC 测试结果后, 研究人员总结了电池的热失控存在一些共同的特点。$T_1$、$T_2$、$T_3$ 和 $(dT/dt)_{max}$ 是所有锂离子电池热失控过程都可以提取的特征信息。$T_1$ 代表电池自产热的起始温度, 即 ARC 系统停止加热而电池温度却不断升高的起始温度, 其反映了该电池热稳定的最低温度, 即电池的热稳定边界。$T_2$ 定义为电池发生热失控的起始温度, 也称为热失控触发温度。需要说明的是, 在早期研究电池热特性的部分文献中, 将温度升高速度发生陡增的温度点定义为 $T_2$, 即 $T_2$ 是区分电池温度缓慢升高和急剧升高的临界点。结合电池实际应用中的散热条件, $T_2$ 的定义发生了改变, 目前被广泛接受的定义是电池温度上升率 $dT/dt$ 超过 1℃/s 时所对应的电池温度。$T_3$ 是热失控过程中的最高温度, $(dT/dt)_{max}$ 反映了热失控过程中的最高放热速率, 该值与电池样品的能量密度呈正相关关系。缓解电池热失控的目标是提高 $T_1$ 和 $T_2$, 降低 $T_3$ 和 $(dT/dt)_{max}$。

### 5.2.1　降低单体级热失控危险的对策

准确控制热失控的风险依赖于深入了解特征温度 $T_1$、$T_2$、$T_3$ 的形成机理和影响因素。图 5-12 为电池单体热失控大致的时间序列图(TSM), 该图为揭示不同类型 LIBs 的热失控机制提供了新方法。TSM 通过时间线来描述电池热失控之前发生的化学和物理过程, 包括发生在电池内或电池外的各种过程和行为, 热力学系统的概念有助于根据各个物理/化学过程发生的位置对其进行分类。因此, 可以使用双路径模式重新绘制 TSM, 图 5-12 中的 IN 路径表示由电池内部的化学反应引起的热失效, 而 OUT 路径表示电池外部的烟雾、火灾或爆炸。

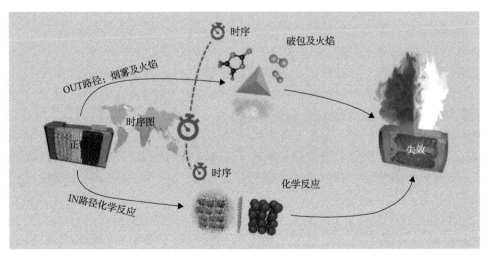

(a)

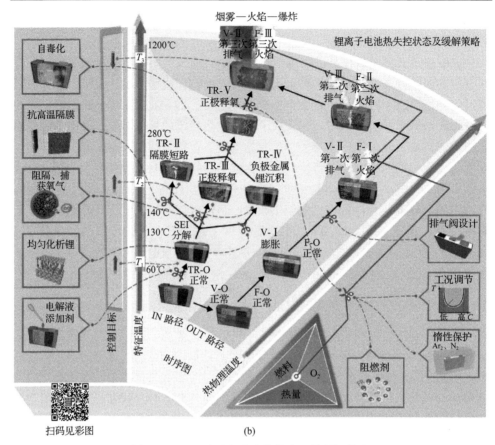

图 5-12　LIBs 电池的热失控状态及其缓解策略

　　各种缓解热失控技术的核心原理是调节电池内发生反应的时序或路径。首先需要确定热失控期间的物理或化学过程的时序映射图,然后在特定点制订减少放热量、降低放热速度或减轻热失控危害的干预、调控及监管方法。图 5-12(b)显示了基于层状氧化物正极材料 LIBs 热失控的详细 TSM,IN 路径从左侧的底部向上拓展,反映了电池系统内部的热失效反应时序。OUT 路径从右侧拓展,显示了在外观察到的排气、烟雾和火焰的时间顺序。IN 路径决定了电池的温升,解释了 $T_1$、$T_2$、$T_3$ 的形成机制,包括正极或负极与电解液的反应、正极和负极之间的氧化还原反应及内部短路。OUT 路径描述了从电池箱外部观察到的烟雾、火焰或爆炸,破包或喷阀时刻对 OUT 路径的发展至关重要,是产生烟雾、火灾和爆炸的必要条件。

　　IN 路径按顺序总结了电池内部从环境温度到热失控的物理或化学过程,$T_1$ 通常与固体电解质膜相界面(SEI)的失效有关,通常 SEI 分解和再生驱动锂离子电池发生自产热,推动了温度从 $T_1$ 升高到 $T_2$。$T_2$ 的形成可通过"木桶效应"来解释,即正极、负极和隔膜中热稳定性最差的那个对 $T_2$ 具有主要贡献。热失控被触发后，电池释放的主要热量来自正极和负极之间的氧化还原反应[图 5-12(b)中的 TR-V]。从这个意义上讲，$T_2$ 标志着该剧烈氧化-还原反应的触发温度。以前人们认为热失控总是被内部短路触发，这并没有错，因为之前 TR-Ⅲ(正极)和 TR-Ⅳ(负极)[图 5-12(b)]的触发温度远高于内部短路[图 5-12(b)中的 TR-Ⅱ]的触发温度。但随着以高镍三元层状氧化物正极材料为代表的高比能量正极材料的应用，荷电态正极的热稳定性大幅降低，与电解液的反应活性显著提高，形成电池热失控的反应机制发生了显著改变。到目前为止，造成动力电池热失控的主要原因包括：①隔膜受热或受力崩溃引起内部短路；②$LiNi_xCo_yMn_zO_2$ 正极分解释放出高氧化活性的单线态氧或氧气；③充电不当导致负极表面沉积活性锂，使负极反应活性大幅提高。

　　近年来，随着隔膜耐热性的显著提高，正极和负极的利用率和能量密度得到进一步开发，热失控触发点逐渐发展成为"三叉戟"，如图 5-12(b)所示。目前电动车常要求 15min 内完成充电，这可能导致负极出现大量的金属锂沉积，由于沉积的金属锂比表面积丰富、反应活性高，所以电池的 $T_1$ 可能显著降低到 60℃甚至更低。这让我们想起了 20 世纪 80 年代 E-One Moli 的悲剧，不合理的快速充电可能使锂离子电池的安全性能降低至金属锂电池水平。另外，高镍含量正极的使用大幅降低了正极释放高活性氧化物种(包括但不限于氧气)的温度。考虑到需要更多的时间来传递先前的知识，工业界仍应注意图 5-12(b)中的"热失控三角"。另外，电池温度从 $T_2$ 到 $T_3$ 的过程中，内部的氧化还原反应会释放大量气体，一旦温度超出铝集流体的熔点 660℃，电池内的活性物质脱落并随气体从电池内部喷出。

　　OUT 路径总结了在电池热失效到热失控演变期间可以观察到的现象，如电池膨胀、电池包装破裂、烟雾散出、燃烧或爆炸。当内部压力超过排气阀的预设开启压力或超过电池铝塑膜包装能够承受的最高压力时，电池发生破裂(破阀或破包)，这对 OUT 通道至关重要。在电池内聚积的气体有两种来源：①碳酸酯溶剂的汽化；②负极或/和正极与电解液发生副反应产气。最近的一项研究和结果表明，低沸点碳酸酯溶剂是到达 $T_2$ 之前电池内气体的主要成分。而第二种气体来源即副反应，在电池到达 $T_2$ 之后是电池释放气体的主要来源。当温度超过二元或三元溶剂中任一组分的沸点时，电池的内部压力将增加。一旦内部压力增加，蒸发的溶剂很容易从软包电池中排出(通常没有排气阀)，带有排气阀的硬壳电池可以保持一段时间，直到内部压力超过泄压阀的开启压力。因此，软包电池的破裂温度更接近首先蒸发的碳酸酯的沸点，而硬壳电池的破裂温度更高。在气体耗尽之前，电池发生膨胀[图 5-12(b)中的 V-Ⅰ/F-Ⅰ]，一旦可燃气体从电池组中排出，就可以满足火灾三角形。

　　到目前为止，我们可能发现热失控和着火之间可能没有密切的关系。热失控和着火的演化路径在时间上是平行进行的，如图 5-12(b)所示。事实上，热失控产生大量热量，这是火焰三角中的三个因素之一。正是由于热失控引起的温度升高刺激了电池的破裂，在高速排气过程中产生的火花点燃了可燃气体，从而得出，热失控是 LIBs 产生烟雾、火灾和爆炸的根本原因。正极释放的氧气不足以使易燃电解质或者副反应产生的可燃性气体燃烧，因此，在热失控过程中，电池内几乎不会发生燃烧。

　　OUT 路径有助于解释在失效实验中观察到的各种现象的产生机理，在最近的研究中已观察到多级喷射火焰，可归因于溶剂的多种组分形成的多级排气，因为商业 LIBs 的电解质通常包含两个或多个组分的溶剂，它们具有不同的沸点。当一种溶剂达到沸点时可能会发生一次喷火，所以，在三元溶剂中，一个 LIBs 至少可以观察到三次喷射火焰。在 $T_2$ 和 $T_3$ 之间的热失控过程中爆裂释放出的有机小分子也可以被点燃，形成额外的喷射火焰。因此，理论上使用三元电解质体系的 LIBs 可能会发生四次喷射着火。然而，实验中观察到的喷射火焰不超过三次，因为不同物质形成的喷射火焰可能因特征温度相近而同时发生。具体来说，用作溶剂的普通碳酸酯的沸点可能非常相似(如 DMC 沸点为 90℃、EMC 沸点为 108℃、DEC 沸点为 128℃)。加之在某一溶剂达到沸点后，排气阀可能会保持一段时间，而在此期间电池温度持续升高，达到另一溶剂的沸点，因此，大概率温度在 100～130℃以上的喷射火焰是不同碳酸酯合并喷射形成的。此外，EC 的沸点(250℃)接近或高于高镍正极电池的 $T_2$，因此 EC 排气引起的喷射极有可能与热失控引起的喷射合并。无论喷射的数量是多少，多级喷射都使现有的消防手段在用于 LIBs 灭火时面临严峻考验。因而依据 TSM，建议 LIBs 的灭火过程不仅要考虑 OUT 通道中的火，还要考虑 IN 通道中化学反应的协同抑制。

　　当通风在热失控期间变得强烈时，IN 和 OUT 路径相交[图 5-12(b)的顶部]。在几个热失控案例中能够观察到黑烟，TSM 同样有助于解释大多数实验中观察到的烟雾颜色的机制。黑烟含有大量的活性物质，说明锂离子电池的内部温度超过了铝集流体熔点 660℃。白色或灰色烟雾通常出现在较早的 V-Ⅱ 或 V-Ⅲ [图 5-12(b)]，因为烟雾的主要成分是电解质的蒸汽。在 V-Ⅳ 状态下剧烈排气时冲出的厚重粒子可能会把火吹灭，因为它们可能将氧气与易燃气体隔离一段时间。当排气停止时，可以重新点火。有时锂离子电池内的重新点火是可能的，这主要是因为 IN 和 OUT 路径合并。

　　一旦 TSM 描述的热失控机制被完全理解，就可以精确地制订热失控缓解策略，如图 5-12(b)中蓝色区域所示。缓解电池热失控的量化目标是提高 $T_1$ 和 $T_2$ 并降低 $T_3$ 和 $(dT/dt)_{max}$。调控策略可以是化学的、机械的、电气的或热的，只要它能抑制或延缓热失控的触发过程，如图 5-12(b)所示。使用电解质添加剂可以获得更稳定的 SEI，有利于提高 $T_1$。为了推迟 TR-Ⅱ 状态的出现，采用具有抗高温收缩的隔膜(如具有陶瓷涂层的隔膜和具有氮化硼纳米管涂层的隔膜)可能是有益的。另一个有效方法是一旦发生短路就提高锂离子电池的内阻。此外，可以在转变温度下使用热响应聚合物开关材料来关闭电路以抑制内部短路。

减少正极的氧气释放可以应对 TR-Ⅲ，这可以通过多种技术路径实现。例如，通过正极颗粒表面涂层可以隔绝电解液对正极材料释氧反应的有效作用，并阻断氧气的释放。然而，要保障电池的安全性，正极颗粒表面涂层需要在电池的整个寿命周期保持结构和组成，目前尚缺乏这方面的深入研究。除了包覆涂层、阻断氧化物种释放路径，另一种降低正极氧化性的策略是从电解液或电极添加剂入手，其使活性氧一旦被从正极表面释放出来就被立即捕获，无法与电解液充分接触，或者扩散到负极发生氧化-还原反应。目前这种策略还停留在机理研究阶段，找到既与电池电化学反应相容，又能高效捕捉氧化性物种的添加剂是该技术的关键。从降低正极释放氧化性物种速度的角度，可以降低层状氧化物正极颗粒的比表面积。之前层状氧化物正极材料主要是由亚微米级的一次颗粒紧密堆积而成的球状二次颗粒，是多晶结构。大量研究表明，提高一次颗粒粒度，甚至制备成微米级的单晶颗粒，可以显著提高层状氧化物在脱离状态的热稳定性，表现为释放氧气的起始温度升高、同时释放量减少。目前，单晶化已经成为高镍层状氧化物正极材料合成的重要方向。

提高荷电态负极的热稳定性可以实现对 TR-Ⅳ 的抑制。常用的提高负极稳定性的方法是添加电解液添加剂，通过生成热稳定的 SEI 来提高负极的热稳定性或降低热化学反应速度；同时，高性能的 SEI 还可以提高快速充电或过充时金属锂析出的均匀性，有效避免锂枝晶的生长，甚至还可以提高石墨负极的嵌锂动力学，从根本上解决金属锂析出问题。用氧化铝覆盖负极，负极靠近电解液侧析出的金属锂可以与氧化铝反应而被消耗，在一定程度上有助于抑制枝晶生长，这种机制决定了其无法消除沉积在负极深处的金属锂。

上述策略的核心原则是对关键材料的反应活性或链式放热反应的时序进行调控。新近发展了另一种提高电池热安全性的策略，称为"自毒化"策略，即通过采用优先与荷电态负极或正极反应的毒化剂来消耗电池内高反应活性的物质总量，有助于减少总能量释放或降低热释放速率。在具有"自毒化"功能的电池设计方面，目前已经报道了一些很有效的技术，主要包括：①使用热响应材料阻止正极和负极之间的接触；②通过集流体的结构设计(如热触发集流体断裂或变形)隔离受损区域。相信不久的将来，在 TSM 的指导下，将会出现更多的"自毒化"技术。

针对 OUT 通道的灭火技术，打破以火灾三角形为重点的预防策略是主流技术发展方向。例如，合理设计一个能够在适当温度下控制破裂时刻的排气阀，通过更换溶剂来改变电池的排气行为，这些均有助于调节火灾的开始时间。在实际应用中，使用惰性气体将可燃气体稀释到极贫区也可能是有帮助的。提高电解质的热稳定性也有助于提高 LIBs 的安全性。很多阻燃剂可以添加到电解液中，降低或消除电解液的可燃性。最近研究表明，高盐/溶剂比例的不可燃电解质可使 LIBs 兼顾安全性和电性能。

电池级的故障事件序列可能比 TSM 中显示的更复杂，仍然有许多对热失控行为敏感但不包含在 TSM 中的琐碎因素。明确电池的 TSM 只是建立有效安全策略的基础，还需要训练有素的工业实践者来正确制订、设计缓解策略，将策略落实成技术，并在电池生产中高效率、高可靠性地实现技术。此外，上述缓解策略不应对锂离子电池性能和制造成本造成不可忽视的负面影响。由于基于电池单体热特性调控的策略大多涉及新材料或新结构，所以需要对已经成熟的电池工艺进行改动以适应新材料或新结构，容易造成对电池性能或成本的影响。因此，目前电池行业采用的缓解策略更多是基于电池系统而非单体。系统级的热失控缓解包括被动和主动的技术策略，对于大型 LIBs 的安全使用都更为现实和高效。

### 5.2.2　减少系统级的热失控蔓延

单体热失控行为向周边相邻电池蔓延，是系统级热失控缓解策略需重点解决的问题。如图 5-13(a)所示，类似于图 5-12 的双路径，热失控蔓延也通过两条路径发生。可预测的故障序列表示由传热驱动的热失控蔓延，如图 5-13(a)所示的下部路径中的灰色箭头。不可预测的故障序列表示由气体和火焰传播引起的热失控蔓延，如图 5-13(a)中上部路径中的红色箭头所示。本节称下部路径为可预测，因为传热过程明确且可定量描述，阻塞传热也相对容易。上部路径"不可预测"，因为气体和火焰的传播具有不确定性，所以很难通过该路径阻止故障传播。当满足以下条件时，失效状态可能从下通道向上通道迁移：①气体扩散；②电池结构遭到破坏；③点燃。为了有效减少系统级的热失控蔓延，我们希望更早地预防故障发生。

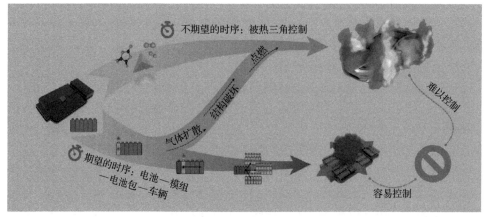

(a)

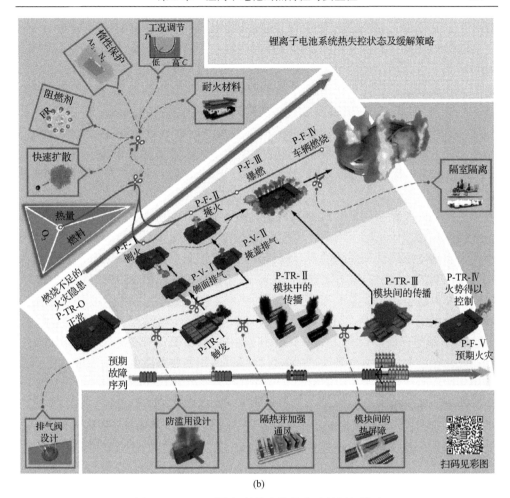

(b)

图 5-13　LIBs 系统级的热失控状态及其缓解策略

图 5-13(b)说明了系统级热失控传播的详细 TSM。预期的故障序列应该是水平路径，如图 5-13(b)所示。首先，热失控在电池模块内从触发单元传播到其相邻单元(状态 P-F-Ⅱ)；其次，热失控从故障模块传播到相邻模块(状态 P-F-Ⅲ)。如果能够很好地控制热失控的传播速度，就不会发生灾难性危险。通过安全阀对排气过程进行控制，在这种情况下即使发生火灾，危险也是可以预测和控制的。

在实际应用中，可预测的故障序列可能会转变为难以预测的火灾危险。第一个转换点(从可预测路径到不可预测路径)可能在单体热失控被触发后开始，如排气阀和包层设计不当，即包层的压阻率低于排气阀的压阻率，导致意外排气，气体则不会从排气阀中汇合。一旦满足火灾三角区的要求，排放的可燃气体可能会自燃。当热失控从一个模块传播到另一个模块时，第二个转换点(从可预测路径到不可预测路径)则发生。在很多测试中可以观察到相邻模块中的电池可能同时发生热失控，这是由于失控的电池对邻近电池实际上产生了高强度的侧向加热。

与第一转换点的情况相比，第二转换点释放的高强度热量增加了从可预期路径转移到不可预期路径的可能。换句话说，当热失控蔓延过程中释放出更多的能量时，在系统级控制热失控将变得非常困难。斜坡线[图 5-13(b)]总结了意外火灾下的破坏顺序。这两条路径平行向前移动，利用热失控传播释放的能量相互加速。火灾释放的热量比热失控释放的热量大，因此一旦斜坡路径过程开始，两条路径的演变速度将显著加快。如果热失控传播没有得到很好的控制，这两条路径将在"P-F-Ⅲ"状态合并[图 5-13(b)]，此时电池组放气并最终燃烧(P-F-Ⅳ状态)。

在预期的故障序列[图 5-13(b)中的水平路径]中控制热失控的传播速度是系统级缓解热失控的基础。因此，希望有更多的对策来防止热失控被触发。缓解设计通常包括电池热管理系统的安全设计，即通过控制热传递途径来抑制热失控在相邻电池间的传播。有效方法包括隔热、强化散热和快速放电以降低电池和模块之间的充电状态。设置电池和模块之间的热屏障是降低电池和模块之间热失控传播经济有效的解决方案。可使用珍珠岩、玻璃纤维、陶瓷板、岩棉板、硅酸钙、硅胶、石墨复合板、铝挤压、相变材料等制造热屏障。热屏障必须具有低导热性，以确保在电池热失控条件下仍能保持完整。如果热屏障能吸收大量热量，隔热效果就会增强。利用高热容材料或相变材料可以实现热吸收，基于此可以设计综合性能的复合热屏障。例如，一些部件用于在高温下保持完整性，另一些部件用于隔热或吸收。需要指出的是，散热(用于电池热管理)和隔热(用于防止热失控传播)在热管理中是互相矛盾的，难以兼而有之，设计温度智能的材料(低温表现为高热导性，高温表现为高热阻性)有望解决这对矛盾。然而，安全设计必须考虑电池热管理系统的运行模式对热失控传播缓解能力的影响。行业目前的主流解决方案是在热管理系统中使用附件，如侧板、冷却板、盖板等，但由于冷却板对热传导的贡献可能大于对散热的贡献，因此对阻止热失控传播有负面影响。除了新材料和新设计，在研究模式上，原有的实测方法费用昂贵且结果重现性受多种复杂因素的影响，模型工具是当前系统层级热安全技术研发的迫切需求，也是未来研究方式的主流发展方向。

此外，在预期故障顺序中使用预防策略的设计参数应通过反复验证和修改来确定，以避免发生与不希望的斜坡路径相关的灾难。通过设置预定的故障点来控制热气体的排放，可以切断从预期路径到不希望路径的第一个移位点。通过适当设计排气阀和加强包装以消除最弱点，可以实现目标。目前尚缺乏控制第二个转换点的具体方法，但是可以实现热失控应始终以温和的速度进行传播。系统级的火灾预防借鉴了电池级技术[图 5-12(b)]，包括使用耐火材料保护电池组内的附件、用惰性气体将易燃气体稀释到极贫区、用惰性气体(如 $N_2$ 或 $Ar_2$)包裹电池、使用阻燃剂抑制与火灾有关的反应、引入爆炸物能迅速扩散阻燃剂的粉末，以及能扑灭电池外火焰的其他方法。另外，为了保护乘客，防火层可能是将电池组与机舱隔离的必要条件。在系统层面上，热失控蔓延是单体热失控和传热耦合的结果，热失控的蔓延路径通常不是简单的热传递，而与较为复杂、难以预测物质扩散同时发生、互相促进。因此，需要全面考虑系统层级的安全技术策略，如图 5-13(b)所示，不仅要切断电池间的热反应耦合传播，也需要应用多种方法来消散热失控过程中释放的能量，还需要从电源管理的角度消除或减少单体热失控的可能性，并兼有防爆和灭火的多层级技术策略。

能量密度相对较高的电池仍然是动力应用的主流方向，只要能在系统级阻止热失控，就可以极大地降低消费者对电池安全性的顾虑。储能电站当前主流的电池为安全性相对较好的磷酸铁锂电池，但随着动力电池梯次利用技术的不断发展，本征热安全性相对较差的高比能量动力电池体系也将会应用于储能领域。虽然，理论上提高电池体系的本质安全性可以从根本上消除或降低电池热失控事故的概率，提高电池系统的安全可靠性，但锂离子电池及关键材料结构控制已经非常精细，在此基础上进一步提高电池材料或电池制造技术的精细度无疑对电池成本提出挑战。而在电池系统层级，可以通过多种防护技术、管理技术降低电池单体所承受的热、电、力等应力强度，使电池状态和工况始终远离安全边界，或者降低单体热失控后对电池系统的影响、降低电池热失控造成的破坏性，使锂离子电池系统在实际应用中达到可以接受的安全水平。系统层级的安全策略能够采用的技术更为多样，更适用于大型储能产品。

# 第6章　锂离子电池及其系统的失效与失控

锂离子电池在使用或储存过程中常会出现某些失效现象，包括容量衰减、内阻增大、倍率性能降低、产气、漏液、短路、变形、热失控、析锂等，这严重降低了锂离子电池的使用性能、可靠性和安全性。这些失效现象是由电池内部一系列复杂的化学和物理机制相互作用引起的。锂离子电池储能系统在故障或滥用工况下，其内部各组分变得十分不稳定，电池存储的化学能在短时间内迅速释放并产生大量热量，即发生热失控，严重时造成火灾甚至发生爆炸。本章以电池的失效现象为出发点，介绍锂离子电池在使用或储存过程中的失效机理和产热机理，然后介绍锂离子电池及其系统的组成并对产生热失控和失效等安全性进行分析。

## 6.1　锂离子电池失效机理

锂离子电池的失效是指由某些特定原因导致电池性能衰减或使用性能异常，分为性能失效和安全性失效。由于锂离子电池体系非常复杂，涉及热力学、动力学、微观结构、组元间相互作用与反应、表界面反应等方面，因此对失效现象的正确分析和理解对锂离子电池性能的提升和技术改进具有重要作用。

### 6.1.1　锂离子电池失效的表现

#### 1. 容量衰减

锂离子电池的容量衰减主要分为两类，分别是可逆容量衰减和不可逆容量衰减。可逆容量衰减指可以通过调整电池充放电机制和改善电池使用环境等措施使损失的容量恢复，而不可逆容量衰减指电池内部发生不可逆改变产生的不可恢复的容量损失。根据《电动汽车用动力蓄电池循环寿命要求及试验方法：GB/T 31484—2015》在"标准循环寿命"中的描述"标准循环寿命测试时，循环次数达到500次时放电容量应不低于初始容量的90%，或者循环次数达到1000次时放电容量不应低于初始容量的80%"。若在标准循环范围内，容量出现急剧下滑现象，均属于容量衰减失效。电池容量衰减失效的根源在于材料的失效，同时也和电池制造工艺、电池使用环境等客观因素有紧密联系。从材料的角度看，造成失效的原因主要有正极材料的结构失效、负极表面SEI过度生长、电解液分解与变质、集流体腐蚀、体系微量杂质等。

正极材料结构失效包括正极材料颗粒破碎、不可逆相转变、材料无序化等。

例如，$LiMn_2O_4$ 在充放电过程中因 Jahn-Teller 效应而导致结构畸变，甚至会发生颗粒破碎，造成颗粒之间的电接触失效。$LiMn_{1.5}Ni_{0.5}O_4$ 材料在充放电过程中发生"四方晶系—立方晶系"相转变，$LiCoO_2$ 材料在充放电过程中因 Li 的过度脱出而导致 Co 进入 Li 层，造成层状结构混乱化，制约其容量发挥。

石墨类负极材料的失效主要发生于石墨的表面，裸露在电解液中的石墨表面与电解液发生电化学反应，生成固态电解质界面相(SEI)，如果 SEI 过度生长，而电池内部体系中的 $Li^+$ 含量降低，容量衰减，尤其是沉积在其表面过渡金属的催化下。硅类负极材料的失效主要是由其巨大的体积膨胀导致的。尽管硅类负极已经发展到纳米化硅负极、$SiO_x$、硅碳类负极，但其体积膨胀问题一直是制约其循环性能的关键问题。

电解液中的锂盐 $LiPF_6$ 化学稳定性差，容易分解并使电解液中可迁移 $Li^+$ 含量降低。此外，电解液溶剂中含有的痕量水会与锂盐反应生成 HF，对电池内部材料进行腐蚀。电池的气密性差也会导致电解液变质，电解液黏度和色度都发生了明显变化，其传输离子的性能急剧下降。

位于电池正负极中集流体的失效主要为集流体腐蚀、集流体附着力下降。集流体腐蚀分为化学腐蚀和电化学腐蚀两类。化学腐蚀指电解液及其副反应生成的微量 HF 对集流体的腐蚀，腐蚀后生成导电性差的化合物，导致欧姆接触增大或活性物质失效。电化学腐蚀指在充放电过程中铜箔在低电位下被溶解后沉积在正极表面，这就是所谓的"析铜"现象。此外，集流体失效常见的形式有集流体与活性物之间的结合力不够，致使活性物质剥离，不能为电池提供容量。

2. 内阻增大

锂离子电池在使用过程中，其内阻随不同的充放电状态(SOC)、不同的工作环境、不同的循环周次有不同的变化，常作为电池性能检测、寿命评估、SOH 估算。锂离子电池的内阻与电池体系内部的电子传导和离子传输过程有关，主要分为欧姆电阻和极化内阻，其中极化内阻主要由电化学极化导致，存在电化学极化和浓差极化两种。影响该过程的动力学参数包括电荷传递电阻、活性材料的电子电阻、扩散及锂离子扩散迁移通过 SEI 膜的电阻等。锂离子电池内阻增大伴随有能量密度下降、电压和功率下降、电池产热等失效问题。导致锂离子电池内阻增大的主要因素有电池关键材料和电池使用环境。从电池关键材料变化的角度分析，包括正极材料的微裂纹与破碎、负极材料的破坏与表面 SEI 过厚、电解液老化、活性物质与集流体脱离、活性物质与导电添加剂的接触变差(包括导电添加剂的流失)、隔膜缩孔堵塞、电池极耳焊接异常等。从电池使用环境异常的角度分析，包括环境温度过高/低、过充过放、高倍率充放、制造工艺和电池设计结构等。

### 3. 内短路

内短路通常会引起锂离子电池的自放电、容量衰减、局部热失控，甚至引起安全事故。锂离子电池内短路的表现可分为以下几种。

铜/铝集流体之间的短路，此类短路是由于电池在生产或使用过程中未修剪的金属异物刺穿隔膜或电极，或者电池在封装过程中极片或极耳产生位移而引起正负极集流体接触引起的。

隔膜失效，这类短路主要是由于隔膜老化、隔膜塌缩、隔膜腐蚀等，失效隔膜失去电子绝缘性或空隙变大使正负极出现微接触，导致局部发热严重，在进一步充放电过程中可能向四周扩散，形成热失控。

正极浆料中过渡金属杂质未去除干净，刺穿隔膜或促使负极锂枝晶生成导致内短路。

锂枝晶导致的内短路，电池在长循环过程中，局部电荷不均匀的地方会出现锂枝晶生长，枝晶透过隔膜会导致内短路的发生。此外，在电池设计制造或电池组组装的过程中，不合理的设计和局部过大的压力也会导致内短路。

### 4. 产气

锂离子电池产气主要分为正常产气与异常产气。在电池化成工艺过程中消耗电解液形成稳定 SEI 膜发生的产气现象为正常产气。化成阶段产气主要是由于酯类单/双电子反应产生了 $H_2$、$CO_2$、$C_2H_4$ 等。异常产气主要是在电池循环过程中，过度消耗电解液释放气体或正极材料释氧等现象，常出现在软包电池中，易造成电池内部压力过大而变形、撑破封装铝膜、内部电芯接触问题等。异常产气的成分和含量与电池内部失效原因有密切关系，锂离子电池的产气与电解液的水含量、活性物质杂质、电池充放电制度、环境温度都有密切关系。电解液中的痕量水分或电极活性材料未烘干可导致电解液中的锂盐分解产生 HF，腐蚀铝集流体并破坏黏结剂，产生氢气。不合适的电压范围导致的电解液中链状/环状酯类或醚类发生电化学分解，产生 $C_2H_4$、$C_2H_6$、$C_3H_6$、$C_3H_8$、$CO_2$ 等。

### 5. 热失控

热失控是指锂离子电池局部或整体的温度急速上升，热量不能及时散去，在内部大量积聚，并诱发进一步的副反应。热失控是一种反应剧烈、危害性大，常伴有电池"胀气"，甚至出现起火爆炸的过程。诱发锂离子电池热失控的因素有非正常运行条件，如滥用、短路、倍率过高、高温，挤压及针刺等。表 6-1 是锂离子电池内部常见的热行为，在高温作用下，电池内部中的隔膜、电解液等有机物都处于不稳定状态，加之电池正极附近释放的氧气，燃烧的三要素都已满足，所以热失控的结果常伴随迅猛的燃烧。为了防止锂离子电池在热失控时造成严重的安全问题，常采用 PTC、安全阀、导热膜等措施，同时在电池的设计、电池制造过程、电池管理系统、电池使用环境等方面进行系统性的考虑。

表 6-1　电池内部常见的热行为

| 序号 | 温度/℃ | 化学反应 | 热量/(J/g) | 备注 |
|---|---|---|---|---|
| 1 | 90～120 | SEI 膜分解 | −350 | 钝化膜破裂 |
| 2 | 110～150 | 负极与电解质反应 | −190 | — |
| 3 | 130～180 | PE 隔膜熔化 | 90 | 吸热 |
| 4 | 160～190 | PP 隔膜熔化 | 600 | 吸热 |
| 5 | 180～500 | $Li_{0.3}NiO_2$ 与电解质的分解 | 450 | 释氧温度约为 200℃ |
| 6 | 220～500 | $Li_{0.45}NO_2$ 与电解质的分解 | 450 | 释氧温度约为 230℃ |
| 7 | 150～300 | $Li_{0.1}Mn_2O_4$ 与电解质的分解 | 250 | 释氧温度约为 300℃ |
| 8 | 130～220 | 溶剂与 $LiPF_6$ 反应 | 375 | — |
| 9 | 240～350 | $LiC_6$ 与 PVDF 反应 | −395 | — |
| 10 | 660 | 铝集流体的熔化 | 390 | 吸热 |

6. 析锂

析锂是一种比较常见的锂离子电池老化失效现象。表现形式主要是负极极片表面出现一层灰色、灰白色或灰蓝色物质，这些物质是在负极表面析出的金属锂。电池内部的锂源主要来自于正极，并且在密闭体系中其总量是不变的，析锂使电池内部活性锂离子的数量减少，出现容量衰减现象，此外锂的沉积会形成锂枝晶并刺穿隔膜，局部电流和产热过大，造成电池安全性问题。在电池充电过程中，活性锂离子没有正常进入电池负极，而是在负极表面达到了还原电位，被还原为单质锂。由于石墨嵌锂电位和锂的还原电位比较接近，造成析锂现象的电位偏差的主要因素有：负极容量不够，嵌满锂后的 $LiC_6$ 的电位与金属锂的电位十分接近，导致继续迁移过来的 $Li^+$ 被还原；极化过程导致的电位下降，使极片表面的电位达到 $Li^+$ 的还原电位而被还原。

随着析锂程度的加深，其危害也越来越大。轻微的析锂现象在优化充放电制度后得以缓解或消失。严重的局部析锂可使电池容量急剧衰减，甚至存在安全性问题。而析锂现象通常需要拆解电池后才能发现，在电动汽车动力电池的使用过程中若不能有效监控电池析锂情况，将存在巨大的安全隐患。为了解决析锂问题，研究者通过监控电池循环过程中的容量和内阻等电化学量，检测电池内部的析锂情况。

锂离子电池的失效主要有组成材料、设计制造、使用环境等。从组成材料角度，可以将各种失效现象归于电池组成材料上，例如，正负极材料的结构变化或破坏都会使容量衰减、倍率性能下降、内阻增大等；电解液的消耗直接关系到活性锂离子的含量及离子的传输性能，其老化变质是电池产气的根本原因；隔膜老化、刺穿是电池内短路的重要因素。从设计制造角度，合理的电池设计是保证电池性能、安全、一致性的重要环节。例如，电池极片的涂布、滚压、烘焙等过程和电池的卷绕、注液、封装、化成等过程都直接与电池容量等性能的发挥和安全性密切相关。从使用环境角度分析，过充/过放对电池材料会造成损害，同时会分解电解液引起产气等问题；高温环境可致电池电解液中发生分解变质，高湿度环境也会诱使电池发生自放电等问题。此外，剧烈摔碰、挤压、刺穿等破坏性因素也会使电池性能衰减以至停止工作，甚至会造成热失控、起火、爆炸等危害性后果。图 6-1 为锂离子电池使用条件、失效机制和失效现象三者的关系图。

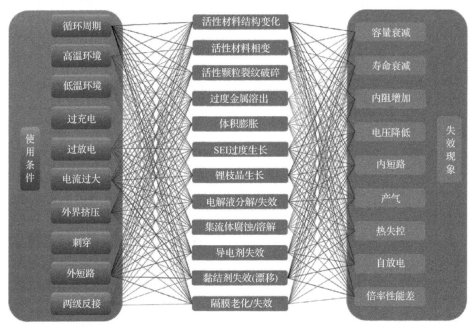

图 6-1　锂离子电池使用条件、失效机制和失效现象三者的关系图

### 6.1.2　锂离子电池失效常见的分析方法

　　锂离子电池失效分析源于电池测试分析技术，但区别于一般检测中心的检测分析。失效分析的测试分析是建立在实际的具体案例上，对不同的失效现象设计恰当的失效策略，选择合适的测试手段，高效准确地获得电池失效原因。主要的先进实验技术包括元素成分及价态表征、形貌表征、材料晶体结构的表征、物质官能团的表征、材料离子运输路径的表征、材料微观力学的表征、材料表面功函数及其他重要的表征技术，如循环伏安法、电化学阻抗谱、恒电流间歇滴定技术、

恒电位间隙滴定技术、电流脉冲弛豫、电位阶跃计时电流等电化学测量方法。面对众多的分析测试方法，需要对实际电池的具体失效情况进行选择。

作为研究对象的失效电池数量有限，对其进行分析需要考虑到破坏后失去原有失效信息的情形，故须将常用测试分析方法分为"无损"和"有损"。

无损分析是在不破坏电池整体的基础上，对电池的状态、性能进行测试和分析，并以测试结果对电池可能出现的失效进行推测，并用于下一步测试的选择和优化。无损分析技术主要有 X 射线断层扫描、超声波扫描、电化学测量方法等，包括不同条件下的充放电循环测试、电化学交流阻抗、循环伏安法测试等方法。测试内容包括电池的开路电压、极化、倍率性能、负载能力、SOH、温度性能、电池内阻、能量密度、库仑效率、热稳定性等。

有损分析是指电池进行不损伤电芯的拆解后，对电池内部关键材料进行有针对性的测试分析。主要包括电池组成的成分分析、形貌分析、结构分析、官能团表征、离子输运性能分析、微区力学分析、模拟电池的电化学测试分析及副产物分析。测试样品的预处理是影响检测结果准确性的关键因素，如样品的气氛保护、电极材料混合物的分离、电解液/气体的收集。表 6-2 列出锂离子电池失效分析当中常用的测试分析技术。

**表 6-2　失效分析常用的测试分析技术**

| 测试部位 | 测试内容 | 必要测试方法 | 辅助测试方法 |
|---|---|---|---|
| 正/负极活性材料 | 成分分析 | 能量弥散 X 射线谱（EDX）、ICP | 二次离子质谱（SIMS）、X 射线光谱仪（XRF） |
| | 结构分析 | X 射线衍射（XRD）、拉曼（Raman） | 透射电镜（TEM）、中子衍射（ND）、扩展 X 射线吸收精细谱（EXAFS） |
| | 形貌分析 | 扫描电镜（SEM）、截面（SEM） | 核磁共振（NMR）、原子力显微镜（AFM） |
| | 价态分析 | X 射线光电子能谱（XPS） | 电子能量损失谱（EELS）、扫描透射 X 射线成像（STXM）、电子自旋共振（ESR）、NMR |
| | 界面分析 | 傅里叶变换红外光谱（FTIR）、XPS | SIMS、扫描探针显微镜（SPM）、KPFM |
| | 电性能分析 | 半电池测试、电化学阻抗（EIS） | |
| | 热性能分析 | 热重分析（TGA） | 绝热加速量热仪（ARC） |
| 黏合剂 | 形貌分析 | SEM | TEM |
| | 结构分析 | NMR | |
| | 分子量分析 | 凝胶渗透色谱（GPC） | |
| 隔膜 | 形貌分析 | SEM | TEM |
| | 成分分析 | EDX | ICP |
| | 热性能分析 | TGA-DSC | |
| 电解液 | 成分分析 | GC-MS | ICP |
| 产气 | 成分分析 | GC-MS | ICP |

# 6.2　锂离子电池热失控机理

不断发生的锂离子电池储能系统事故既造成了巨大的经济损失，也制约了锂离子电池在储能领域的发展。这些事故的发生都与锂离子电池的热失控密切相关。锂离子电池的电解液大多使用闪点和沸点都很低的碳酸酯类有机溶剂，易燃且燃烧剧烈。锂离子电池在循环过程中产生的锂枝晶及黏结剂的晶化可导致电池内短路，而且锂离子电池是目前能量密度较高的电化学储能载体。这些因素均导致锂离子电池发生热失控后的危险性大，因此研究锂离子电池的热失控过程是必要的。

## 6.2.1　锂离子电池的热失控过程

锂离子电池的热失控过程一般可总结为以下几个部分：①SEI 分解；②嵌锂负极与电解液发生反应；③隔膜熔融；④正极发生分解反应；⑤电解液自身发生分解反应；⑥电解液的汽化与燃烧。图 6-2 表示锂离子电池热失控过程。

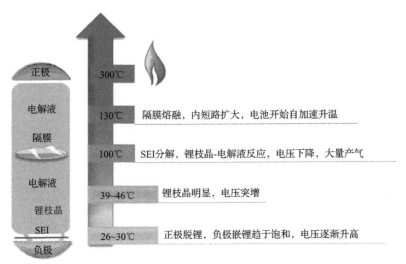

图 6-2　锂离子电池热失控过程

第一阶段：正常充电时，电池表面温度较低（26～30℃），锂离子正常从正极脱出，从负极嵌入，电池的电压缓慢升高。当电池电压为 3.6V 左右时，电池负极嵌锂趋于饱和。

第二阶段：轻微过充时，电池表面温度明显攀升（39～46℃）。正极严重脱锂，由于负极嵌锂趋于饱和，锂离子在负极表面析出，并倾向于沉积在距离正极更近的负极边缘区域。已有研究表明，负极表面析出的锂枝晶会与负极的有机黏结剂发生反应并生成氢气。由于锂金属的析出和正极的严重脱锂，电池电压继续上升。

第三阶段：锂枝晶与电解液发生副反应生成热量，电池内部温度升高，当温度超过 90℃时，会引发 SEI 膜的分解，并产生 $C_2H_4$、$CO_2$、$O_2$ 等气体。随着电池内部温度的持续升高，电解液开始参与绝大多数副反应，如电解液与嵌锂负极、正极、金属锂等反应。电解液与嵌锂负极反应的产气机理与电解液的成分有关，不同的电解液成分所产生的气体成分和含量有所不同。目前在商品化锂离子电池中，应用最广泛的电解液是将锂盐六氟磷酸锂(LiPF$_6$)溶解在以碳酸乙烯酯(ethylene carbonate，EC)为基础的二元或三元混合溶液中，这些溶剂一般是有机碳酸酯系列，包括二甲基碳酸酯(dimethyl carbonate，DMC)、二乙基碳酸酯(diethyl carbonate，DEC)、乙基甲基碳酸酯(ethyl methyl carbonate，EMC)、碳酸丙烯酯(propylene carbonate，PC)。以 EC、PC、DMC 为例，电解液与嵌锂负极反应释放 $C_2H_4$、$C_3H_6$、$C_2H_6$ 等烃类气体。

第四阶段：当锂离子电池内部温度达到 130℃左右时，隔膜熔融，引发电池大面积内短路并产生热量，热量积聚引起的高温对内部反应形成正反馈，电池开始不可控地进行自加速反应，进一步造成电池温度上升，最终导致火灾甚至爆炸事故。

### 6.2.2　锂离子电池的热失控蔓延

一般由单体电池热失控造成的危害有限，但在锂离子电池系统应用场景下，单体电池数量多、排列紧密，当某一个单体电池发生热失控后，其产生的热量可能会传导至周围电池，使热失控发生蔓延，导致造成的危害被扩大。

影响电池热失控蔓延的主要因素有电池形状、电池状态(SOC、SOH)、环境温度、电池的串并联方式、散热条件、滥用工况等。下面对这些因素的影响机理进行介绍。

(1)电池形状。方形电池和软包电池在集成成组后均为紧密的面接触方式，这种形状和大面积的接触方式虽然提高了模组的体积比能量，但也使热失控更容易在单体电池之间扩散。而圆柱形锂离子电池成组后始终留有一定的间隙，电池两两之间的接触面更小，不仅使热失控的传播相对困难，还有利于电池的散热。

(2)电池状态。对于 SOC 来说，处于低 SOC 下电池热失控的传播相对较慢，因为电池热失控的剧烈程度有所降低。对于 SOH 来说，一方面，SOH 较差的电池更容易发生热失控；另一方面，这类电池热失控的剧烈程度不同于新电池，所以 SOH 对热失控蔓延的影响还需要进一步深入研究。

(3)环境温度。这也可以影响热失控的蔓延，环境温度越高，蔓延速度越快。

(4)电池的串并联方式。电池热失控后内部的高温致使隔膜熔解和电解液分解挥发，最终电池完全内短路。因此，在并联电池模组中，当单体电池发生热失控后，其余并联电池均短路，此时会有非常大的电流流过热失控电池，正常电池也处于快速放电状态，致使整个串联电池组的温度迅速上升，热失控蔓延更快；而在串联的电池模组中，正常电池不会短路，热失控只靠热传递的方式蔓延，相对较慢。因此，在设计电池模组时，有必要着重考虑电池并联电路的设计，发生热失控时尽快切断并联电路连接状态。

（5）散热条件。由 Semenov 模型可知，散热条件越好，发生热失控的起始温度越高，热失控的蔓延就越困难。目前采取的散热方式主要有自然风冷、强制风冷、液冷等，散热效果从小到大依次为自然风冷＜强制风冷＜液冷，相应的成本也越来越高。

当无法有效遏制电池的热失控蔓延时，则需要考虑阻止电池模组发生起火甚至爆炸现象。图 6-3 是一个燃烧三要素示意图，即燃烧需要具备可燃物、助燃剂、引火源三个元素，阻断其中任意一个或多个要素即可有效阻止火灾的发生。

图 6-3　锂离子电池燃烧三要素

### 6.2.3　锂离子电池热失控的关键参数

下面介绍锂离子电池热失控时发生明显变化的特征参数，包括内阻、温度、电压、特征气体、特征声音、可见烟雾、压力等。当然还有一些其他能够反映热失控的参数，这里不再列举。

1. 内阻

电池内阻是锂离子电池的一个关键性能参数。电池内阻随着 SOC、工作环境温度的改变而改变，一般用于电池寿命、SOH 及电池性能检测的评估中。在正常的工作温度区间内，电池内阻随着温度的升高而降低，但当电池发生热失控而导致温度异常升高后，其内阻存在明显上升的现象。

由于电池内阻的突然改变还受其他因素的影响，如电池受外界扰动或一些原因而出现接触不良的情况也会导致电池内阻的突然升高。因此，只靠电阻的变化来判断电池是否发生热失控并不准确，需要结合其他的特征参数进行判断。

## 2. 温度

电池发生热失控时，温度和副反应之间是相互促进的关系，形成正反馈，因此温度是锂离子电池热失控的一个重要参数。许多电池预警装置及电池管理系统都安装有温度传感装置来监测电池温度，一旦温度超过预设阈值就会发出报警信号或进行相应动作。

## 3. 电压

发生热失控时，锂离子电池的端电压也会发生异常变化。在不同的滥用工况下电压的变化情况也不一样，对于机械滥用如挤压、针刺等工况引发的热失控来说，电池电压通常骤降至 0V；对于电滥用如过充电、过放电等工况引发的热失控来说，过充电会导致电池电压先持续增加再降至 0V，而过放电会导致电池电压逐渐降至 0V；对于热滥用引发的热失控来说，电池电压一般随热失控的发展逐渐降至 0V。实际上，电池热失控后电压变化规律性差且变化复杂，虽然电压骤降基本是锂离子电池在不同工况下热失控的共同特征，但在此之前电池已经发生热失控了，故电压骤降这一特征并不能表征电池的热失控。

## 4. 特征气体

通常在锂离子电池热失控早期，温度、内阻、电压等参数的变化特征并不明显，不能有效判断电池是否发生热失控。而此时电池内部发生一系列的副反应会产生 $H_2$、CO、HF 等特征气体，并且对于大部分种类的特征气体，在正常情况下空气中并不存在(或含量极低)。当电池在热失控早期时，这些特征气体从无到有再到浓度逐渐增加，即有一个明显的变化特征，因此采用对应的气体传感器对电池热失控进行预警也是一种重要方式。

## 5. 特征声音

储能用的锂离子电池大部分为方形硬壳电池，在电池壳顶部都装有安全阀。这是由于电池发生热失控过程中有大量气体产生，电池内部压力增大。安全阀的主要作用是及时泄放电池内部的压力，防止压力持续增大而导致爆炸。安全阀打开会有一个很明显的声音，且这种安全阀打开的声音频率存在一定规律。

## 6. 可见烟雾

由于商用锂离子电池都采用沸点和闪点低的有机电解液，当电池安全阀打开且电池内部温度足够高时，电解液除参与正负极及其他材料的副反应外，还会直接受热汽化，汽化的电解液从安全阀处喷出便形成了白烟（雾），这种现象可以作为判断电池热失控最直观和最有效的判据。然而，目前利用汽化电解液判断电池是否发生热失控都是通过人眼观察，还没有一种自动识别电池是否产生汽化电解液的装置或方法。

### 7. 压力

电池发生热失控时内部会发生一系列副反应，有些副反应会生成气体，如 SEI 膜分解产气、锂枝晶与黏结剂反应产气、电解液分解产气等。在电池安全阀打开之前，这些气体会积聚在电池壳体内部，导致电池鼓包，并且电池内部的压力也随之改变。因此，通过对电池内部压力的监测可以实现对电池热失控的预警。但需要注意的是，安全阀打开之前的压力数据才是有效的。可以利用嵌入式的布拉格光纤光栅传感器实现对电池内部压力的探测，其原理是电池内部温度或压力的改变会影响光纤光栅传感器的折射率，对应反射光的波长也随之改变，通过测量光的波长信息就可以计算出电池内部温度和压力的变化，从而对电池进行热失控预警。然而，这种光纤光栅传感器的成本较高，目前还未在锂离子电池热失控预警方面实现商业化。

## 6.3　锂离子电池系统的失效与失控

### 6.3.1　锂离子电池系统的组成

锂离子电池系统由各类传感器、执行器、固化有各种算法的控制器及信号线组成，实时监控、采集电池模组的状态参数，并对相关状态参数进行必要的计算、处理，根据特定控制策略对电池系统进行有效控制。主要任务是确保电池系统的安全可靠，并且在出现异常的情况下对电池系统采取适当的干预措施。在实际运行中，通过采集电路实时采集电池组及各个组成单元的端电压、工作电流、温度等信息，估算电池组 SOC、SOH 等，对储能电池进行实时监控、故障诊断、短路保护、漏电检测、显示报警，保障电池系统的安全可靠运行，是整个储能系统的重要构成部分。电池系统还可以通过自身的通信接口、模拟/数字输入输出接口与外部其他设备(变流器、能量管理单元、消防等)进行信息交互，形成整个储能系统的联动，利用所有的系统组件，通过可靠的物理及逻辑连接，高效、可靠地完成对整个储能系统的监控。

### 6.3.2　锂离子电池系统的安全分析

在已经公布的储能电站相关事故调研中，将储能电站事故致因总结为以下四个方面：①电池系统缺陷；②应对电气故障的保护系统不周；③运营环境管理不足；④储能系统安全状态监测和预警系统不完善。其中，电池内部及成组问题、外部电气故障、电池保护装置(直流接触器爆炸)、水分/粉尘/盐水等造成的接触电阻增大及绝缘性能下降等问题可能直接诱发电池热失控。而电池管理系统、储能变流器、能量管理系统之间信息共享不完备或不及时，储能变流器和电池之间的保护配置与协调不当、储能变流器故障修理后电池的异常、测量装置及管理系统之间发生冲突等系统管理问题可能使故障不能及时有效地得到管控而演化为事故。

　　已知的引发电池安全事故的诱因可概括为机械滥用、电滥用和热滥用。机械滥用主要指电池受到挤压和碰撞而导致电池内短路，而对于相对静态的规模化锂离子电池储能系统而言，电滥用和热滥用是事故发生的主要诱因。图 6-4 描述了锂离子电池储能系统安全事故的诱因和演化。

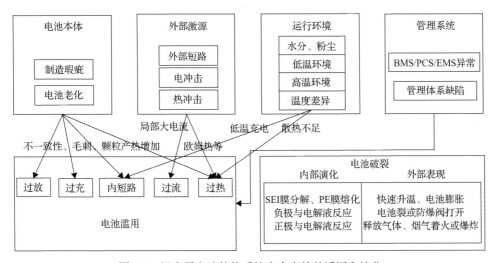

图 6-4　锂离子电池储能系统安全事故的诱因和演化

　　可能诱发的安全因素包括电池本体、外部激源、运行环境和管理系统。由电池本体诱发安全事故的来源主要包括电池制造过程的瑕疵及电池老化带来的储能系统安全性退化两方面。

　　外部激源包括绝缘失效造成的电流冲击及外部短路等问题，也包括除电池外部件的高温产热造成的热冲击，以及某电池热失控后触发的热失控蔓延过程。一般而言，储能电站中的电池通常处于静止状态，外部机械激源，如挤压、针刺等行为不构成储能电站安全性的主要矛盾。另外，环境温度对锂离子电池的安全运行至关重要。锂离子电池的最佳工作温度在 20~40℃。低温环境会减缓电池内化学反应速率、降低电解液内离子的扩散率和电导率、使固体电解质界面(SEI)膜处的阻抗增加、锂离子在固相电极内的扩散速率下降、界面动力学变差等，同时石墨负极处的极化作用显著增强。低温充电时，石墨负极将发生析锂，使负极被金属锂沉积物包裹，锂枝晶的生长甚至会刺破隔膜造成电池内短路。高温环境不利于电池散热，当电池内部的生热量大于外部散热量时，其温度会逐渐上升至过热状态，过热状态的电池会触发各种材料滥用反应，电池内部放热更大，触发热失控。

安全预警系统不完善也是导致储能电站安全事故频发的关键原因。当前，锂离子电池储能电站安全预警系统主要依靠烟雾探测器及电池管理系统等手段，效果有限。其中，烟雾探测器的作用是探测固体烟雾颗粒，当烟雾颗粒的粒径满足一定大小且浓度达到一定阈值后，烟雾传感器便发出报警信号。大多数锂离子电池储能电站已经安装烟雾探测器，然而这种探测方式适用于探测可燃物燃烧后产生的烟雾颗粒，属于火灾事后报警，无法达到早期安全预警的效果。

当前，电池管理系统主要依靠测量模组表面温度、电压与 SOC 来避免电池发生过充，设计经验来源于电动汽车。然而，与电动汽车不同的是，储能舱内单体电池的数量非常大(甚至可以达到数万个)，电池的不一致性会导致个别电池产生过充过放，增加了管理和监测的难度。另外，SOC 精度估算的不足及电池内外温度的较大差异也引发了监测可靠性低的问题。电池管理系统的监测误差及管控滞后甚至失效，是导致电池管理系统无法进行有效预警的直接原因。管理系统的可靠性、有效性一方面取决于监测数据是否准确，另一方面取决于管控系统输入的参数是否合理。然而，随着电池本体因素的演化，电池安全阈值参数都将发生变化，给电池管理系统的精准预测带来了挑战。

# 6.4　本 章 小 结

本章主要阐述了锂离子电池及其系统的失效与热失控相关原理和过程。首先，介绍了锂离子电池的失效机理、锂离子电池失效常见的分析方法；其次，介绍了锂离子电池的热失控过程划分、产生原因及相关的热失控关键参数；最后，介绍了锂离子电池系统的组成，对电池系统的安全性进行分析，并阐述了锂离子电池系统发生热失控等安全事故的诱因和演化，为后面锂离子电池储能系统灾害预警与防控提供了有力支撑。

# 第7章 储能用锂离子电池管控技术

## 7.1 电池组高可靠性电池管理系统及主动均衡技术

电池管理系统(BMS)是保证储能电池系统正常运行的重要部分，主要实现检测电池状态、估算电池组剩余电量、充放电管理、信息交互等重要功能。随着对锂电池研究的愈发深入，全寿命、全天候、高精度、高鲁棒性电池管理系统的实现成为可能。高质量的 BMS 也就意味着更大的代码量，目前基于前后台的电池管理系统主程序运行一次需要 10ms，大量的中断服务函数给任务的执行带来了较大的不确定性。另外，这种开发方式的软件和硬件平台有较强的耦合性，软件功能无法在不同的硬件平台之间移植和重用。因此，对同一种功能的开发不得不反复进行。为了降低 BMS 的开发难度、提高系统实时性、降低 BMS 硬件方案对国外企业的依赖，需要开发基于开源实时操作系统和可控微控制单元(micro control unit，MCU)内核的 BMS。

### 7.1.1 关键技术

1. 电池管理系统硬件开发技术

BMS 作为实时监控、自动均衡、优化充放电的关键部件，起到保障系统安全、提高电池寿命、估算剩余电量等重要功能，是动力和储能电池组中不可或缺的重要部件。BMS 通过控制接触器来控制动力电池组的充放电，并上报电池系统的基本参数和故障信息。上游材料包括 PCB 板、芯片、电子元件、线束、传感器等，下游应用主要包括消费电池(3C 数码)、动力电池(电动车)和储能电池(国防军工、可再生能源、通信等)。随着电池储能系统的发展，BMS 的全国产化开发也得到重视，目前上游芯片还有部分依赖于国外技术，芯片与硬件设计的全国产替代是 BMS 的发展方向。

2. 电池管理系统软件开发技术

软件作为 BMS 的算法核心，承担着状态估算、故障预警、数据交互等重要功能。作为嵌入式运行环境，BMS 的计算资源受限，普遍采用运行效率较高的 C 语言进行编程。传统 BMS 的软件设计依赖于工程师手工编程，对设计人员的软硬件理解与编程技术均提出了较高要求，软件编写后需要大量时间进行单元测试，保证代码稳健性,所以限制了软件的更新迭代速度。因此,亟须基于图形化的 BMS 软件设计方法,预先构建针对硬件高度优化的数据模块,通过图形化方法构建 BMS 顶层算法,通过代码自动生成技术实现高质量 C 语言代码的生成与实时操作系统嵌入,提高 BMS 软件开发更新效率。

3. 电池状态估算技术

荷电状态估算与容量估算是 BMS 内最核心的状态估算应用,受限于 BMS 算力限制,极为复杂的算法难以在 BMS 中实时运行。目前,最常用的荷电状态估算方法依然是安时积分法与开路电压法,但这些方法都受容量衰退的影响,所以对容量进行准确估算也是提高 BMS 状态估算精度的重点。现有方法普遍单独估算容量与荷电状态,未考虑两者之间的耦合关系,且现有基于观测器与滤波器的方法难以收敛。利用均衡设备输入扰动实现主动估算,联合估算容量与荷电状态可以提高估算精度,提升电池系统运行效率。

4. 均衡技术

当前的均衡方式主要有主动均衡和被动均衡。被动均衡通过消耗能量来实现均衡,也称为能量均衡。主动均衡通过电容、电感、变换器从高电压的单体电池将能量转移到低电压的电池单体中,也称为非能耗均衡。被动均衡采用电阻等能耗元件并联在电路中,均衡电流大会导致产热问题,均衡电流小会导致耗时增加,总体能量消耗量较大,一般用于均衡充电过程。主动均衡需要额外的充放电电路,这虽然会提高少量成本但能够大幅度提高均衡效率。通过均衡技术能够提升电池组的峰值功率(SOP)与能量状态(SOE),尤其是老化后电池组的提升更为明显,除此之外还可以降低电池组全寿命平均成本,提高电池系统的经济性。

## 7.1.2 研究方向

1. 高可靠性电池管理系统硬件开发

根据目前已有的电动汽车 BMS 方案,结合目前集成化检测芯片的发展,比对高可靠性电池系统开发需求、特种领域的定制化需求及芯片国产化需求,设计多层级的硬件架构,对不同应用领域及场景实现通用性强、可拓展性强、稳定可靠的硬件系统设计,从采集板、从板、主板多方位提升系统耐压等级,研究不同通信方式的适用性,提高通信可靠性;减少线束排布,提高系统冗余程度,减少故障点,提高整体可靠性。

## 2. 强拓展性电池管理系统软件架构

对比目前成熟操作系统的特点，以开源系统为选择的基础依据，基于实时操作系统研究多应用程序接口的任务调度机制与数据交换准则，构建实时性强、可移植性强、稳定可靠的软件系统架构。针对高定制化软件功能需求，开发图形化、模块化编程工具，实现算法设计与代码自动生成，为专业化电池管理系统的核心算法提供软件支持。

## 3. 基于均衡扰动的荷电状态及容量联合估计方法

基于锂离子电池等效电路模型，实现对在线参数的辨识，在短时间尺度内采用扩展卡尔曼滤波（extended Kalman filter，EKF）观测器实现荷电状态（SOC）的动态估算，在长时间尺度内采用充放电数据实现对容量的在线估算。利用 BMS 的均衡电路，以均衡产生的单体 SOC 扰动作为模型输入激励，设定扰动边界，基于闭环的迭代过程在线完成容量和 SOC 的误差修正，并分析不同扰动电流的扰动效率和提升效果。

## 4. 基于主动均衡技术的电池组 SOP 和 SOE 提升方法

针对不同应用场景下对能量和功率的不同需求，考虑电池不一致引起单体电池的电压差异，电池组能量及功率状态变化的问题，利用电池电路模型，在满足在线估算的计算能力和计算时间限制的前提下，准确估算电池组的 SOP 和 SOE。研究不同主动均衡拓扑的效率和拓扑复杂性，结合不同的均衡目标，探究主动均衡功率边界。分别针对能量最大化利用需求和功率最大利用需求，设计 SOC 调整方案，研究闭环迭代效率最高及性能最大化利用的双重目标均衡优化策略。

# 7.2　电池组高性能健康状态评估技术

随着全球电池储能系统的大规模推广和使用，电池的健康状态评估成为关注重点。锂离子电池凭借其电压平台高、功率密度大、环境友好等优点，成为各领域储能系统的首选方案。但是，储能系统容量提高的同时也带来了更大的安全风险，锂离子电池的耐久性和安全性是制约其大规模应用的最大障碍，因而研究复杂应用环境下的电池储能系统健康评估方法具有重要意义。为了满足应用对象的电压和功率需求，电池储能系统通常由成百上千个电池单体串并联组成使用。由于成组的单体性能参数参差不齐，且温度分布、散热条件、接触电阻等都存在差异，这进一步加重了单体之间的不一致，进而引起单体寿命衰减速率不同，甚至引起单体过充、过放、过温等现象，极大地影响了电池组的使用寿命和安全性。

因此，为了保障系统健康、高效运行，对电池组进行健康评估和健康管理是十分必要的。

### 7.2.1 关键技术

国内外针对电池组健康状态评估的研究主要从锂离子电池组的退化机理、建模、状态识别角度出发，大多数面向锂离子电池单体的退化机理分析和退化状态的建模方法可以向电池组进行扩展和迁移。但对锂离子电池组而言，它与电池单体的最大不同是成组后单体间存在不一致性。诸多因素如温度梯度、电流分布不均、电池制造过程差异等都会导致电池性能的不一致，甚至持续恶化。针对电池组不一致性参数分布方面，国外许多学者基于概率统计模型展开了详细的研究，Rumpf 等[1]对 1100 只锂离子电池单体的 15 种不同参数进行分析，结果表明电池单体的放电容量、直流内阻和交流内阻之间呈现正态分布的特性；Schuster 等[2]通过将老化电池组与新电池组进行对比，发现电池容量和内阻在新电池状态下呈正态分布，但在电池组老化过程中，逐渐转为韦布尔分布。大量研究表明，电池组不一致性的参数分布存在不确定性，简单的概率模型不足以描述，且随着电池老化，其分布规律也会发生一定的改变，研究电池组不一致性参数分布的描述和演变规律是电池组健康状态评价的关键。国内也有不少学者从概率统计的角度对不一致性参数的分布进行了统计分析，王震坡等[3]对不一致性的发展规律进行了研究，提出电压的不一致性分布遵循正态分布。此外，较多学者基于电池组模型仿真对电池健康状态估计开展研究，其中广泛使用的是等效电路模型。郑岳久[4]提出了一种分频模型方法，用平均模型代表电池组的整体特性，差异模型代表单体间差异。

对于电池组健康状态的评价方法，Diao 等[5]将电池组的最大可用能量(max available energy，MAE)视为健康指标(health indicators，HI)，并基于一阶时间序列的误差修正模型计算单个电池的平均绝对误差，以获得电池组的最大可用能量 $E$。Jiang 等[6]提出一种基于 Copula 的电池组一致性建模方法，并将其应用于电池组能量利用效率(energy utilization efficiency，EUE)的估计，以此定义电池组健康状态(SOH)。Wang 等[7]基于 IC/DV(incremental capacity/differential voltage)曲线特征估算单体容量，并根据所有电池容量的估计结果评估电池组的 SOH，但没有给出定量关系的详细描述。此外，还有许多研究基于数据驱动的方法，使用 EV(electric vehicle)和 HEV(hybrid electric vehicle)的真实数据集，基于前馈神经网络估计电池组容量。

当前针对电池组健康状态的评估研究大多还是从单体性能参数的评估角度出发，结合单体之间的不一致性影响因素进行分析，从而综合评价电池组健康状态。但目前在电池组的健康评价指标方面，国内外学者仍未达成统一意见，更多的新方法和新评价体系也在不断涌现。单体不一致性参数的影响路径和敏感性分析也是电池组健康评估领域研究的重点问题，分析和解耦各一致性参数对电池组整体性能的影响对电池组健康评价具有重要意义。此外，面向体量大、能量等级高的电池储能系统，有必要对系统内各电池模块进行快速分类和异常筛查。基于数据降维、神经网络学习等快速数据分析工具，研究电池组快速分筛和健康评估，仍是一项有待解决的关键问题。

### 7.2.2　研究方向

在理论分析和实验研究的基础上，研究分析电池组不一致性参数的分布规律，构建电池组等效电路模型，研究数据的学习和生成方法，依托实际测试情况和电池组模型构建电池组不一致性数据集，研究针对大批量电池组的健康监测和评估方法，包括对电池组的快速粗筛分类，对特定电池组的精细化状态估计，从而构建一套完备的电池组健康管理和评估体系。详细的研究内容包含以下几点。

#### 1. 电池组等效模型的构建

研究建立能够准确反映电池储能系统外特性表征的等效模型，模拟电池组在特定工况下的准确响应。具体内容包括：基于电池单体的基本性能测试，构建电池单体的等效电路模型，考虑实际运行中电池工作状态的影响因素，包括温度、工况等，提高电池单体模型的仿真精度。常用的锂离子等效电路模型有 Rint 模型、Thevenin 模型等，考虑到 Thevenin 等效电路模型能够准确描述电池工作的动态过程，且结构简单，易于参数辨识，能方便地进行各种参量的拓展，因此选取 Thevenin 模型作为单体等效模型，为电池组的模型构建提供基础。基于单体等效电路模型研究电池组仿真模型的搭建，考虑电池组成组方式，分析电池组等效模型与单体模型间的联系与拓展，研究电池组模型结构和计算的简化方法；考虑电池组内单体的不一致性因素，研究电池组模型结构和参数的优化方法，实现对电池组外特性表征及容量、功率等性能的高保真仿真分析。基于电池老化过程的电化学机理，构建电池老化模型，分析全生命周期电池性能参数的变化趋势，研究不同老化状态下的电池开路电压(OCV)曲线等参数的生成和修正。

#### 2. 电池组不一致性因素的敏感性分析

基于电池组仿真模型，研究分析单体不一致性参数对电池组整组性能的影响，包括单体容量不一致、单体 SOC 不一致及单体内阻不一致等。基于实际电池组各单体的状态测试，统计分析电池组不一致性参数的分布规律，依托概率统计模型构建各参数分布模型，考虑参数之间存在一定的相关性。基于关联性分析方法研究各参数之间的联系，构建电池组不一致性参数相关性模型；结合分布模型及相关性模型，研究能够较好地拟合各参数分布的电池组不一致性模型；研究学习现有的参数分布规律，生成具有相同规律的电池组参数。基于电池组等效电路模型，开展电池组不一致性参数对整组性能的敏感性分析，仿真研究多种参数组合下电池组可用容量、可用能量、能量利用率等性能指标的差异，建立不一致性参数与电池组性能之间的映射关系，考虑温度及工况等因素的影响，研究分析在不同环境温度、不同电流工况下不一致性参数组合对电池组性能的影响。基于大量模型的仿真测试，分析不一致性参数对电池整组性能的影响路径，尽可能对参数之间的耦合影响关系进行解耦，实现对各参数的独立影响因素及耦合影响因素的全面分析。

3. 结合模型与实际测试电池组的仿真数据集搭建

基于实际测量的电池组不一致性参数分布规律，依托电池组模型生成多种参数分布情况下的电池组充电仿真数据集，研究自放电、内短路等故障的仿真方法，构建在不同故障情况下的电池组仿真数据集；研究电池在不同老化状态下电池性能曲线的变化，构建全生命周期下的电池组仿真数据集；综合考虑不一致性、电池故障及电池老化等因素，形成全方位的电池组综合数据集，为电池组健康状态评估和快速识别异常模组的研究提供仿真数据支撑。

4. 电池组健康状态快速辨识

研究分析电池组健康状态指征如可用容量、可用能量、能量利用率等，在电池组充放电外电压曲线上的特征表现。依托电池组仿真模型生成的综合数据集，开展电池组健康特征因子的分析，提取电池组外电压曲线上与电池性能直接关联的曲线特征因子或图像特征因子。研究面向大型电池储能系统应用的电池组充电数据的降维高效分析方法，实现对电池组信息的快速提取和处理及对健康特征因子的快速提取。基于神经网络模型杰出的学习和计算能力，研究电池组快速分类和异常电池组快速筛查方法。根据健康特征因子分析，研究制定针对大规模电池组健康状态快速评估和分类的综合评价指标。

5. 电池组不一致性参数的估算方法

研究基于电池组充电数据的单体不一致性参数辨识方法，包括单体容量、SOC、内阻等。研究不一致性参数估算方法，在相关范围内对各参数进行随机搜索和组合，基于电池组仿真模型仿真外电压曲线，通过对比仿真电压曲线及实测电池外电压曲线的差异，估算单体不一致性参数。研究实际应用中参数辨识方法的优化和精度提升方法，构建针对特定电池组的精细化健康状态评价方法。结合电池组的快速分类和异常电池组的快速筛查，构建电池组健康监测和管理的综合健康状态评价体系。

## 7.3 电池组高效热控及精准防护技术

对于大容量高功率电源系统，在外短路过程中将造成系统能量在极短时间异常释放，导致电池系统内部发生大面积热失控，是造成电池系统发生严重起火、爆炸事故的主要原因之一。因为电池系统的电压等级高，电池系统外短路电流大，达到数千甚至上万安培，所以系统中大量的串并联节点也增加了系统不同层级发生外短路风险的可能性。由于电池外短路的能量释放速度快，热量累积和副反应发生过程迅速，目前对此最有效的防护方式是通过熔断器进行快速熔断。然而，对于多层级、多节点、多能量单元的储能电池系统而言，外短路防护设计在可靠性及安全匹配性方面存在防护边界条件不清晰、故障场景难以复现、防护设计有效性缺少验证工具等问题。

此外，对于高压大容量电池系统，一般由多组储能电池串并联形成整组，而电池管理系统只监测电池电流、串联单体电压、电池系统特定位置的温度，但受空间和成本限制，电池管理系统不能检测每只电池的电压、电流和温度信息，而且电池管理系统并不能完全保证所有电池都处于正常运行条件，个别电池不可避免地将出现电滥用(过充、过放、过流)、热滥用(高温、低温)等滥用情况。若电池严重滥用，电池温度偏离正常温度，导致电池内部材料发生高温分解，最终引发热失控。其热失控过程可总结为 SEI 膜分解、负极与电解液的反应、隔膜收缩和熔融、正负极极片大面积短路、电解液分解、正极分解与电解液反应等。上述反应并没有固定顺序，它们常互相重叠，交替进行。因此，其火灾也包含多种燃烧形式，如气体火、电解液溶剂液体火、包装壳的固体火等。目前已有较多的研究着眼于锂离子电池的燃烧和火灾特性。当电池被滥用时，由于电解液蒸发或化学反应生成气体，电池泄压阀会打开或壳体膨胀破裂，电解液和其他可燃气体产物喷出，当空气和燃料的比例满足着火浓度范围时，轻微的火星或过热的表面即可点燃混合物，导致火灾发生。若此时电池的火灾范围不能得到有效抑制，将引发电池系统严重的热失控扩展和火灾危害。

因此，针对上述问题，通过开展研究电池组高效热控与精准防护技术，集中攻关高压电池系统多层级外短路防护技术和分布式消防技术，对保障电池系统装备安全、提升系统可靠性具有重要意义。

### 7.3.1 关键技术

针对锂离子电池外短路问题，国外学者及研究机构开展了相应研究，主要包括外部短路试验、电-热特性分析与建模、温升预测与故障诊断等方面。慕尼黑工业大学应用单层软包电池开展了准等温外部短路测试并建立了电化学-热耦合模型，并将模型用于描述短路过程中电流和产热速率的特征变化，并主要分析了电极设计对电池短路过程外特性参数的影响。英国华威大学团队通过设计毫欧姆级别的不同短路电阻的外部短路试验，测试并记录电池在外短路条件下电流、电压随电阻的变化规律，并证明在外电阻较小的情况下，电压下降快，升温速率高且容易产生较大温升。德国奥芬堡应用技术大学团队对 26650 型电池在 20℃条件下开展了外部短路试验，并依据试验结果提出一种准三维模型。其中，宏观维度(约 1cm)表示沿径向的热量传递和温度梯度，细观维度(约 200μm)表示电极对之间的电荷运输，微观维度(约 1μm)表示嵌入锂离子的活性颗粒。利用该模型仿真并验证了外部短路发生后的隔膜闭孔现象。欧盟委员会联合研究中心团队对 NCM 和 NCA 两类三元正极材料电池开展了不同短路电阻的外部短路试验，并根据电流大小将电池短路放电分为三个阶段，同时利用 CT 扫描和扫描电子显微镜观测电池损伤并发现损伤程度与外电阻大小成反比。

马里兰大学 Stoliarov 课题组设计了可测量热失控电池自身产热的铜基电池量热仪(copper slug battery calorimetry，CSBC)，并与锥形量热仪联用，测算出锂离子电池热失控时的自身产热和燃烧产热量。在他们的近期研究中，1880mA·h 的方形软包电池发生热失控时，电池自身产热量为(33±1)kJ，而燃烧产热则为(113±19)kJ，约为电池自身产热的 3 倍。电池在热失控时，热量主要有三个来源：①内短路电能的释放；②化学反应热；③可燃物质的燃烧热。

中国科学院广州能源研究所的研究团队采用电池单体外部短路测试设备开展了在不同环境温度、不同初始 SOC 等条件下的电池单体外部短路试验，试验观测到高初始 SOC 电池外部短路后的温升相对较高，但短路过程放出的电量相对较少。哈尔滨工业大学团队研究了短时间外部短路后对电池长时间循环过程中容量衰减机理的影响，扫描电子显微镜结果表明，正极材料的形貌几乎没有改变，但由短路引起的高温使 SEI 膜变得不均匀，进而造成电池容量衰减。北京理工大学团队以 18650 三元锂离子电池为研究对象，开展了不同初始 SOC、环境温度、短路电阻值、短路时间和老化状态条件下的外部短路试验，并分析了电池的外短路特性及产热模式。

天津消防研究所通过试验发现：在设定试验条件下，浓度为 10%的七氟丙烷可以扑灭电池火灾明火，浸渍 20min 内未发生复燃，但电池热失控未得到有效控制。上海消防研究所通过试验表明，干粉灭火剂可有效扑灭磷酸铁锂电池火灾，但不能阻止电池内部发生的副反应，复燃风险较高。国网电力科学研究院通过电池模组火灾试验发现，六氟丙烷无法在短时间内扑灭电池模块明火。全氟己酮(商标名 Novecl 230) 和七氟丙烷两种气体灭火剂能快速扑灭电池模块明火，但降温效果不彻底，容易发生复燃。

目前，国内外针对锂离子电池开展的外短路研究有以下局限。第一，外短路测试中多采用电池不控外短路，即电池从短路开始持续放电，直至电池电量放空，并基于此进行电池本身外短路参数变化的分析，且研究重点集中在判断电池是否发生热失控或起火/爆炸，而对电池经受短路后的性能缺少定量研究。而对于电池外短路防护边界条件与系统熔断保护需求之间未进行匹配设计研究，对于高压电池系统外短路隔离设计缺少指导意义。第二，目前外短路测试研究多以小容量单体作为测试对象，受电池电压、短路电阻和短路设备的限制，短路电流一般在几百安培数量级。而在高压大功率应用场景中，当出现电池系统外短路故障时，电路中的电流等级一般在数千安培甚至数万安培，在不同的防护方案下，电池可能遭受毫秒级到分钟级的大电流冲击。目前所有测试均无法对短路故障场景进行有效复现。第三，当前外短路测试主要从电池本身入手，未将外短路保护作为系统问题进行统筹分析。对于高压电池系统而言，多级熔断防护是必要的。从系统角度，不仅要考虑电池本身的短路风险和耐受边界，还需要对电池、熔断防护器件、不同层级安全设计目标进行有系统分析，针对不同等级防护需求进行针对性设计，以保证系统外短路时的保护时序和效果。目前，高压大功率电池系统外短路防护不仅缺少验证方法和理论支撑，还缺少系统分析和仿真计算验证工具。

针对电池系统的消防设计，目前依然处于摸索阶段，同时缺少成熟的统一标准。不同于传统的火灾，锂离子电池体系复杂，具有多种可燃物，且表现出异常复杂的燃烧特点，对灭火要求较为苛刻，采用传统灭火剂的灭火效果非常有限。如 $CO_2$、干粉灭火剂对电路相对友好，但难以起到降温作用，无法阻止锂离子电池复燃；七氟丙烷、全氟己酮灭火剂在电路友好的基础上具有更好的降温效果，但当锂离子电池火灾规模较大时的效果较差，依旧会发生复燃，并且成本高昂，不利于大规模运用；水基灭火剂尽管成本较低，降温效果良好，但对电路有一定的损害。同时，锂离子电池本身的燃烧烈度强，现有灭火剂无法在短时间内完成灭火工作。总体而言，目前锂离子电池消防仍然依托于传统消防，以储能电站为例，其消防系统主要采用常规烟感和温感作为检测手段，在锂离子电池出现明火的阶段可以发挥一定作用，可起到及时警示及抑制火势的作用。现阶段锂离子电池消防的相关标准和设计也都是基于传统消防展开，在预警和限制火情发展方面具有一定的实用价值，但效率较低，难以满足未来高压大功率电池系统的消防需求。因此，深入了解锂离子电池的燃烧机理和能量释放过程，设计分布式精准消防系统是锂离子电池消防的核心问题。

### 7.3.2 研究方向

为了保证高压大功率锂离子电池系统应用安全，提升电池系统的安全性和可靠性，亟须开展不同时间尺度下的锂离子电池短路特性研究和精准分布式消防技术研究，建立系统安全测试平台和分析工具，该专题的主要内容包括电池系统外短路防护设计匹配技术研究和电池系统分布式精准消防技术研究。

1. 电池系统外短路防护设计匹配技术研究

针对电池系统外短路防护故障特征，设计开发时间及电流双重可控的电池外短路测试平台，实现低压电池单元在不同电流和时间尺度下的外短路场景故障模拟。基于测试数据，分析电池的耐过流特性，拟合得到储能单元外短路场景下的安全边界条件和性能边界条件。同时，分析电池外短路的反应过程和机理，建立可控时间尺度的电池外短路模型，并建立系统熔断器的热-电耦合模型，联合仿真实现电池系统外短路防护仿真，作为储能电站用锂离子电池外短路防护设计的可靠性分析工具。在测试及仿真的基础上，形成高压大功率应用场景的电池系统多级外短路防护配置方案，并通过系统仿真对不同层级的短路保护时序及防护效果进行仿真验证，建立从低压测试到高压仿真的电池系统外短路防护设计及验证的解决方案。

2. 电池系统分布式精准消防技术研究

针对电池系统内部可能出现的热失控及火灾蔓延的风险，开展分布式精准消防技术研究。首先，针对电池系统成组单体进行绝热量热仪热失控试验，提取电池热失控过程中的产热温度、失控起始温度、最高温度、温升速率等特征参数，基于此对电池热失控过程进行阶段性划分，并建立时间尺度上的热失控演化过程模型。在单体热失控模型的基础上，考虑电池组内产热及传热过程的方程，建立空间尺度上的热失控扩展模型，分析电池组内部温度分布特征，优化系统内温度探测布置方案。在充分考虑电池热失控能量释放及扩展规律的基础上，分析电池系统灭火及热失控抑制关键时间和灭火剂的需求，对热失控位点进行精准定位和快速抑制，形成电池系统分布式精准消防技术方案。

## 7.4 智能化安全状态预警与控制技术

锂离子电池具有能量密度高、工作电压高、工作环境适应性强、循环寿命长等优点。在使用中可以随时进行充放电，无须准备时间，几乎不需要额外维护，是现今二次电池的主流发展方向。为了实现对电池状态的估计，预测电池剩余能量,需要对电池组进行建模,目前普遍的电池组建模方法均忽略了电池间的差异,将电池组视为一个大电池,从而影响仿真精度。同时,电池组模型随着电池数量的增加,仿真速度大幅降低,为了构建高精度电池组模型,进行实时状态估计,需要构建电池组数字孪生模型,实现数字模型与物理实体的 1:1 同步运行。对电池组的能量状态进行估计,预测未来能量需求,为能量使用与能量调度提供准确参考,提高系统的机动性与可靠性。能量管理系统根据实时估算与状态预测结果,优化充放电策略,设计充电时间节点,调节充电电流序列,保证供能系统的长时间稳定运行。

结合历史数据、实时数据、预测数据进行多源数据融合的电池安全状态预警算法,快速识别并分类异常电池,针对异常类型提供多种工况优化调度方案,针对不同方案进行仿真,提供预测结果并作为参考,实现对电池异常的快速识别与多方案预演处理。

### 7.4.1 关键技术

锂离子电池在大功率使用中需要串并联成组,提高电池组输出的电压等级与电流等级。电池在成组使用过程中失效概率相较单体更高,因为单一串联或并联支路内出现电池故障,整条支路均需从电池组内切除。同时,由于电池间参数差异、电流应力差异、老化路径差异、电池间参数差异均随使用逐渐增加,影响电池组能量输出效率,对电池组进行均衡可以减小组内电池 SOC 差异。均衡控制策略与控制信号需要能量管理系统(energy management system, EMS)的准确仿真与能量预测,需要在能量管理系统内构建电池组全数字模型,实现数字孪生仿真,针对工况的能量预测与安全状态预警,提供多种应对策略以供选择。

国外电池能量管理系统的研究主要集中于多能源耦合、太阳能发电、智能微电网等领域,见表 7-1。与纯电池应用场景不同,多能源耦合系统的重点在多个系统的能量调度与控制,且充放电功率普遍较小。

**表 7-1 国外锂离子电池组能量管理研究**

| 研究方向 | 研究内容 | 研究人员 | 研究成果 |
| --- | --- | --- | --- |
| 多能源系统能量调度 | 多能源系统指包含光伏发电、风能发电、生物燃料发电、智能电网的混合能量系统 | Rehani 等[8] | 利用配备双向转换器的电池储能系统进行削峰填谷,降低变压器峰值功率,延长使用寿命。提出基于实时充电状态的控制方法,减少电力系统波动以响应不同能源系统的可变输入 |
| | | Tayab 等[9] | 提出并网和电池储能系统能量管理系统,根据温度和负载需求,进行准确的能量预测与优化 |

续表

| 研究方向 | 研究内容 | 研究人员 | 研究成果 |
|---|---|---|---|
| 电池储能系统管理 | 电池成组应用过程中需要对电池状态进行建模预测，针对应用场景与使用目标进行优化管理 | Lokeshgupta 和 Sivasubramani[10] | 提出具有电池储能系统的高效能源管理模型，利用多目标混合整数线性规划求解模型目标，针对六种不同场景研究电池储能系统对所提模型的影响 |
| | | de Oliveira-Assis 等[11] | 提出双能源管理系统的简化模型，易于实现并大大减少了计算工作量，适用于长时间仿真和大型系统的控制设计与动态分析 |
| 电池失效诊断 | 电池在成组应用的过程中，由于参数间的不一致性，为电池系统的可靠运行带来了巨大挑战，需要实现故障预警与诊断 | Sidhu 等[12] | 利用非线性模型寻找过充和过放过程中的标志性故障，将扩展卡尔曼滤波应用于模型端电压并生成残余信号，生成确定特征故障的概率 |
| | | Kim 和 Lee[13] | 基于云的大型锂离子电池储能系统状态监测和故障诊断平台，结合嵌入式物联网和云电池管理平台，基于异常值挖掘的多线程电池故障诊断算法 |

国内由于电池储能系统的高速发展与数据平台的建立，研究主要集中于车用锂离子电池组的建模，以及基于云平台的大数据诊断系统，见表 7-2。

**表 7-2　国内锂离子电池组能量管理研究**

| 研究方向 | 研究内容 | 研究人员 | 研究成果 |
|---|---|---|---|
| 大型电池储能系统管理 | 提高电池组规模可以提高系统承载能力，需要完善的能量管理策略保证安全运行 | Li 等[14] | 基于大型电池储能站与能量管理系统，提出了发电控制调度与能源管理策略，保证电池系统高精度高速输出，实现储能子系统的优化管理与经济运行。利用实时调控技术保障储能系统的安全、高效、稳定运行 |
| | | Wu 等[15] | 根据电池特点研究电池控制策略，对直流母线进行磁滞能量管理，在电池外部电压控制中使用非线性控制函数实现恒定功率输出 |
| 电池失效诊断 | 电池故障预警对电池长期稳定运行具有重要意义，如何依靠 BMS 数据实现准确诊断 | Li 等[16] | 结合长短期记忆循环神经网络和等效电路模型，提出新型电池故障诊断方法，采用改进自适应 Boosting 方法提高诊断精度，采用预判模型减少计算时间，提高诊断的可靠性 |
| | | Li 和 Wang[17] | 重点研究基于类间相关系数（ICC）的故障检测保证电动汽车安全可靠运行，通过捕获偏离趋势的电压降计算 ICC，通过仿真和实验对电压故障进行验证和分析 |

虽然，国内外学者针对锂离子电池成组应用的状态估计与能量预测方法已经展开了大量研究，对不同工况场景下的电池组估算方法、安全预警算法进行了全方位研究，形成了较为完善的电池组控制方法。然而，在大功率充放电条件下的电池模型仍然存在精度较低的问题，如目前针对电池储能系统的建模集中于平稳小电流工况，对高功率电池充放电过程的机理建模还有待开展研究，针对大概率电池组的故障诊断及故障处理方法还有待完善。

### 7.4.2　研究方向

针对高功率工况下电池组的能量预测与能量估计、单体级别电池组模型构建及简化、智能化电池安全预警技术与电池状态异常情况下的控制策略，结合数字孪生模型与一致性参数生成算法，实现高精度状态估算与不同时间尺度的能量预测，利用多源数据实现快速异常诊断，针对不同场景实现工况调整，保障剩余电池的正常运行。

1. 单体级别的数字孪生模型构建及实时仿真

针对所选锂离子电池，分析电池成组所用硬件架构，针对电池组结构设计单体级别电池组仿真模型，实现任意参数电池组的快速构建。在等效电路模型的基础上研究简化仿真算法，提高仿真速度，实现对高功率充放电场景下的电池组准确仿真。基于电池组模型，利用 BMS 实测数据，进行后续状态估算与能量预测研究，在 EMS 中实现对电池组模型的实时仿真。

2. 高功率放电场景下的剩余能量预测

以高倍率工况下锂离子电池组的能量估算为目标，结合一致性参数生成模型与等效电路模型，减少参数辨识或参数测量的工作量，设计大容量复杂拓扑电池组的能量估算算法。针对大电流短时间的特殊工况，预测不同时间尺度下的工况特征，结合实时数据进行电池组状态估算与误差校正，针对未来工况提供优化充电调度策略，充分利用时间窗口进行快速充电，提升电池组在脉冲工况条件下的运行时间。

3. 电池安全状态预警与控制技术

以提升电池组运行稳定性和及时发现安全隐患为目标，开展电池安全状态预警研究，通过温度、电压、电流、机械应力等多种传感器数据，筛选异常信息，定位异常电池位置。综合多源数据比对，结合实时数据与历史数据设计异常值检测分类算法，实现电池异常的定位与异常状态分类。针对不同安全状态异常设计多种处理措施，提供异常情况运行策略，根据所选安全控制策略更新电池剩余能量预测数据，计算剩余工作时间以供运行参考。

4. 电池状态监测交互平台

针对电池系统多维度状态监测与能量预测系统，融合 BMS 数据采集系统、电气开关控制系统、能量估算与预测系统、安全状态预警系统。设计信息反馈显示人机交互界面，更新电池状态信息与能量预测数据，显示不同工况场景下的剩余放电时间。显示电池组内部安全状态异常信息,提供多种备选处理方案与相应的剩余能量状态。根据所选方案调节系统运行状态,实现电池状态的多维度显示与控制信号的全自动下发,构建数字化电池状态监测与数据交互平台。

# 7.5　高压电池组高效率柔性成组技术

高压大功率储能系统应满足的要求如下所述。

(1)大功率需求。采用大功率 DC-DC 实现对电池模组的充放电控制。

(2)可靠性要求。高压系统因电池串联支数增多,某支电池损坏会导致电池不能正常工作,可靠性变差。

(3)安全性要求。基于串联构架的高压大功率系统的耐压等级增加,对电气安全性提出更高要求。

(4)可拓展性。为了满足储能系统多元化应用需求,储能系统应具备灵活成组特性,将带有 DC-DC 的电池模块根据不同连接形式快速组合构成新的储能系统,满足不同功率接口的需求。避免花费大量时间重新设计电池单元和功率变换器。

(5)能量利用率。串联电池在使用过程中会出现老化现象,电池内阻、SOC、可用容量等参数的不一致问题逐渐凸显,串联电池模组能量利用率降低。

现有高压大功率锂电池储能系统(battery energy storage system,BESS)针对不同电压等级,采用两电平或三电平 DC-DC 变换器实现储能单元与公共直流母线之间的能量交换。该方案技术成熟,成本低,效率高,控制简单。然而,随着使用时间增加,串联电池的不一致性凸显,BESS 的能量利用率急剧下降。

当某支单体电池失效后,整组电池无法使用,系统可靠性差;由于功率变换器通常采用非隔离拓扑以获得高运行效率,系统耐压等级随之增加,电气安全性差;当需要提供不同电压形式的输出时,现有方案因功率接口固定,不便于更改,变换器无法级联以满足不同电压及功率要求,储能系统不能实现重新组合,系统可拓展性差。为了解决现有高压大功率电池储能系统存在的问题,研究新型拓扑提升电池组能量利用率,降低变换器成本及运行损耗,提高储能系统可靠性,可拓展性十分重要。

电池柔性成组系统采用高频隔离变压器,开关器件、电感、电容较多,增加了系统成本,为了进一步缩减变换器的设计成本及运行损耗,开发了新型差额功率变换器。通过补偿运行的方式将变换器额定容量缩减为额定功率的 1/3 左右。表 7-3 为差额功率柔性成组储能方案与满功率储能方案下电池组能量存储性能对比仿真结果。

表 7-3　差额功率柔性成组储能方案与满功率储能方案下电池组能量存储性能对比仿真结果

| $V_{DC}$/V | $n$ | 可用容量/(A·h) | | 系统效率/% | | 能量利用率/% | |
|---|---|---|---|---|---|---|---|
| | | 差额功率 | 满功率 | 差额功率 | 满功率 | 差额功率 | 满功率 |
| 100 | 2 | 53.3 | 52.0 | 93.5 | 89.0 | 64.5 | 61.5 |
| 450 | 10 | 53.7 | 49.6 | 95.6 | 89.2 | 65.8 | 58.9 |
| 900 | 20 | 53.1 | 45.8 | 95.5 | 89.2 | 65.0 | 54.3 |
| 1350 | 30 | 53.8 | 44.1 | 95.6 | 89.2 | 65.9 | 52.3 |

注：$V_{DC}$ 为储能系统的直流母线电压；$n$ 为电池分组数。

在特定的一致性参数指标下，随着电压等级的提升，传统满功率储能方案的能量利用率明显降低，而采用差额功率成组方案的能量利用率基本保持不变，证明差额功率柔性成组方案适用于高压储能系统。

### 7.5.1　关键技术

通过先进的直流功率变换技术提升锂电池的能量存储能力、储能系统可靠性及使用寿命是充分发挥锂电池价值，降低储能成本的关键。将高压电池储能单元解耦成低压电池模组串联形式，结合输入串联输出串联（input series-output series，ISOS）级联型模块化 DC-DC 电力电子装置实现电池模组间的大功率均衡，可提升系统能量利用率及可拓展性。然而，级联方案增加了变换器成本和运行损耗。为了发挥模块化变换器的优势，降低变换器成本，近年来，国外学者提出了基于隔离性 DC-DC 变换器混合连接的差额功率转换电池储能系统（differential power converter-battery energy storage system，DPC-BESS）拓扑构架。其结构特征为：变换器公共输出端与电池模组串联构成直流母线，通过调节公共输出端电压实现对 BESS 总功率的控制。在运行过程中，变换器仅处理差额功率，达到缩减变换器设计容量的目的。

传统锂电池储能系统拓扑构架如图 7-1（a）所示。受限于锂电池单体电压及容量限制，储能单元需要将大量单体并联拓展容量、串联达到高压等级满足功率需求。传统方案通过单一的非隔离型 DC-DC 变换器实现储能与直流母线间的能量转换，成本低、效率高。但是，当电池单体不一致性凸显时，储能单元的能量利用率急剧降低，不能充分发挥锂电池的价值与效能。采用 ISOS 级联型模块化拓扑构架[图 7-1（b）]实现电池模组间均衡，可以提升整组电池的能量利用率，延长使用时间。然而，模块化结构增加了变换器的成本，降低了转换效率。

采用效率较低的反激变换器构成差额功率转换电路替代 BOOST 电路，实现便携设备用 12V 锂电池组直流母线的功率转换及均衡，系统总运行损耗不变，变换器总体积缩减了 23%，但未提供动态性能比对结果[图 7-1（c）]。有学者提出了基于差额功率转换构架的电动汽车极快充电方案，通过降额实验证明采用差额功率转换在不同电池电压下可以同时减小变换器的损耗及成本，但仅实现单向运行，未在完整充放电区间内证明方案的有效性。有学者通过增加 BUCK-BOOST 拓扑结构 DC-DC 实现了单组电池与光伏混合能源系统的差额功率分配。还有学者通过降低前级变换器容量，实现基于定频 LLC 电路的升压应用，由于变换器仍需处理满功率，将其归属为差额功率转换范畴比较牵强。此外，另有其他学者提出不同的差额功率储能系统拓扑方案，各类拓扑之间无本质差别且仅停留在提出概念的层面。

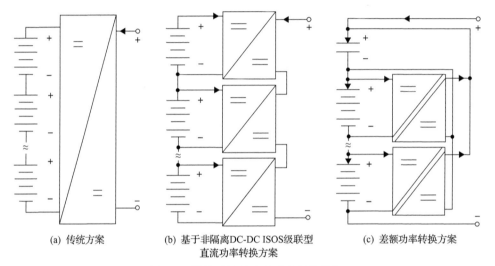

(a) 传统方案　　　　(b) 基于非隔离DC-DC ISOS级联型　　　(c) 差额功率转换方案
　　　　　　　　　　　直流功率转换方案

图 7-1　储能系统的直流功率转换构架

　　限于锂电池单体容量及电压，需要将成百的单体串并联形成电池模组，由于制造工艺及使用环境的不一致，单体间总是存在不可消除的不一致性。单体电池成组后，其能量密度、耐久性和安全性都因单体不一致而下降。

　　清华大学欧阳明高院士团队对锂电池成组不一致性进行了深入研究。他们探讨了电池组容量演化机理及影响因素，提出了面向恒流工况及动态工况的电池模组一致性辨识及均衡策略。然而，采用能耗均衡方案仅能使单体间 SOC 一致，无法实现电池容量利用最大化。采用非能耗均衡理论上可以实现电池容量利用最大化，然而由于非能耗单体均衡装置结构复杂，成本高，不适用于实际应用。

　　北京交通大学新能源研究所测试了使用时间约为三年的磷酸铁锂(LiFePO$_4$, LFP)单体电池容量数据，循环次数约为 1500 次，该电池组未使用均衡装置。图 7-2(a)为该组电池容量分布，额定容量为 60A·h，衰退后的平均值和标准差分别为 49.46A·h、1.499A·h；图 7-2(b)为该组电池内阻分布，其均值和标准差分别为 3.2mΩ 和 0.15mΩ，内阻和容量分布均可近似拟合为正态分布。

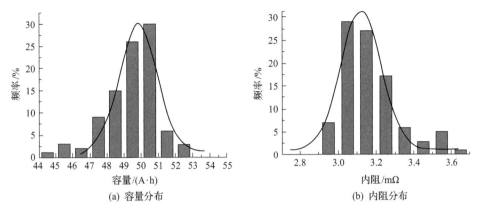

(a) 容量分布　　　　　　　　　(b) 内阻分布

图 7-2　含 95 只单体的电池组参数分布

　　容量差异对能量利用率的影响最明显。如果实际电池容量不同，则实际可用容量甚至小于电池组中所有电池的最小容量(图 7-3)。电池组的能耗均衡可以解决 SOC 差异的问题，但对容量差异没有影响。为了解决电池储能系统存在的问题，将隔离型模块化电力电子装置与电池串并联模组相结合组成柔性成组系统，柔性成组系统改变了电池模组的串并联构架，减少了相同电流下的单组电池串联支数，提高了电池模组的能量利用率。采用隔离型 DC-DC 子模块，降低了电池模组的绝缘耐压等级，提高了电气安全性。

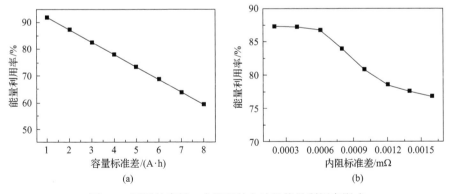

(a)　　　　　　　　　　　　　(b)

图 7-3　不同的容量、内阻下的电池组能量利用率影响

　　对于相同容量的储能系统，应考虑均衡策略下电池模组 EUE，并兼顾变换器子模块效率，使 BESS 的能量利用率最大化。通常，对于同种类型的功率变换器，高压大功率变换器的效率较高。基于统计学置信区间的概念证明了对于相同容量及拓扑的 BESS 存在最优分组数，使 BESS 能量利用率达到最大值，如图 7-4 所示。

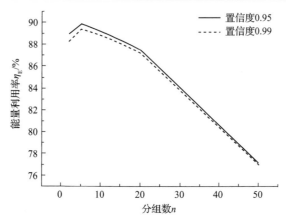

图 7-4　分组数与能量利用率之间的关系

　　该分析基于全桥型非隔离变换器子模块，假设子模块的效率随分组数增加而线性减小，并通过统计学方法分析电池模组的能量利用。

　　由于满功率柔性成组电力电子装置所用开关器件、高频变压器、电感、电容较多，成本较高，运行损耗大。事实上，锂电池在充放电过程中电池单元的电压变化范围约占其最大电压的 1/3。储能系统直流功率转换的本质是补偿变换的电池电压，维持输出电压恒定。满功率变换器通过处理全部运行功率来稳定系统的输出电压，增加了系统等效串联阻抗，造成过大的变换器设计成本和运行损耗。

　　一些学者提出了基于双向全桥移相 DC-DC 变换器的差额功率转换储能方案及分布式控制策略。将特定电容器串入主回路中，电容与电池模组串联构成直流母线。在充放电过程中，通过调节可控的电容电压，补偿串联电池模组电压变化，实现对直流母线总输出电压的控制。子模块采用全桥移相隔离型双向 DC-DC 拓扑，串联输入端连接各电池模组，并联输出端连接电容。差额功率转换方案可以在电池一致性变差后提升电池能量利用率，差额运行特点进一步降低了变换器的成本与运行损耗。

## 7.5.2　研究方向

　　针对高压储能系统的应用特点，开发新型高压储能系统功率转换技术，通过改进拓扑提升电池模组能量利用率、可靠性、安全性及可拓展性。针对不同电压等级实现能量利用率最大化的优化分组方案。开发高效率隔离型 DC-DC 变换器适应柔性成组储能系统需求。开发优化均衡策略，实现 SOC 一致、模组容量最大化及能量最大化的均衡策略。研发分布式控制策略，实现电池模组及直流母线功率控制，提升系统可拓展性。

### 1. 高压储能系统柔性成组拓扑方案研究

　　针对高压储能系统多元化的需求，研究储能变换器柔性成组拓扑方案。对比传统储能方案，通过柔性成组技术实现储能系统效率及能量利用率的提升；通过 DC-DC 子模块实现电池模组故障隔离，提升系统可靠性；通过隔离型 DC-DC 降低电池单元电压等级提升系统电气安全性。研究采用差额功率变换拓扑实现功率变换器设计容量及运行损耗最小化。

2. 柔性成组控制策略研究

研究基于单体一致性参数，如 SOC、剩余可用容量、SOE、SOH 实现不同优化目标下的柔性成组均衡策略。研究分布式控制策略，改变传统储能方案采用集中式控制器的构架，提升系统的可拓展性。

# 7.6　电池组低温加热技术

目前，新能源在动力电池储能方面的应用主要是通过锂离子电池实现。相比于传统的铅酸电池和镍铬电池，其具有能量密度高、自放电率低和循环寿命长等优势。但它也存在一定的短板，例如，在低温情况下，锂离子电池的阻抗成倍增大，峰值功率、可用能量和能量转换效率急剧下降。同时，低温下充电容易引起负极析锂，引发电池内短路、热失控等安全危害。低温下电池循环使用时，相比于常温其寿命大幅缩短。我国北方大部分地区冬天的最低温度常低于–10℃，部分地区最低温度在–30℃以下，寒冷的环境使电池性能急剧衰减，严重损害了动力电池的动力性能和使用寿命，从而影响装备的可靠性和安全性。因此，锂离子电池低温性能严重衰减是影响其宽温域应用的关键因素，同时也是制约高效动力与新能源绿色技术发展的瓶颈因素之一。对于锂离子电池而言，宽温域工作的挑战主要表现在：电池在低温环境下的性能急剧衰减；低温下充电电压平台高，采用常规的充电方法很难充入电能；易析锂。为了满足宽温域工作这一需求，需要提升锂离子电池在低温情况下的性能。

## 7.6.1　关键技术

目前，锂离子电池低温加热方法主要分为自加热、他加热、复合加热和多功能加热四种。其中，自加热方式主要是通过对电池施加电流并通过电池自身的阻抗产热，从而达到升温目的，根据施加在电池上的不同激励进行分类，加热效果与激励的选取有较大关系，电流幅值越大，电池产热量越大，电池的温升也越快，但电流太大可能会导致电池的电压超过安全电压，造成电池的过充或过放，造成加速衰退，甚至引发安全问题。因此，激励工况需要在考虑衰退边界的同时提高加热速率。他加热方式主要是利用其他热源将电池温度升高，根据热源的不同又可以分为加热膜、加热片和加热风扇等。由于需要额外的元器件对电池实现加热，一般加热效率较低，加热速率较慢，均匀性差。复合加热方式结合自加热和他加热的优点，实现电池的快速加热。内部预埋加热片的电池是复合加热方式的特例，具有快速加热的优势但绝缘挑战大。多功能加热方式则结合其他的功能（如均衡），在实现该功能的同时达到对电池进行加热的目的。

### 7.6.2　研究方向

1. 锂离子电池宽温域的电化学特性及边界研究

低温环境下，电解液中的溶剂黏度增加，锂离子迁移速率降低，导电能力下降，锂离子在负极嵌入阻抗高，容易形成锂枝晶，影响电池性能和寿命。针对宽温域条件下锂离子电池的电化学特性和运行边界条件进行系统的研究。

（1）宽温域锂离子电池动力学特征研究。研究宽温域、不同倍率、不同荷电状态下锂离子电池的电化学阻抗，探究锂离子电池负极、正极和全电池的电荷转移阻抗随温度、充放电速度和充放电深度的变化趋势；研究温度、电流倍率对电极反应的影响，并构建温度、电流倍率与极化的定量函数关系，总结宽温域不同条件时电池的电化学反应机理。

（2）宽温域锂离子电池性能边界研究。研究宽温域锂离子在正负极材料中的嵌入和脱嵌及在电解液中迁移过程的动力学特征，分析锂离子的浓度分布，计算充放电的极限电流密度，获取低温下电池的析锂边界。

2. 锂离子电池宽温域在动态工况下高精度电热耦合模型研究

锂离子动力电池模型的精度直接影响电池状态估计、性能预测、安全预警等方面的功能，但现有的电化学模型、等效电路模型等传统建模方法对宽温域、多倍率动态工况的预测精度很差，无法满足系统应用需求。

（1）低温环境锂离子电池非线性时变规律研究。基于 HPPC 测试，提出融合工况约束因子的 RLS 辨识算法，设计极端工况下模型电热参数辨识方法，研究电池内部参数随温度变化的非线性演变规律。

（2）锂离子电池高精度电热耦合模型研究。热学模型和电学模型的耦合源于电池高度依赖温度的动力学特性和电学行为的产热，揭示了电池模型参数与温度之间的关系，构建刻画电池温度特性的电热耦合模型。

（3）锂离子电池组参数分布重构技术研究。对锂离子电池组参数进行离线数据分析，得到电池组中各单体的容量、内阻、SOC 运行区间和温度的分布规律及各参数的相关性，研究电池参数分布的重构技术，实现具有相同参数分布规律的任意串联数锂离子电池组的精准模拟。

### 3. 锂离子电池低温加热方法研究

基于锂离子电池宽温域的电化学特性及边界研究,结合高精度电热耦合模型,进行低温加热方法研究。

(1)电池-加热片极速加热方式研究。研究电池-加热片极速加热方法,加热片位于模组内部、电池的最大表面侧,研究加热片材质、尺寸形状、加热片在电池系统中的定位选择、加热片连接策略等形式。

(2)锂离子电池最优加热控制策略研究。以当前状态的最大放电电流为边界条件,以加热时间、温升速率、电池内部温差为优化子目标,研究多目标优化加热策略,获取 Pareto 最优解,得到最优加热电流占空比的变化规律。

(3)锂离子电池低温加热综合性能研究。研究高精度计量温度、电压、电流等参数,对比分析不同加热方式的温升速率、温度偏差、加热能耗及容量衰退等关键技术参数,研究不同温度、不同 SOC 状态下,充放电电流的幅值、频率和占空比对电池寿命衰退的影响,建立基于电化学机理和数据驱动相结合的在电池加热工况下的寿命衰退模型。考虑加热装置体积、质量和成本等因素,综合分析不同加热方式的适用性、经济性和优缺点。

### 参 考 文 献

[1] Rumpf K, Naumann M, Jossen A. Experimental investigation of parametric cell-to-cell variation and correlation based on 1100 commercial lithium-ion cells[J]. Journal of Energy Storage, 2017, 14: 224-243.

[2] Schuster S F, Brand M J, Berg P, et al. Lithium-ion cell-to-cell variation during battery electric vehicle operation[J]. Journal of Power Sources, 2015, 297: 242-251.

[3] 王震坡, 孙逢春, 张承宁. 电动汽车动力蓄电池组不一致性统计分析[J]. 电源技术, 2003, (5): 438-441.

[4] 郑岳久. 车用锂离子动力电池组的一致性研究[D]. 北京: 清华大学, 2014.

[5] Diao W P, Jiang J C, Zhang C P, et al. Energy state of health estimation for battery packs based on the degradation and inconsistency[J]. Energy Procedia, 2017, 142: 3578-3583.

[6] Jiang Y, Jiang J C, Zhang C P, et al. A copula-based battery pack consistency modeling method and its application on the energy utilization efficiency estimation[J]. Energy, 2019, 189: 116219.

[7] Wang L M, Pan C F, Liu L, et al. On-board state of health estimation of LiFePO$_4$ battery pack through differential voltage analysis[J]. Applied Energy, 2016, 168: 465-472.

[8] Rehani A, Deb S, Bahubalindruni P G, et al. A high-efficient current-mode PWM DC-DC buck converter using dynamic frequency scaling[C]//2018 IEEE Computer Society Annual Symposium on VLSI(ISVLSI), Hong Kong, 2018: 464-469.

[9] Tayab U B, Lu J W, Yang F W, et al. Energy management system for microgrids using weighted salp swarm algorithm and hybrid forecasting approach[J]. Renewable Energy, 2021, 180: 467-481.

[10] Lokeshgupta B, Sivasubramani S. Multi-objective home energy management with battery energy storage systems[J]. Sustainable Cities and Society, 2019, 47: 101458.

[11] de Oliveira-Assis L, Soares-Ramos E P P, Sarrias-Mena R, et al. Simplified model of battery energy-stored

quasi-Z-source inverter-based photovoltaic power plant with Twofold energy management system[J]. Energy, 2022, 244: 122563.

[12] Sidhu A, Izadian A, Anwar S. Adaptive nonlinear model-based fault diagnosis of Li-Ion batteries[J]. IEEE Transactions on Industrial Electronics, 2015, 62 (2) : 1002-1011.

[13] Kim H Y, Lee S W. Lifespan extension of an IoT system with a fixed lithium battery[J]. IEICE Transactions on Information and Systems, 2020, (12) : 2559-2567.

[14] Li B, Mo X M, Chen B Y. Direct control strategy of real-time tracking power generation plan for wind power and battery energy storage combined system[J]. IEEE Access, 2019, 7: 147169-147178.

[15] Wu W, Partridge J S, Bucknall R W G. Stabilised control strategy for PEM fuel cell and supercapacitor propulsion system for a city bus[J]. International Journal of Hydrogen Energy, 2018, 43 (27) : 12302-12313.

[16] Li D, Zhang Z S, Liu P, et al. Battery fault diagnosis for electric vehicles based on voltage abnormality by combining the long short-term memory neural network and the equivalent circuit model[J]. IEEE Transactions on Power Electronics, 2021, 36 (2) : 1303-1315.

[17] Li X Y, Wang Z P. A novel fault diagnosis method for lithium-Ion battery packs of electric vehicles[J]. Measurement, 2018, 116: 402-411.

# 第8章 锂离子电池寿命预测及系统可靠性评估

## 8.1 电池单体健康状态估计与延寿技术

### 8.1.1 电池性能退化机理

锂离子电池的老化过程受其成组方式、环境温度、充放电倍率和放电深度等多种因素的影响，容量及性能衰退通常是多种副反应过程共同作用的结果，与众多物理及化学机制相关，其衰减机理与老化形式十分复杂。如图 8-1 所示，实际的锂离子电池老化过程中，在锂离子电池的各个组分内均会发生不同的副反应或相变过程，各种过程均对容量衰退有不同的影响。综合近年来国内外的研究进展，目前影响锂离子电池容量衰退机理的主因包括析锂、表面钝化膜(SEI)生长、集流体腐蚀、电极活性材料损失等。在实际的锂离子电池老化过程中，各类副反应伴随着电极反应同时发生，各类老化机理共同作用，相互耦合，增大了老化机理研究的难度。

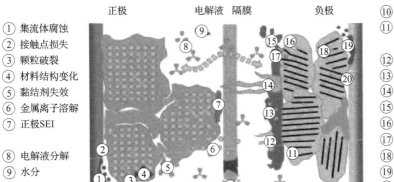

图 8-1 锂离子电池老化综合机理分析

1. 析锂对容量衰退的影响

析锂是指锂从电解液沉积到电极表面的过程。在负极表面发生的析锂是锂离子电池的重要老化原因，也是影响电池安全的重要因素。当负极电位超过 0V 的阈值(相对于 Li/Li$^+$)时，负极表面就会发生析锂(图 8-2)。析锂会导致不可逆的锂离子存量损失，使其可用容量减少。影响电池析锂的因素有很多。锂离子嵌入石墨负极的速率过慢或锂离子传输至负极的速率过快都可能引发析锂。研究表明，低温条件下工作时锂离子的扩散速率会变缓慢，负极工作电位与析锂电位非常接近，所以更容易发生析锂。此外，N/P（负极片容量与正极片容量的比值）过小也会导致析锂，局部电极极化和几何不匹配时也可能会导致析锂。析锂与老化过程还有密切联系：电池析锂现象发生在老化后期加速，成为电池容量拐点出现的主要原因之一。其原因在于随着电池老化，SEI 生成而致负极孔隙率下降，负极处电解质电位的梯度增大，因此充电过程中负极电位下降，更易下降至 0V 以下发生析锂；而析锂过程会导致负极孔隙率下降和电解质电位梯度加大，使电池老化呈加速状态。当电池处于放电状态时，枝晶上的锂可能会溶出，但这部分物质因没有接触集流体而无法得到电子，无法在充放电过程中参与电极反应，形成死锂。

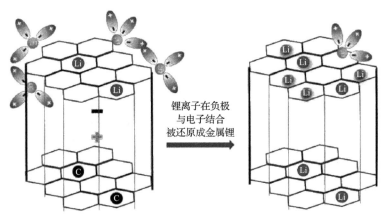

锂离子在负极与电子结合被还原成金属锂

图 8-2　负极析锂导致活性锂离子损失示意图

2. SEI 生长对容量衰退的影响

　　SEI 膜是在锂离子电池负极表面形成的一层钝化膜，具有离子导电性并可阻止电子通过，将电解液与负极隔开。SEI 膜生长是锂离子电池在负极/电解质界面处的主要副反应，会导致不可逆容量损失，电池倍率、寿命和安全特性都和 SEI 膜密切相关。在正常使用条件下，SEI 膜是造成电池活性锂损失的主要因素。SEI 膜主要由 $Li_2CO_3$、$LiF$、$Li_2O$ 等无机物及 $ROCO_2Li$、$ROLi$、$RCOO_2Li$（R 为有机基团）等有机物组成，对一些电池而言，SEI 膜厚度可达 100nm 以上。锂离子电池的充放电过程伴随着锂离子在正负极间的反复脱出与嵌入，在充电时正极材料中的活性锂离子会穿过隔膜到达负极表面，发生半电池反应后嵌入负极材料。由于锂离子电池负极表面的工作电位一般低于电解液热力学稳定的电势窗口，一旦锂离子、电解液与负极表面的电子接触时，电解液就有被还原的可能性，再加上负极附近还存在各种物质间的复杂反应，在负极表面形成 SEI 膜，造成锂离子电池活性材料损失，造成最大可用容量下降和阻抗增加等后果。在温度较高和 SOC 较高的情况下，SEI 膜生成也是防止老化的主要原因之一。与新电池和常温循环下生成的 SEI 膜相比，较高温度下（如 45℃）生成的 SEI 膜相对于较低温度（如 20℃）下生成的 SEI 膜具备更好的热稳定性和更高的致密程度，能够延缓电池老化的速度。负极 SEI 膜生长虽然对锂离子电池的容量、内阻等造成消极影响，但稳定的 SEI 膜能够改善电极材料界面特性，有利于提高电池的循环性。也有学者认为，SEI 的致密内层（初始 SEI 层）与多孔外层（长期生长层）形成的双层结构能更好地解释 SEI 对电池特性的影响。

### 3. 集流体腐蚀对容量衰退的影响

集流体是锂离子电池的关键组成部件，负责承载活性物质、汇集并输出。目前应用较广泛的集流体是铜和铝：铜在高电位时易被氧化，适合用作石墨、硅等负极材料的集流体；铝由于在成本、机械强度、导电及导热特性等方面的优势，通常被认为是最合适的电池正极集流体材料之一。集流体腐蚀后会降低电池寿命，并影响其稳定性和安全性。在过放电等极端工况下，例如，当电压低至 1.5V 时，铜在电解质中被氧化成铜离子（$Cu^{2+}$），使铜集流体溶解；过放电被氧化的铜离子在后续充电过程中以金属铜的方式析出并沉积在负极材料表面，沉积在负极表面的铜阻碍负极的嵌锂和脱锂并使 SEI 膜加厚，造成锂离子电池的容量衰减。同时，可以通过超声表面处理工艺来提升铜集流体的粗糙度，更好的黏结性能够有效提升剥离强度，且处理后的铜箔具有更强的耐腐蚀性。

电池因集流体腐蚀而产生的老化主要表现为内阻增大。研究结果表明，以铝光箔为集流体的电池交流阻抗较大，以 10C 循环 350 次后的容量衰减至初始值的 10%；腐蚀铝箔比铝光箔有明显改善，但稳定性仍然较差，以 10C 循环 350 次后容量衰减到初始值的 22%。在以六氟磷酸锂为电解质的电解液中，少量的水分能够促进电解质分解并产生稳定的无机盐，从而抑制铝集流体的腐蚀。但随着水分的产生，电解液的氧化分解产物在铝箔表面发生电化学反应，导致并加速铝箔的腐蚀。若通过扫描电子显微镜分析铜集流体在循环过程中的厚度变化，可以发现多孔层厚度逐渐增加、集流体厚度降低，在电化学循环过程中铜集流体被腐蚀产生的溶解和多孔层的形成使铜集流体的厚度连续减小，导致内阻增加。

### 4. 电极活性材料损失对容量衰退的影响

在充放电的过程中，锂离子会在正负极中嵌入和脱嵌，从而造成电极材料体积变化，形成机械应力。放电过程中，负极材料因脱锂而导致体积收缩，正极材料因嵌锂而产生体积膨胀，当负极体积收缩大于正极体积膨胀时，电池外部表现为总体积收缩，反之电池表现出体积膨胀。高倍率充电时，电池持续处于膨胀状态，低倍率充电时，电池在充电初期体积膨胀、充电中期体积收缩、充电后期体积再次膨胀。石墨负极在充放电工况下的体积变化不超过 10%，但该过程中体积变化产生的应力仍存在，从而使负极材料有损伤的可能性。充放电时正极材料同样会产生形变，如磷酸铁锂材料充放电时存在 $LiFePO_4$ 和 $FePO_4$ 两相，在充放电过程中体积变化约为 6.81%，如 $LiMn_2O_4$ 和 $Mn_2O_4$ 在充放电过程中的形变约为 6.5%。相比负极材料，正极材料受应力的影响更大。研究发现，扩散过程会加大电极材料中的锂离子浓度梯度，引起局部体积膨胀，这种不均匀膨胀会产生扩散诱导应力。当扩散诱导应力超过一定阈值时，粒子颗粒可能会破裂，如图 8-3 所示，在快速充放电过程中该现象更为明显。电池热应力主要由内部存在的温度差异和温度变化所引起，可以通过建模仿真方法对热应力影响因素进行定量分析，观察方形电池内部温度场和热应力场分布信息，发现几何中心处温度最高，电池中心区域因高温膨胀而受到应力挤压，侧方区域则为拉应力；同时侧边中心处出现集中热应力现象。基于电极材料中锂离子浓度差异引起的扩散诱导应力，以及电化学循环产生的热应力对圆柱电池充放电过程中体积和温度变化影响的分析可知，应力与充放电倍率、叠层尺寸等参数都有关系。采用负热膨胀系数材料制成的电极能有效消除由锂离子嵌入和脱出导致的严重膨胀和收缩。

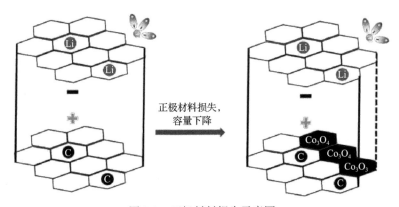

图 8-3　正极材料损失示意图

## 8.1.2　电池容量衰退模型

　　按照容量损失的特征，单体的寿命问题可以进一步分为两类，分别是可逆容量损失（RCL）和不可逆容量损失（IRCL）。可逆容量损失指可以通过充电恢复的电量损失，而不可逆容量损失则无法通过充电实现容量恢复，因此不可逆容量损失是决定二次电池单体寿命的指标。电池单体寿命又分为日历寿命和循环寿命。其中，日历寿命是指电池从生产之日起到寿命终止的时间，以年为计量单位，这期间包括搁置、老化、高低温、循环、工况模拟等不同环节。循环寿命是指在保持输出一定容量的情况下所能进行的充放电循环次数。所以，电池在实际使用中包含日历和循环两种退化，日历退化通常仅指在储存状态下的容量损失，循环退化则是指电池在充放电循环过程中造成的容量损失。按照模型及方法来分，主要有电化学模型、基于等效电路的模型、基于性能的模型、基于经验数据拟合的解析模型、基于统计的方法，这些模型及方法主要用于评价电池的退化程度。

1. 电化学模型

电池老化可以通过物理模型进行描述。电化学模型试图通过量化因素的影响，对电池性能的演变进行描述。若干因素相互作用导致电池出现老化现象，这决定了建立一个可靠精确模型的复杂性。电化学模型旨在明确了解电池在使用过程中发生的特定物理和化学现象。电化学模型分为基于现象的模型和基于原子/分子的模型两个部分。基于现象的模型不考虑电极材料给出电池动态的描述。基于原子/分子的模型可以获得与电极结构、表面或电解质相关的热力学量，如温度、活化能或反应机制。因此，可从这两种方法推导出与材料性质相关的退化机制。一方面，通过使用宏观观察拟合参数，可将老化过程对电池性能的影响转化为物理方程。另一方面，可根据使用的材料确定物理化学过程，并开展原子级别的计算及其对电池的影响。

2. 基于等效电路的模型

基于模型的方法通常使用等效电路模型对电池进行建模，并使用不同的方法估计模型参数。电池内部的参数可用于估计电池退化程度。这些参数可以直接通过测量识别或通过更复杂的基于等效电路模型的方法获得。这些方法需要通过较长时间的测试获得大量且多样化的数据集。例如，采用相关向量机(RVM)方法开展等效电路模型的参数识别，并用于电池退化的估计；采用贝叶斯形式表示支持向量机(SVM)的广义线性表达式，通过处理大数据集的不同参数，估计和预测电池退化。此外，基于等效电路的模型通常还与粒子滤波器(PF)和 Rao-Blackwellized PF 等方法相结合预测电池的 SOH 和剩余寿命。

3. 基于性能的模型

基于性能的模型是通过分析应力和容量衰减之间的简单相关性而建立的。通过在若干影响因素(应力)下进行的老化实验数据中获得的这些影响因素(包括温度、荷电状态、放电倍率、放电深度、运行时间、电压、循环次数、电荷吞吐量、平均荷电状态等)与容量衰减的相关性，进而建立相应的应力模型。该方法旨在量化应力对退化的影响，并获得描述电池性能在日历寿命或循环寿命的表达式。

4. 基于经验数据拟合的解析模型

这种经验方法基于大量实验数据并用于评价或预测退化估计值。该方法主要的问题是数据缺乏和测量准确性。最常用的方法是库仑计数法，它通过简单的电流随时间的积分来估计 SOH。这种方法的主要问题在于每次都必须在相同的条件下进行计数，如外部温度等条件。如果条件发生变化，该方法需要重新校准，然而校准工作不能实时完成。另外，模糊逻辑法也是一种基于经验的方法，它允许数据集有较低的噪声水平。因此，模糊逻辑法能够基于专家信息修正输入输出关系，并通过模型估计退化参数。利用电化学阻抗谱(EIS)数据可以获得阻抗和相位角两个参数，并用于预测电池的剩余循环次数。值得注意的是，模糊逻辑法可能会因专家信息产生更大的误差。此外，还有人工神经网络(ANN)、神经网络(NN)方法，主要用于预测电池的 SOC 和 SOH。在现有的关于人工神经网络、神经网络的研究中，需要将电池电压、放电电流、放电容量、再生容量和温度作为模型的输入。这些方法的主要优势在于它们的输入参数都较容易获得，但同时也需要大量不同的数据作为学习样本。

5. 基于统计的方法

作为解析模型，基于统计的方法需要大量的数据集才有效。这些方法不需要任何关于退化机理的先验知识，不需要任何因素的假设，也不需要任何化学或物理公式。一种简单的方法是利用时间序列过程，采用自回归移动平均法(ARMA)。这些研究将退化水平的数据视为一个时间序列，自回归移动平均法可以推导出退化水平的相应值。由于电池使用条件的不同，每个退化过程都不同，所以这个方法只适用于单个电池。此外，该方法需要从全电池特征中获取数据，以致于方法的准确性过于依赖数据。这些不足使该方法无法应用于实际。另一种方法是将电池寿命结束视为故障，并根据威布尔规律对电池寿命的终止进行建模。然而，这种将所有不同的使用和储存条件均视为一种情况的方法极大地降低了结果的准确性。另外，还有上面提到的神经网络、模糊逻辑和相关向量机方法也可以在不考虑先验模型的基础上直接估计退化参数。

### 8.1.3　电池健康状态评估

锂离子电池退化主要表现为容量衰减和内阻增长两种形式，研究表明两者具有较强的相关性，目前针对容量退化的研究较多。锂离子电池在储存使用中存在机械退化和化学退化，其中，由副反应形成的 SEI 膜及其增长和镀锂是退化的主要机理。锂电池健康状态是其退化状态的定量指标，目前主要以容量、电量、内阻、循环次数和峰值功率等参数进行定义。关于锂电池健康状态评估技术主要有基于电化学模型、基于等效电路模型、基于性能模型、基于经验和统计数据等评估方法，如图 8-4 所示。

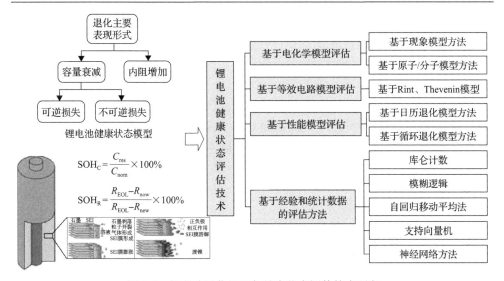

图 8-4 锂电池退化机理与健康状态评估技术研究

$R_{EOL}$ 为寿命终止点是内阻；$R_{now}$ 为当前内阻；$R_{new}$ 为新电池内阻；$C_{res}$ 为剩余容量；$C_{nom}$ 为额定容量

锂电池健康状态是通过定量的方法表征电池的性能状态。近年来，学者们对锂电池健康状态开展了大量研究，建立了一系列理论方法，主要包括基于电化学模型、基于等效电路模型、基于性能模型、基于经验和统计数据的评估方法。其中，基于电化学模型的评估方法从物理过程出发，通过构建能够准确描述电池中所发生的物理和化学现象的模型对电池健康状态进行评估，进一步包括基于现象的模型和基于原子/分子的模型两类。基于等效电路模型的评估方法通过建立等效电路模型，获取电池内部参数，并基于电池内部参数估计电池退化程度。基于性能的模型是通过分析应力和容量衰减之间的相关性而建立的，通过在若干影响因素(应力)下进行的老化试验数据中获得的这些影响因素(应力)与容量衰减的相关性，进而建立相应的应力模型。基于经验和统计数据的模型法基于经验数据或实验数据对锂电池退化量进行评价和预测，该方法不需要任何关于退化机理的先验知识，不需要任何因素的假设，也不需要任何化学或物理公式。

## 8.1.4 电池寿命预测

锂电池 SOH 估计方法研究是电池管理中的重要方面，对锂电池使用寿命的准确估计可以在电池出现故障之前及时更换，对于设备安全稳定运行具有重要意义，也可以有效地修正锂电池其他状态估计的精度。由于电池 SOH 也是不可直接测量的物理量，并且观测周期贯穿整个电池使用过程，因此准确估计动力电池 SOH 仍有一定难度。目前，进行锂电池 SOH 估计主要通过估计电池的容量和内阻等表征参数来完成，现有国内外文献中关于 SOH 估计方法可以归纳为以下四种类型：基于实验方法、基于数据驱动方法、基于容量增量分析(ICA)和差分电压分析(DVA)方法、基于模型的卡尔曼滤波方法。

### 1. 基于实验方法

基于实验的 SOH 估计方法通过实验测量获得电池的内阻或累计充放电的安时数,从而估计出电池 SOH。该方法虽然具有实验简单、结果精确的优点,但建立在对电池进行破坏性的循环寿命实验的基础上,并且不能进行实时估计,一般作为验证其他相关估计方法有效性的基准值。

### 2. 基于数据驱动方法

基于数据驱动的 SOH 估计方法主要是利用机器学习方法建立电池相关特性参数和 SOH 之间的非线性模型,从而完成对电池 SOH 的估计。BPNN 神经网络将一阶 RC 等效电路模型的电阻电容参数和自身 SOC 作为网络输入,电池容量作为网络输出,通过机器学习得到电池 SOH。此外,还可将欧姆内阻变化率和极化电阻变化率作为模型输入,电池容量变化率作为输出,通过支持向量机方法进行模型训练完成对锂电池 SOH 的估计。通过 ANN 神经网络建立 ICA 指标与 SOH 之间的非线性关系完成在恒流小电流放电工况下的 SOH 估计。另外,还可通过 NARX 架构的 RNN 网络学习加速寿命实验得到电压、电流、温度等数据并由此预测电池的寿命衰减状况。基于数据驱动方法实现过程中必须要有大量历史训练数据覆盖真实的使用场景,并需要有相应的机器学习方法优化模型,而且当电池使用中测量数据与历史训练数据不匹配时就会大幅降低此类方法的 SOH 估计精度,同时电池的不一致性也会进一步降低其适用性和估计精度。

### 3. 基于 ICV/DVA 方法

锂电池的 SOH 估计也可以通过微分数学方法(ICA/DVA)完成。ICV/DVA 方法被广泛应用于研究实验室环境下电池运行过程中发生的化学和物理过程,并研究每个过程在整个生命周期中的演变规律。对于 ICA 方法,一些研究以定性或定量的方式分析了此曲线在电池整个寿命期间的变化。通过将 DVA 分析应用于全部和单个电极电压曲线,并进一步推导出模型来预测由老化引起的容量损失,可以得到能够检测在日历寿命和循环寿命期间不可逆的容量损失及可使用的正负活性材料损失的模型。该模型可应用于电池管理系统中在电动汽车和插电式混合动力汽车充电过程中使用 ICA 方法进行车载电池容量的估计。ICV/DVA 方法存在以下缺点:电池必须在整个电压区域内以充放电倍率较低的恒定电流进行充电或放电,保证在该电压区域中至少可以检测到一个 ICA/DVA 峰值,高充放电倍率电流条件下不容易检测到相应的 ICA/DVA 曲线峰值。另外,收集的曲线数据必须进行过滤或平滑处理，以获取正确可行的差异分析，否则很多无效的小峰值会影响估计精度，这些操作通常需要大量的计算工作，不适于在车载电池管理系统芯片中的实时应用。

4. 基于模型的卡尔曼滤波方法

基于模型的卡尔曼滤波方法是根据电池模型构建系统状态空间表达式，并将表征电池老化程度的量化指标如电池容量、内阻等与其他参数共同作为系统的状态变量，同时结合卡尔曼滤波技术进行 SOH 估计的方法。用于电池 SOH 估计的电池模型主要是电化学模型。电化学模型以多孔电极理论和浓溶液理论为基础，通过将锂离子电池内部电化学反应动力学、传质、传热等微观反应过程数值化，从电化学机理层面描述锂离子电池的充放电行为。目前，锂离子电池的电化学模型主要有 P2D 模型、单粒子模型和简化的 P2D 模型。

1）P2D 模型

P2D 模型是一种适用于恒流、绝热系统的电化学模型，将锂离子电池等效为由无数球形固相颗粒组成的电极（正极和负极）、隔膜和电解液组成的三明治结构，如图 8-5 所示。P2D 模型采用多个控制方程描述各种电化学性质，过于复杂，计算量大，且无法获得解析解，因此 P2D 模型更适用于实验室研究，用于辅助分析锂离子电池的衰减老化机制并诊断其状态，以及通过仿真模拟为锂离子电池的优化设计（如材料颗粒设计、扩散系数调整方向等）提供理论支持。

2）单粒子模型

单粒子模型是最简单的锂离子电池电化学模型，它是由 P2D 模型简化而来。如图 8-6 所示，单粒子模型采用两个球形颗粒分别表示锂离子电池的正极和负极。单粒子模型的结构简单，计算量小，容易实现在线应用。目前，单粒子模型主要应用于锂离子电池的 SOC 诊断研究。但同时锂离子电池单粒子模型存在一些不可避免的缺点，即在大倍率充放电条件下，模型的假设是不合理的，由此导致仿真偏差过大。

3）简化的 P2D 模型

由于锂离子电池 P2D 模型控制方程过于复杂，P2D 模型无法实现实时在线应用，而单粒子模型的适用性相对较差，因此很多学者致力于对 P2D 模型进行合理简化，针对不同的应用场景，采用不同的简化方式，以获得满足相应精度要求和时效性的简化准二维模型。现有的简化方式主要包括进行几何结构简化、对固液相扩散过程进行简化和通过数学算法进行变换达到的简化。简化的准二维模型的模型结构得到了简化，极大地降低了计算量，同时相比于单纯的单粒子模型又考虑了锂离子电池内部锂离子的分布和扩散情况，因此对大倍率充放电行为仿真的适用性更强。

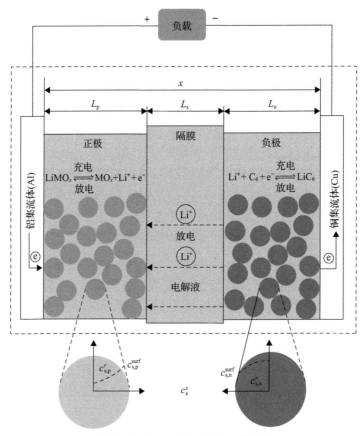

图 8-5　锂离子电池的 P2D 模型

$L_p$、$L_s$、$L_n$ 分别为正极厚度、隔膜厚度、负极厚度；$c_{s,p}^r$ 和 $c_{s,n}^r$ 分别为正极和负极固相颗粒沿半径方向的锂离子
浓度；$c_{s,n}^{surf}$ 和 $c_{s,p}^{surf}$ 分别为正极和负极固相颗粒表面的锂离子浓度；$c_e^x$ 为液相离子浓度

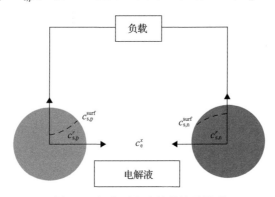

图 8-6　锂离子电池的单粒子模型

基于模型的卡尔曼滤波方法线性化近似会引起误差，以及模型不匹配造成的

计算误差，计算稳定性差，同时使用双重卡尔曼滤波器会增加计算负担，并且多尺度问题可能使此类方法发散。

### 8.1.5　电池延寿技术

近年来，电化学储能技术在智能电网、电动汽车和船舶电气系统的应用中发挥了关键作用。锂离子电池是电化学储能的能量载体，其能量密度和循环寿命是制约系统储能效率的两个瓶颈。为了解决这些瓶颈：一方面，采用高比容量材料，生产新材料，以提高电池的能量密度和循环寿命；另一方面，根据电池的外部特性参数(电压、容量和温度等)，采用合适的优化方法提高电池的循环寿命。

目前，延长锂电池循环寿命的研究主要包括两个方面：一方面，研究重点是基于化学材料或物理结构的锂电池的循环性能；另一方面，对锂离子电池的研究主要集中在电池的最佳充电策略上。最新研究表明，在水性电解液中加入添加剂和胶凝剂形成的混合电解液能有效提高水性可充电锂离子电池的循环寿命。在电极中放置一个锂金属储液罐，能够补偿可回收锂的消耗。金属有机骨架(MOF)的引入突破了电极材料设计的瓶颈，赋予了传统电极材料新的特性，实现了电极材料的设计与合成，兼顾了比容量、循环寿命、能量密度和功率。这些研究从改进电池材料的角度分析了所述电池的循环寿命。这些研究集中在锂离子电池的化学材料和物理结构上，对提高电池的循环寿命具有积极作用。然而，这些研究目前正处于样品制备阶段。为了应用基于材料和结构的方法，需要更多的努力，包括分析、测试等。

与开发新材料和改变电池结构相比，优化充电方式以延长电池的循环寿命更为实际。基于老化动力学的电热模型可以从缩短充电时间、延缓电池衰减和控制合适的静态充电电流三个方面入手，以期寻找快速充电的最佳方案。此外，还可以基于最小二乘法在线参数辨识，通过自适应电池温度观测器，得到快速充电条件下的锂电池热模型，然后应用电池温度观测器估计温度和循环寿命。另外，还有一种考虑热力学性质的在线锂电池容量估算方法，该方法将容量估算分为三个阶段：①使用两态热模型估算电池的内部温度和产热量；②估计的温度和产热量被电化学模型的输入，以估计电池容量；③使用估计的容量和温度确定容量衰减模型。该容量估计方法具有较好的精度。

## 8.2　电池组系统可靠性评估

### 8.2.1　电池组系统容量衰减机理

锂电池组(lithium-ion battery packs, LIBPs)是由多个锂电池单体串并联组成的电化学系统。对于 LIBPs 的研究，应从电池单元的特性出发，从系统整体的角度去考虑。电池单体的寿命一般要长于电池组的寿命，其主要原因是电池组内部单体电池间的不一致性和电池组的短板效应。

　　一方面，对 LIBPs 容量衰减机理研究从造成和影响电池组不一致性的因素出发，影响单体间不一致的因素有很多，包括温度、库仑效率、放电深度、放电倍率、SOC、制造工艺等，其中关于温度影响的研究较多。根据电池电化学的 Arrhenius 定理，电池反应与其温度呈指数关系，因此高温的电池衰减较快，从而使电池的不一致性增加。温度分布的不一致会导致电池组的不一致，从而降低电池组的性能，最佳的工作环境是 25～40℃。研究发现，电池组寿命衰减快于单体的主要原因是电池组的容量损失是最小单体的容量损失与单体间的负极活性锂离子损失的差异之和，同时指出对电池组一致性的主要影响因素是库仑效率和温度。另有学者采用电化学热模型对串联电路中由温差引起的电流不平衡进行研究，发现并联电池组中温度高的电池单体在放电深度小于 75% 之前电流较大，随着放电深度加深，当电池组电压接近骤变点时，温度高的电池放电电流迅速下降，在放电深度到达 90% 后，电流又逐渐回升，处于温度低的电池单体则反之。结果表明，并联电路中电池的温差会加剧电流的不平衡，进而加快电池组的容量衰减。

　　另一方面，对电池组容量衰减机理的研究直接从结果出发研究不一致性的表现形式。电池组不一致性的直观表现有单体间电压的不一致、电池的内阻或阻抗的不一致。有学者通过对同一厂家生产的 100 个相同的电池单体进行测试，分别获得其质量、容量、放电截止电压、充电截止电流、容量-电压增量（$dQ/dV$）、极化内阻等，对造成电池不一致性的自身原因进行了分析。此外，有些对电池组不一致性的研究忽略了电池组实际模型和内部耦合关系，直接分析退化后的剩余容量分布，并通过对实验数据的拟合分析获取电池组中电池退化后容量服从的分布，结果证明电池初始的容量分布适合用正态分布表达，而退化后容量的适合用威布尔分布表达，还有一些则用特定分布直接表达内部运行环境的差异，即将统计获得的特定分布和参数作为模型的输入参数，对电池组进行仿真分析。

## 8.2.2　电池系统可靠性建模与分析

　　LIBPs 系统可靠性研究包括系统可靠性设计、分配、建模、分析、评价和改进等方面的内容，而其中建模、分析和评价是基础环节。只有正确合理的可靠性建模和分析方法，才能得到准确的可靠性评价结果，并根据评价结果找出系统的薄弱环节，从而为系统可靠性设计、分配及改进等提供依据，制订相应的改进措施。

　　LIBPs 系统的可靠性建模与分析工作紧密联系，相辅相成，仅有模型而没有对模型的分析求解是毫无意义的，而要对可靠性分析求解也必须先建立相应的模型，模型中包含分析，分析依赖于模型，因此很多文献中并未对两者进行严格区分，统称为可靠性分析方法。在进行 LIBPs 系统的可靠性建模和分析之前，必须要了解 LIBPs 系统的性质及各种建模和分析方法的特点，再根据 LIBPs 系统的特性采用最适合的方法。现有的应用于 LIBPs 系统可靠性建模与分析的方法主要包括可靠性框图（RBD）方法、故障树（FTA）方法、马尔可夫模型法、基于通用生成函数（UGF）的可靠性分析方法、蒙特卡罗仿真分析方法。

### 1. RBD 方法

RBD 法是最基本也是最早使用的方法，它以功能框图为基础，根据方框和连线的布置，绘制出系统各个部分（或其组合）发生故障时对系统功能特性的影响，具有很强的逻辑直观性。RBD 最基本的模型有串联、并联、备用、表决等，能够较好地表达 LIBPs 系统中电池的连接方式，因此绝大多数 LIBPs 系统的可靠性建模与分析都是基于 RBD 模型展开的。基于 RBD 方法的 LIBPs 系统可靠性建模分析的研究有很多，RBD 法具有简单、直观的优点，对于简单系统的可靠性研究能够较好地开展。但 RBD 方法只是一种静态的建模和分析方法，当系统部件（或子系统）之间存在时序、相依、受环境和人因条件影响等，通过该法难以进行描述，因此简单地应用 RBD 方法无法对 LIBPs 系统进行很好的可靠性建模分析。

### 2. FTA 方法

FTA 法于 1961 年由贝尔实验室首次提出，是一种用于表征系统哪些部件故障或外界事件，或上述两者的组合将导致系统发生某种给定故障的逻辑图。故障树将顶事件、中间事件、底事件及逻辑门连接成树形逻辑图，描述了系统中各种事件之间的因果关系。这种图形化的方法清楚易懂，使人们对所描述事件之间的逻辑关系一目了然，而且便于对多种事件之间复杂的逻辑关系进行深入的定性、定量分析。

早在 20 世纪 80 年代，就有学者利用 FTA 方法对电池的可靠性和安全性进行了研究，研究发现电池发生灾难性故障的概率可以降低到百万分之一。此后，还结合了因果树和 FTA，用于分析电池退化的可靠性。

故障树分析的关键是获得最小割集或最小路集，通过将最小割集或最小路集进行不交化处理获得顶事件的故障概率。最小割集或最小路集的求法有上行法、下行法、Petri 网法和二元决策图（BDD）法等，其中二元决策图法是目前应用最多的方法。

传统的故障树模型一般是关于清晰事件的静态模型，一方面并没有考虑故障发生的时序关系，另一方面也没有涉及对模糊事件的处理，因此遇到动态时序关系和模糊事件时,采用 FTA 法进行可靠性建模和分析将变得十分困难。近年来,国内外研究人员提出了动态故障树和模糊故障树的概念,将具有动态时序关系的部分采用马尔可夫过程理论进行分析求解,将模糊事件采用模糊数学的方法进行分析处理,并取得一定的进展,但实际应用的效果还需做进一步的探索与验证。

### 3. 马尔可夫模型法

马尔可夫过程由俄国科学家马尔可夫于 1907 年提出,并于 1951 年被引入可靠性建模和分析中。马尔可夫过程的基本概念是"状态"和"状态转移",马尔可夫模型法通过系统的状态及状态转移构造相应的结构函数,进而建立马尔可夫模型并由模型建立相应的微分方程,通过求解微分方程对系统的可靠性进行分析和求解。

马尔可夫模型法可以精确地描述系统失效机制之间的依赖关系,较全面地反映系统的各种动态行为,从而能够较为全面地对系统进行可靠性研究,因此在系统可靠性建模和分析中占据非常重要的地位。马尔可夫模型法对可靠度、可用度等可靠性指标的求解方法本质上是一种解析法,可以给出系统可靠度、可用度等指标的解析表达式,是复杂动态特性系统可靠性研究的最重要方法之一。鉴于此,学者们将马尔可夫模型应用于分析 LIBPs 系统的动态特性,进而评估其可靠性。其中,基于马尔可夫决策模型的电池老化状态监测技术采用具有选择策略的马尔可夫决策过程对电池退化每个阶段的概率进行度量。基于马尔可夫模型还可以对并网蓄电池储能系统进行可靠性评估,该方法考虑了系统的内置冗余及由故障导致的性能下降。此外,还有研究将基于马尔可夫模型的分析方法应用于评估移动储能系统(MBESS)和间歇性配电网的可靠性。针对太阳能电池系统,可以基于马尔可夫链方法,通过建立太阳能发电系统模型,推导太阳能输出功率的随机性,开展对储能装置放电过程的建模,进而对太阳能发电系统的可靠性进行评价。另外,还有隐式马尔可夫模型应用于电池系统的可靠性评估。

### 4. 基于 UGF 的可靠性分析方法

UGF 法于 1956 年正式提出,后经一系列研究将通用生成函数引入多态系统可靠性领域,使得通用生成函数在多态系统可靠性分析和多态系统可靠性优化等方面获得了广泛应用。基于 UGF 的可靠性分析方法利用通用生成函数建立离散的应力-强度干涉模型,进而开展系统的可靠性分析,该法能够较好地分析 LIBPs 系统多态的特性。它通常与 RBD 建模方法结合使用,已有研究基于 UGF 开展了电动车 LIBPs 系统的可靠性分析方法,基于电池容量退化,分析了不同冗余方案 LIBPs 系统的寿命及可靠性。

5. 蒙特卡罗仿真分析方法

蒙特卡罗方法又称随机抽样或统计试验方法，属于计算数学的一个分支，它是在 20 世纪 40 年代中期为了适应当时原子能事业的发展而发展起来的。传统的经验方法由于不能逼近真实的物理过程，很难得到满意的结果，而蒙特卡罗方法能够真实地模拟实际物理过程，故解决问题与实际非常符合，可以得到很圆满的结果。这也是以概率和统计理论方法为基础的一种计算方法，是使用随机数来解决很多计算问题的方法。将所求解的问题同一定的概率模型相联系，用电子计算机实现统计模拟或抽样，以获得问题的近似解。蒙特卡罗方法用于 LIBPs 系统的可靠性分析，仿真结果是可靠性指标的可能性。该方法提供了对 LIBPs 系统更复杂的随机性模型进行研究的可能性，包括退化模型，但与此同时也增加了计算负担。

在现有研究中，蒙特卡罗仿真方法常应用于研究 LIBPs 系统的仿真和设计。例如，基于时序蒙特卡罗滤波器的电动汽车电池组多单元状态估计方法。此外，蒙特卡罗方法也用于评估电池容量退化的不确定性，其原理是通过抽样从分布中采集样本进行分析。作为可靠性分析方法，蒙特卡罗仿真方法通常也需要结合可靠性模型进行分析。例如，前述提及的基于马尔可夫模型的分析方法在应用于评估配电网中 MBESS 的可靠性时，是通过蒙特卡罗仿真方法对其进行验证并拓展到更复杂的配电网系统中去的。

### 8.2.3　电池系统可靠性提升技术

同一类型、规格的电池在电压、内阻、容量等方面的参数值存在差别，且这种差异不可消除，因此其在电动汽车上使用时，性能指标通常达不到单体电池的原有水平，严重影响其在电动汽车上的应用。这种差异称为电池组的不一致性。若不考虑退化因素，这种差异主要由制造工艺水平、单次放电过程中单体电池不能做到同时放电等造成，在制造和装配过程中，工艺上的问题和材质的不均匀，造成电池极板活性物质的活化程度、厚度、微孔率、极耳、隔板等存在微小差别，这种情况致使电池单体在内部结构和材质上的不完全一致性。从全寿命周期上看，则是由各电池单体自身的不一致性和环境的不一致性综合导致电池组退化程度的不一致性。在使用时，电池组中各个电池的电解液密度、温度和通风条件、自放电程度和充放电过程等都存在差别，在这些差别的影响下，电池组呈现出性能的不一致性。与此同时，电池组的不一致性反过来又使组内电池单体的性能持续恶化。成组不一致性和单体性能衰退相互影响，愈演愈烈，最终导致整车系统性能下降，故障率提升，可靠性降低，运行和维护成本升高。

为了提高电池组的一致性，延长使用寿命，提高可靠性，除了在生产、制造、装配等生产工艺上提高电池组的一致性，电池均衡管理技术是 LIBPs 系统在使用过程中改进其不一致性，提高寿命及可靠性的主要技术手段。电池均衡管理是指从电池管理系统角度出发，在电池组使用过程中检测单电池参数或使用参数，掌握电池组中单电池不一致性发展规律，对极端参数电池进行及时调整或更换，以保证电池组参数不一致性不随使用时间而增大。由此出现电池管理系统（BMS），一些发达国家对 BMS 的研究相对较早，并且已经形成了比较完整的体系，代表性的有德国 1991 年开始设计的 BADICHUQ 系统及 BADICOACH 系统、Hauck 设计的 BATTMAN 系统，以及目前 Tesla 公司最新研制的 Model X 电动车上搭载的 BMS 系统。我国电池管理系统虽然起步较晚，但近些年来依托新能源汽车行业的发展在"十一五"期间取得了显著进步，许多大型电池供应商与汽车生产厂家借助高校在学术研究方面的能力展开研究。比较有代表性的有 2008 年北京交通大学与深圳市异能电子科技有限公司合作生产的客车 BMS 系统，2011 年深圳市科列技术股份有限公司研制的新能源大巴电池管理项目，比亚迪公司生产的电动轿车充电均衡管理系统及近些年发展较为迅速的无人机公司——深圳市大疆创新科技有限公司为其无人机上搭载的电池检测管理系统。这些 BMS 分别对电池进行参数均衡管理和 LIBPs 热管理。

1. 电池参数均衡管理

电池的参数主要包括单体电压、SOC、电池内阻等，这几个参数中，SOC 和内阻的测试比较复杂，基本上做不到及时性，而电压测量比较容易，同时电压参数也是电池使用状态一个很重要的参数，也能在一定程度上反映 SOC、内阻等其他参数。

对于电池参数的均衡管理是短期的电池均衡管理，指的是在 LIBPs 系统的单次使用过程中，即不考虑电池退化的情况下，对各个电池荷电状态 SOC 及电压等参数进行均衡调整，从而提高电池组的一致性。在单次或若干次循环中，LIBPs 系统内电池单体参数的不一致性通常是由充放电过程中的差异性导致的。例如，并联充电中电池具有相同的电压，但由电池内阻等差异会导致电流不同，那么在充电末期，必然出现部分电池充满而其他电池未充满的现象，此时如果继续充电，则会造成已充满的电池过充，从而加速电池退化，甚至引发安全事故。另外，串联充电中虽然电池具有相同的电流，但电池的容量存在差异，也会出现这种现象。类似地，过度放电可能发生在最弱的电池上，在放电过程中在其他电池之前失效。为了避免和减少这种现象出现，延长电池寿命，学者们发展了电池参数均衡管理技术。

电池参数均衡管理的方式分为被动式均衡与主动式均衡两大类型。被动均衡方式的原理是当电池过充电程度不严重时，电池通过自身温度升高的方式消耗多余能量，过充电严重时，通过电池的排气阀以气体形式释放多余能量。该方式只能用于少量过充电不会引起永久损害的铅酸电池组，对大多数其他类型的电池并不适用。主动均衡方式的原理是利用外部电路释放单体电池或电池模块的能量或在电池之间实现能量的转移，最终实现电池组均衡。

主动式均衡通常采用均衡电路，平衡各电池单体的电池参数，使其 SOC 水平彼此接近。根据均衡过程中有无能量损失，主动式均衡管理可分为能耗型和非能耗型两种方式。能耗型均衡方式的原理是利用与单体电池并联的旁路电阻对 SOC 或端电压高的电池放电，使各单体电池的容量尽量保持一致。这类方法便于实现，成本低，但由于使用了均衡电阻，均衡电流不宜过大，仅适合备用电源储能电池组等能量可以及时补充的系统。非能耗型均衡方式主要包括单体电池之间能量转移方法和单体电池独立充放电控制方法。能量转移方法的原理是采用变换器、电容、电感或变压器等器件结合控制电路组成能量传递通道，使能量在电池与电池组或电池与电池之间流动，实现能量由高容量单体电池向低容量单体电池的转移，最终达到无损均衡的目的。基于单体电池充放电控制方法的原理是利用多重变流器或多电平变流器，根据各单体电池的实时状态或电压情况，对容量偏低的单体电池补充充电或及时调整每一只单体电池的充放电量，实现电池组能量的无损无转移和快速均衡。非耗散均衡方式具有能耗小、均衡效率高等优势，适合于储能系统在线均衡控制，但控制电路结构复杂，适用场合受到限制。

目前针对电池参数进行均衡管理的方法和应用主要有：通过研究新型的电池容量均衡结构，结合基于卡尔曼滤波器与系统参数辨识集成的方法计算电池剩余容量，解决现有电池均衡方法工作时间长、只对电压均衡而不对容量均衡等缺点；基于单体电池剩余容量，将电池划分为倾向于过放、倾向于过充及与整体平均剩余容量变化一致三类，研究建立 LIBPs 系统均衡策略；同时考虑能量损失和均衡时间，研究动态电池均衡模型与方法；针对电池单体不一致性和故障隔离问题，研究蓄电池电源系统容错体系结构和分级容错控制策略，建立基于电池单体动态重构的主动均衡管理新方法。

### 2. 电池热均衡管理

电池热均衡管理是通过对 LIBPs 系统进行热设计与动态管理，提高电池组系统内温度的一致性，尽可能使所有电池都在良好的温度环境下运行，从而提高系统的寿命及可靠性。热均衡管理的形式包括空气制冷/制热、液体制冷/制热、相变材料(PCM)和热管技术。

#### 1) 空气制冷/制热

空气作为传热介质就是直接让空气穿过模块以达到冷却、加热的目的。很明显空气自然冷却对电池是无效的，强制空气冷却是通过运动产生的风将电池的热量通过排风扇带走，需尽可能增加电池间的散热片、散热槽及距离，成本低，但电池的封装、安装位置及散热面积需要进行重点设计。

已有研究利用空气强制冷却方法对丰田 Prius 和本田 Insight 混合动力车用电池进行热管理，分别在 0℃、25℃、40℃下以 FTP-75 和 US06 循环工况测试热电偶分布点的温升，并且控制风扇从低功率 4W 到中等功率 14W，实验结果说明 US06 工况(包括更多的加速、减速和高速运行条件)下电池温升明显比 FTP-75 工况下高，但温升都在 5℃之内。此外，通过研究验证在极端条件下，尤其在放电倍率高、运行环境温度高(＞40℃)时，空气冷却不再适用，而且电池表面的不均匀性也成为必然。还有学者从电池耐久性的角度设计了电池箱双向进风的通风方式，结果表明，双向进风的最大好处是降低了单体间温度的不一致性(约 4℃)。对于正常运行需要 25kW 的电堆，−30℃时冷启动只需要 5kW，但电池不能通过自身的焦耳热来实现快速加热。在这种情况下，有两种可能的加热方式：①电池包内固定电热丝；②以热传递的形式加热电池冷却液。由于空气很难快速加热电池，因此可以考虑利用高传导率的液体实现电池热管理。

2) 液体制冷/制热

在一般工况下，采用空气介质冷却即可满足要求，但在复杂工况下，使用液体冷却才可达到动力蓄电池的散热要求。采用液体与外界空气进行热交换把电池组产生的热量送出，在模块间布置管线或围绕模块布置夹套，或者把模块沉浸在电解质的液体中。若液体与模块间采用传热管、夹套等，则传热介质可以采用水、乙二醇、油、甚至制冷剂等。若电池模块沉浸在电解质传热液体中，则必须采用绝缘措施，防止短路。传热介质和电池模块壁之间进行传热的速率主要取决于液体的热导率、黏度、密度和流动速率。在相同流速下，空气的传热速率远低于直接接触式流体，这是因为液体边界层薄，导热率高。

相对于空气介质冷却/加热，液体介质的传热效果更明显，但系统相对复杂。对于并联型混合动力车，空气冷却是满足要求的，而纯电动汽车和串联型混合动力车，液体冷却的效果更好，更能保证 LIBPs 系统温度的一致性。有研究利用松下(CGR18650E)单元电池包裹在三角形铝模块中，然后放在水中。该系统的理论数据和实验结果都说明电池棒内温度不会低于/高出工作温度范围(−20~60℃)，该实验可被认为是简单的水冷却系统。此外，还可以用聚硅酮电解流体作为电池热管理系统的冷却介质，实验证明电解流体能显著降低电池过高的温度，还可以使电池模块有较好的温度一致性。另外，聚硅酮电解流体也因不溶于水而更加安全。目前还有将液体冷却与相变材料冷却相结合的热管理装置，既能够实现电动汽车电池在比较恶劣的热环境下对电池装置整体的有效降温，又能满足各单体电池间温度分布的均衡，同时易循环利用，从而达到最佳运行条件，并降低成本，增强经济性。

3）PCM

一个理想的热管理系统应该能在低容积、减少质量及成本增量的情况下维持电池包在一个均匀温度。就鼓风机、排风扇、泵、管道和其他附件而言，空气冷却和液体冷却热管理使整个系统笨重、复杂、昂贵。相变材料因其具有巨大的蓄热能力开始被应用于动力电池包热管理系统，相变冷却的机理是靠相变材料的熔化（凝固）潜热来工作，利用 PCM 作为电池热管理系统，把电池组浸在 PCM 中，PCM 吸收电池放出的热量使温度迅速降低，热量以相变热的形式储存在 PCM 中，在充电或很冷的环境下工作时释放。

现有实验研究比较了四种不同模式的散热：自然冷却、发泡铝矩阵热传递、相变材料石蜡冷却、结合发泡铝和相变材料。结果证明，把石蜡与发泡铝结合能更有效地改善 PCM 导热能力低的问题，冷却效果最好，且达到了电池模块温度一致。通过实验数据确定了利用相变材料对高能量锂离子电池包在一般和强化工况下热管理的有效性，使用相变材料对一个紧凑的 18650 电池（4 串 5 并）模块进行热管理，说明如果使用被动热管理系统，电池包有可能获得温度一致性。此外，还有学者通过数值模拟和实验对比了 PCM 和空气强制冷却的效果，证明在 6.67C 倍率持续放电下 PCM 冷却能使电池保持在 55℃以下。在寒冷的条件或电池温度显著下降的应用场合，PCM 对电动汽车是非常有利的，因为存储在相变材料中的小部分潜热被传递到周围空间。当电池温度下降到 PCM 熔点以下时，存储的热量就会传递到电池模块中。

4）热管技术

热管是由 Gaugler 在 1942 年提出的利用相变来传热的一种热管理系统。它是一种密封结构的空心管，一端是蒸发端，一端是冷凝端，冷却电池的原理是当热管的一端吸收电池产生的热量时，毛细芯中的液体蒸发汽化，蒸汽在压差下流向另一端放出热量并凝结成液体，液体再沿多孔材料依靠毛细作用流回蒸发端，如此循环，电池发热量得以沿热管迅速传递。已有研究将把两个带有金属铝翅片的热管贴到电池壁面来降低温升。实验结果说明在金属铝翅片的帮助下，热管能有效地降低电池温升。此外，还有研究为蓄电池的热管理和混合动力车元件的控制设计了脉动热管（PHP），并将电池放在车后备箱。该仿真和实验说明 PHP 的宽度应控制在 $d<2.5mm$ 时允许氨水作为流体介质，并且通过好的设计能使 PHP 用于电池热管理。

## 8.3　总结与展望

经过多年来的持续发展，围绕锂离子电池单体及系统的寿命预测与可靠性研究已经取得了显著成就,然而在锂离子电池系统可靠性建模和均衡管理方面仍存在不足。

基于系统可靠性理论和方法,能够较好地对 LIBPs 系统可靠性进行建模分析。然而现有的绝大多数研究只是停留在系统逻辑层面,很少考虑到实际的物理模型,因此简单地应用系统可靠性建模与分析方法并不能科学准确地对 LIBPs 系统进行分析,这体现在:在进行可靠性分析时,通常假设 LIBPs 系统中的电池单体之间互相独立,将其互联关系简化视为"导线"级连接,而没有考虑到在多种物理场作用下的相互耦合关系。然而,电池组的可靠性对单体电池的理化特性和退化特性、电池间的物理连接方式、耦合物理特性等因素都有高度的敏感性,同时电池组的内外环境特性也具有高度的耦合性,这些因素都会影响电池单元的一致性,进而影响系统的寿命与可靠性。这就使 LIBPs 系统可靠性分析脱离了物理实际模型,无法科学准确地反映 EVs 实际应用情况。因此,考虑多物理场耦合特性,对锂离子电池系统进行可靠性建模与寿命分析将是未来一段时间内的重要研究方向。

从现有研究中可以看出,关于 LIBPs 均衡管理的研究主要集中电池参数和热均衡管理。其中,电池参数均衡主要通过主动耗散具有高能量状态电池的能量,或在不同状态的电池间进行能量转移实现,从而提高系统的寿命及可靠性;而电池热均衡主要通过空气制冷/制热、液体制冷/制热、相变材料(PCM)和热管技术等提高电池组系统内温度的一致性,从而提高系统的寿命及可靠性。虽然已经开发了许多控制方法以实现状态均衡或热均衡,但现有研究大多围绕电池间串并联连接关系固定的传统锂离子电池系统展开。此类固定连接的传统电池系统始终存在短板效应,其总体性能始终受最差电池的约束,且该类系统还面临对电池故障容忍性差、无法主动调整输出幅值、受最差电池约束等难题。为了解决上述传统锂离子电池系统的固有缺陷,数字储能系统的概念在近年来被提出。数字储能系统是一类能够动态重构电池间连接关系的电池系统,具有精细管理控制单体电池、隔离故障电池等优势,理论上能够将单体电池能量流离散化和数字化,被认为是极具发展前景的锂离子电池储能方案。

# 第9章　锂离子电池储能系统灾害预警与防控技术

锂离子电池储能系统火灾事故频发引起了人们对锂离子电池热失控特性和防控技术的关注与重视。本章将锂离子电池储能系统在外部滥用条件下的热失控演化过程划分为三个阶段和六个过程，分别是热失控早期、热失控发生期、火灾初期三个阶段，放热、产气、增压、喷烟、起火燃烧和气体爆炸六个过程。整个演化过程的各阶段并不是独立的，而是化学反应重叠交叉进行的。因储能系统火灾与传统火灾燃烧特性的差异较大，故需根据其热失控演化过程特点提出针对性的防控措施。本章梳理了近年来锂离子电池热失控特性和防控技术的研究进展，对锂离子电池热失控演化过程、灾害监测预警技术、热失控抑制和灭火技术等方面进行了归纳总结与展望。

## 9.1　储能系统灾害预警概念

锂离子电池目前被广泛应用于储能领域，储能电站火灾爆炸事故频发引发了人们对电化学储能电站安全性的极大关注。锂离子电池是储能电站电能的能量载体，其电极体系组分具有很高的热危险性，封装成电池后其热危险性加剧。2021年4月，北京丰台区储能电站发生爆炸事故，造成两名消防员死亡，令公众对储能电站的应用前景担忧。

目前，储能系统的安全预警均以电池管理系统某些特征参数的阈值来判断和识别电池是否有热失控风险，其对安全管理的定义主要是指消防安全，对应的预警主要是指热失控告警。针对锂离子电池热失控风险的预警包括判断各种滥用阈值是否被触发、是否监测到滥用过程副反应产气等。然而发展到该阶段时，电池内部的链式反应已经产生，单体热失控已不可逆。

实现储能系统灾害预警的信号必须具有及时性和有效性。电池从正常运行状态演变至热失控阶段，中间还要经历渐变故障演化和滥用故障触发两个阶段。当热失控触发后再发出告警信号为时已晚，因此必须在渐变故障演化和滥用故障触发两个阶段准确检测到故障电池的状态特征参量，在某一特征参量突然出现或已有特征参量超过阈值时发出预警信号，以实现安全预警的功能，避免热失控致火事故。

锂离子电池储能系统的火灾爆炸事故，主要是电池单体发生内短路后使电池热失控起火燃烧，进一步热失控扩展到相邻电池，从而形成大规模火灾。当受限空间中的气体积聚到一定程度时，遇到点火源又会发生爆炸。电池在事故初期呈现出的状态参量很多，包括外部信号和内部信号，并且处于不断演化的状态。如何从中选取并识别最有效的信号作为储能系统灾害预警特征参量至关重要。电池本体的安全状态参量演化包括内部温度演化、阻抗演化等方面，外部状态参量演化包括外部声音、外部气体、外部压力等方面。

## 9.2 储能系统热失控演化过程

尽管锂离子电池存在自引发内短路致使热失控的风险，但概率很低，仅为百万分之一。一般认为，热失控是在外部诱发条件如热滥用、电滥用、机械滥用下造成的。锂离子电池储能系统发生热失控时，电池间会发生热失控蔓延，从而进一步引发大规模的电池燃烧，如图 9-1 所示。

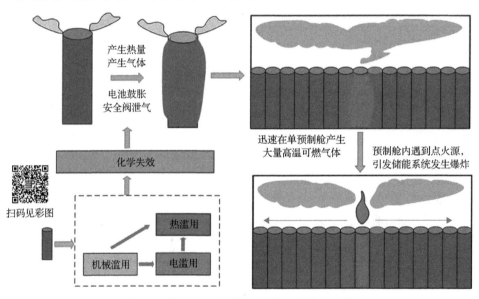

图 9-1　锂离子电池储能系统热失控演化过程

锂离子电池储能系统由热失控演化为火灾爆炸的过程，一般可分为四个阶段：①电池在滥用条件下释放热量，产生可燃有毒气体；②热量和可燃气体在电池壳密闭空间内形成较大压力，打开安全阀后泄气；③高温泄气经过安全阀形成喷射火或形成大量高温可燃有毒混合气；④高温混合气在单预制仓式结构中积聚，最后遇到点火源后引发爆炸。因此，为了预防储能系统发生火灾爆炸事故，基于热失控演化过程提出防控措施是必要且关键的。目前，国内外对锂离子电池单体的热失控特性及演化过程研究主要集中在四个方面，即多种滥用条件下的电池内部反应时序规律、特征温度规律、热失控产气规律和内短路机理。

### 9.2.1　电池内部反应时序规律

热失控是由多种以较高速率发生的副反应总和而导致不可逆温升的现象，产生热失控的原因则是在多种滥用条件下开启的在同一时间、空间发生的重叠交叉副反应，当副反应达到一定程度时，隔膜崩溃造成电池内短路并瞬间放出大量热量，从而导致电池热失控。

电池内部副反应被认为是使电池内部产生热量积累的关键，因此有必要弄清电池内部的反应时序规律。目前普遍认为电池滥用后内部从低温到高温可能发生以下副反应：SEI 膜分解、正极材料的热分解、嵌锂碳和电解液的反应、电解液的热分解、正极材料和电解液的反应、嵌锂碳和黏结剂的反应等，虽然这些反应具有温度依赖的特点，但并不具有明显先后发生的顺序，更有可能在某一温度下重叠交叉发生。当热量积累到一定程度后，隔膜崩溃导致内短路，而后发生热失控将反应速率提升到一定程度，产生射流火焰和爆燃现象。已有研究指出，析氧反应是导致电池低热稳定的途径，确认了 EC 和阳极在热失控演化过程中的重要性，从而提供了切断热失控链式反应以降低热失控危险性的思路。有学者将电解质添加剂作为"气体灭火剂"和"SEI-CEI 改进剂"，可以有效抑制电池喷射火，证明了其思路的正确性。

### 9.2.2　特征温度规律

温度对锂离子电池的寿命和安全性具有重要影响。研究表明，锂离子电池的高温循环和高温存储都会使寿命加速衰减。当温度过高时，电池内部发生放热分解反应，此时产生的热量无法及时散热，电池温度进一步升高，从而引起持续的放热反应，最终导致热失控。

此外，过热还会破坏电池的结构。以磷酸铁锂电池为例，电池内部的 SEI 在温度高于 90℃时熔解，高于 120℃时加速熔解，这不仅会导致锂离子的消耗，减小电池容量，还有可能导致内部短路而引起热失控。

传统的 BMS 只监测表面温度，测量手段包括热电阻、热电偶等，测量的都是表面温度。电池内部化学反应产热的不均匀会导致电池内部和表面之间热传递的不同步。

电池的运行伴随产热和散热两个过程，产热主要分为四种，包括欧姆热、极化热、反应热和副反应热，其中反应热的产生与电池的极化效应、内阻和反应进程等内部因素有关。可见，散热过程依赖电池的表面参数，而产热过程与电池内阻、化学反应和极化作用有关。电池内部化学反应产热的不均匀可导致电池内部和表面之间的热传递不同步，从而造成了电池内的温度梯度，如图 9-2 所示。

可见，在极端条件下，电池内外温度差异巨大。以表面温度为判断依据的

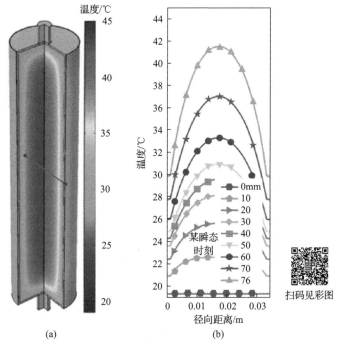

图 9-2　极端条件下电池内部温度分布图

(a)极端条件下电池内部温度的三维分布图；(b)不同高度上径向温度的分布图

BMS 并不能及时降低储能系统的功率，从而造成更大的安全隐患。当电池内部温度急剧升高并发生热失控时，表面温度和内部温度之间可能会出现高达 40~50℃的径向差异。

锂离子电池储能系统中的电池通常以模组为单位运行和管理，单体电池致密排布在模组中会降低散热效率，并增大模组内电池的散热差异。当热失控发生后，很容易在模组中传播，造成更大的事故。

### 9.2.3　热失控产气规律

电池热失控致使火灾事件发生，电池内部副反应除了贡献热量，还释放了大量可燃、有毒气体。可燃气体在电池壳的密闭空间迅速形成了锂电池火灾的特殊现象射流火焰。结合目前对热失控气体成分的测量发现，产生的共性气体有 $CO$、$H_2$、$CO_2$、$CH_4$、$C_2H_6$、$HF$、电解液蒸汽等。对热失控产气规律的认识有助于理解电池的燃爆特性并提供防控思路。进一步地，研究者建立了 18650 型锂电池的集总模型，填补了热失控过程中关于气体产生速率和射流速度的知识空白。根据热失控喷发气体火灾三角形，指出打破火灾三角形边界任何一个因素都可以阻止热失控气体着火。此外，研究者对气体毒性进行了评估，提供了计算电池内部压力积聚的方法，增进了对热失控产气的认识。

### 9.2.4　内短路机理

目前的研究表明，内短路是由隔膜崩溃造成的，这是热失控的直接原因。储能电站的锂离子电池服役条件复杂，极易造成电池的电滥用，使电池负极析锂形成锂枝晶刺穿隔膜而引发内短路。电池发生内短路后瞬间释放大量的热量，电池温度迅速升高从而发生电池热失控。对电池内短路机理的研究有助于理解热失控发生的过程，并对电池内短路进行预测。综上可知，热失控演化过程中，锂离子电池副反应既产生热量，又产生气体。电池温度的升高是热量积累的结果，电池内压增高是气体在电池壳密闭空间积聚的结果。当热量和气体积累到一定程度时，电池安全阀打开，喷出大量气体，可燃气体和空气迅速混合。随着热失控继续进行，化学反应速率迅速加快，升温速率和气体产生速率骤升，当满足着火条件时，电池发生起火燃烧。当然，也有可能是高速率泄气过程中产生的电火花点燃可燃气体引发的燃烧。对于储能电站而言，局部燃烧产生之后，大量高温可燃有毒混合烟气发生气体流动运移现象，当可燃气体在受限空间积聚到一定程度时，遇到点火源，发生气体爆炸。据此，储能电站锂离子电池的热失控演化过程可根据其热失控特性划分为放热、产气、增压、喷烟、起火燃烧、气体爆炸六个过程，如图 9-3 所示。基于热失控特性理解这六个过程是研究热失控防控技术的基础。

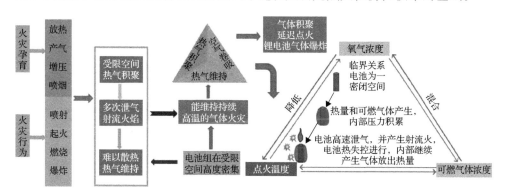

图 9-3　热失控演化过程示意图

## 9.3　储能系统热失控灾害监测预警技术

根据上述锂离子电池热失控的特征温度规律，将热失控演化的六个过程划分为三个阶段，即热失控早期、热失控发生期和火灾初期。电池在热失控演化的六个过程中出现的特征信号为电信号（电压、电流、电阻）、温度信号、气体信号、烟雾信号、火焰信号等，而组成储能系统后可能出现如风、声音、震动、应变等其他信号。不同的技术手段可识别热失控不同阶段中的特征信号。本节重点介绍热失控早期和热失控发生期的监测预警技术。

### 9.3.1 储能系统热失控监控预警信号

1. 温度信号

温度是热失控过程中最重要的信号，电池热失控即温度不可逆的上升过程，这是判定电池热失控阶段的一个重要参数，对温度的监测预警是最常用和最基础的方法。热失控是由诸多副反应引起的不受控制的温升过程，是一个热-电滥用耦合的非线性过程，而不是稳定的温度上升过程。研究表明，锂离子电池正常运行时的表面温度和内部核心温度存在差异。因此，仅测量表面温度无法准确判断电池是否发生热失控。利用红外热成像技术获得不同放电速率和放电深度条件下的锂离子电池温度分布，由此可以很好地观测电池的温度场随时间和空间的变化规律。基于光纤传感器监测锂离子电池的温度被认为是一种精度较高的测量方案。用光纤传感器和 K 型热电偶两种传感器测量电池的表面温度，结果表明精度从 ±4.25℃提升到±2.13℃。用分布式光纤传感器测量了不同服役条件下锂离子电池的温度，结果表明电池表面温度的最大温差比传统热电偶测量的高 307%。此外，用电化学阻抗谱在中频范围内对自生热起始温度之前的内部异常温升具有很高的灵敏性，显示了其可实现早期预警的潜力。

2. 气体信号

热失控的泄气现象报道有很多，所释放气体的主要成分为 $CO$、$CO_2$、$HF$、$H_2$、电解液蒸气。热失控气体信号在安全阀打开后即可探测到，随着热失控的发展，气体浓度升高，种类变多。研究发现，基于 $H_2$ 浓度探测可以检测锂枝晶的形成，即使只有微米尺度也能通过探测 $H_2$ 浓度进行识别。对 8.8kW·h 磷酸铁锂模组进行的过充实验表明，$H_2$ 首先被探测到，探测时间比烟雾提前 639s，比火灾提前 769s。

3. 电信号

电信号是电池管理系统时刻监测的重要信号，而对热失控时电信号变化的研究是预警的关键。用大型加速量热仪对大容量锂离子电池的研究表明，电压下降和温度上升之间具有时间延迟，大约为 15s。同时，通过小电流脉冲充放电法发现，随着电池温度的升高，电池的电阻逐渐增大。通过深入研究这种现象，揭示了内短路导致的电信号变化和热失控导致的温升现象之间的关系。BMS 内置的电压传感器可以很好地监测电池的终端电压。一旦检测到异常信号，可以很快地发出警报。电压监测的优势是能够定位模组内有故障的电池。同时，储能电站的电池数量巨大，需布置更多的电压传感器，成本较高。目前，储能电站的监测预警设备主要是烟雾报警器和温度传感器。现有研究表明，基于温度的热失控监测预警方式无法根据表面温度判断电池是否发生热失控从而预测内部温度。烟雾探测技术是当热失控孕育到一定程度才会预警，此时已经有发生火灾的趋势。VOC 气体探测则无法鉴别该气体是漏液故障还是热失控气体排放。综上可知，对于热失控早期预警技术新方法的研究不多，且信号处理、成本和工程布置也是一大难题，仅凭单一参数预警，误报率始终较高，未来需要开发多参数耦合预警技术来实现对热失控早期的精确识别。

### 9.3.2　储能系统热失控灾害预警技术

锂离子电池储能系统的电池簇在单预制仓储室内排列紧密，电池簇内的电池高度密集，很容易形成热失控扩展蔓延的情况，此时难以散热，热量和可燃气体慢慢积累。若可燃气体扩散、运移后在受限空间积聚，则很容易在延迟点火后发生爆炸。因此，电池燃烧火灾是能维持高温的气体火灾。从电池的化学体系和热失控的自生热特性来看，电池火灾是含能材料自反应的热气致燃。基于前述热失控演化过程的三个阶段和六个过程采取针对性防控措施非常关键。

现有的热失控抑制技术主要集中在冷却和阻隔两方面。锂离子电池热失控冷却抑制技术在冷却手段方面，有研究者已经发现细水雾对 3.7V、2.6A·h 的 NCM(1∶1∶1)电池单体在不同 SOC 下的热失控具有抑制情况。研究表明，持续加热下发生热失控是不可阻挡的，但可以通过喷洒细水雾降低热失控时的表面温度。而对于高 SOC，细水雾抑制热失控很困难，温度仅降低了 20℃；对于低 SOC，表面温度至少下降了 83.8℃，表明细水雾对低 SOC 电池热失控的冷却能力更强。而对于模组而言，其定义了冷却系数来确定细水雾的冷却效果，并认为当电池表面温度降低到 100℃以下时，可以成功防止热失控。锂离子电池储能系统电池一般为串并联连接，连接方式对热失控的传播影响较大。通过电池的并联方式实验，研究对锂离子电池热失控传播和细水雾主动降温的影响。实验发现，并联连接的电池显示出更低的热失控起始温度，所以细水雾作用的临界温度节点降低。当临界温度降低到 100℃以下时，冷却过程主要依赖水的吸热，使控制效果大幅降低。另一组研究者研究了液氮对 4.2V、2.2A·h 的 LCO 电池热失控的冷却和抑制效果。结果表明，在热失控早期施加液氮可以成功预防热失控的发生。随着电池表面温度的升高，液氮对电池的抑制作用减弱，但喷洒 29.3g 液氮在 80s 就能将 9.24W·h 电池的表面温度从 700℃降低到 100℃，显示了较强的冷却能力。由于液氮的工程布置复杂，其规模应用受到限制。在锂离子电池热失控阻隔抑制技术方面，已经研究了空气、铝板、石墨复合板和铝填充四种间隙材料对热失控传播的影响，研究表明石墨复合板和铝填充可有效抑制热失控的传播。低导热和阻燃复合相变材料对抑制方形锂电池热失控传播的作用表明，添加阻隔材料的锂电池组热失控传播得到抑制。复合相变材料热失控阻隔技术能够有效抑制热失控传播并限制火灾载荷，对火灾防控具有重要意义。锂离子电池储能系统热失控火灾预警技术包含以下多种。

### 1. 基于电池温度的热失控火灾预警

BMS 主要通过实时监测电池表面的电流、电压、温度等来确定电池模组是否工作在正常工作状态。但是，电池作为一个完全密封的整体，其表面荷电状态并不能充分反映电池内部的工作状态，特别是大功率充放电时，电池模组内外温度相差很大，最高可以达到20℃，因此电池表面温度难以充分说明电池的内部状态，因此 BMS 系统在进行电池热失控状态判断上存在很大的局限性与滞后性。电池温度是反映电池安全状态最直接有效的信号。目前，基于电池温度的热失控预警方法主要有内嵌传感器测温与测量阻抗-温度对应关系两种，从理论上证明了锂离子电池内嵌传感器实时监测电池内部运行状态的可能性。

### 2. 基于气体监测的电池热失控火灾预警

锂离子电池在发生热失控的早期，其本身电压、电流等参数变化相对比较缓慢，电池温度上升不明显。但是发生热失控时，锂离子电池内部电化学反应会释放出大量气体，因此通过在储能电池模组周围放置气体传感器探测锂离子电池热失控早期释放的气体而进行电池热失控预警，该方法被认为是行之有效的预警手段。

电池热失控在不同阶段产生的气体及浓度是不同的，通过利用高精度的气体探测装置对磷酸铁锂电池模组进行过冲热失控特性实验，监测电池模组从正常状态运行至发生热失控时的温度变化、气体扩散行为。多次实验后发现，电池模组在热失控早期会产生大量的二氧化碳（$CO_2$）、一氧化碳（$CO$）、碳酸甲乙（EMC）、碳酸二甲（DMC）、甲烷（$CH_4$）等气体，此时电池模组外壳完好，未发现电池有明显的温度上升情况，过一段时间后，电池外壳开始出现破裂，电池电化学反应产生大量气体，产气率上升，电池模组温度开始剧烈升高，气体探测器开始检测到有害气体二甲醚（$CH_3OCH_3$）、甲酸甲酯（$CH_3OCHO$）、乙烯（$C_2H_4$）等。

### 3. 基于膨胀力检测的热失控火灾预警

锂离子电池的电芯在使用时会发生膨胀，这是因为当锂离子电池进行充放电时，电池内部锂离子的嵌入/析出会导致电芯厚度发生变化，当锂离子电池充电时，电池内部的锂离子从电池正极脱出并嵌入负极，直接导致负极层间距增大，使电芯膨胀，锂离子电池的电芯厚度越大，其电池内部膨胀力对应的变化也就越大。已有研究表明，当锂离子电池将要发生热失控时，其电芯的膨胀力变化较日常正常状态时发生显著的差异性变化，因此通过规定锂离子电池正常膨胀力的变化范围与异常膨胀力的变化范围，结合相关传感器进行电芯膨胀力检测，可以有效预警热失控的发生。

膨胀力传感器在电池模组上的安装方式一般有两种：外置式与内置式。外置式测量方案可以通过测量电池模组的侧边板与端板的相对形变量来换算与之相对应的电芯膨胀力变化量。而内置式传感器直接嵌入电池内部，通过薄膜式压电传感器来测量电芯膨胀力。

当前通过膨胀力检测对电池热失控进行预警尚处于实验研究阶段，仍有许多问题和瓶颈技术尚未解决。具体体现在：一是电池种类体积大小不同，其内部的膨胀力变化必然也不尽相同，如磷酸铁锂电池的膨胀力明显小于三元锂离子电池；二是即使电池本体材料体系相同或相近，但采用不同负极体系的两种电池其充放电时的膨胀力变化情况也不尽相同，例如，同样采用 811 三元正极材料的电池配合硅碳负极材料使用时的膨胀力明显大于石墨体系负极；三是当电池处于不同的SOC 时，其膨胀力变化情况也不相同，以三元 523 电芯为例，一般在 80% SOC时其在充放电时产生的膨胀力变化最为明显；四是在不同 SOH 下的膨胀力变化也有差异，对相同 SOC 下的电池而言，一般电芯的循环次数较高，处于寿命末期的电池的电芯膨胀力明显大于新电芯；五是随着使用温度的不同，同一电芯的膨胀力变化同样具有差异性，其受温度影响变化明显，在温度较低时电池电芯的膨胀力相应降低，温度较高时膨胀力变化又会更加明显；六是震动冲击条件对传感器采样的影响，当膨胀力传感器(一般为应力-应变传感器)受到各方向加速度和震动时测量结果会有一定程度的偏移。

### 4. 基于声信号的热失控火灾预警

利用电池排气的声信号进行热失控火灾预警属于尚未完全产业化的前沿学术研究。已有研究提出一种基于声信号的兆瓦级储能电站热失控预警方法。为了验证该方法的有效性，其团队利用实际储能舱中的商用电池单元和组件进行了过充热失控实验。考虑到储能舱的实际运行环境中存在噪声，为了识别储能舱内排气过程的声学信号，采用谱减法对储能舱内的声信号进行去噪处理。结果表明，谱减法能很好地抑制噪声，保留目标信号。利用梅尔频率倒谱系数(Mel frequency cepstral coefficient，MFCC)对信号进行特征提取，得到 40 维 MFCC 特征系数向量矩阵，形成了有效的识别特征集。基于极致梯度提升(extreme gradient boosting，XGBoost)模型，可构造一种用于排气声信号的模式识别分类器。该设计在少量数据的情况下准确率达到了 92.31%，验证了 XGBoost 模型在声信号识别中的有效性。电池排气后，系统采集到电池排气声信号后及时断电，从而可有效避免电池热失控蔓延，且声学信号易于检测，应用范围广。实验和算法充分证明了该方法具有实施速度快、灵敏度高、成本低等优点。但目前该方法仅实现了对电池排气声信号的识别，尚无法精准定位热失控故障单元。基于上述成果，本章提出了一种基于声学信号的蓄电池故障报警与定位方法，如图 9-4 所示。

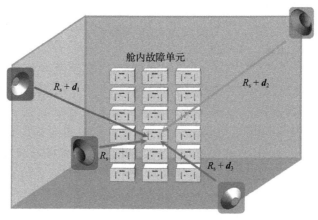

图 9-4　声信号传感器三维空间放置图

$R_s$ 为声源坐标；$d_1 \sim d_3$ 分别为从声源到 1~3 号传感器的向量，因此 $R_s+d_1$、$R_s+d_2$、$R_s+d_3$ 分别为 1~3 号传感器的位置向量

　　这种方法只需要在储能舱的角落里安装四个声学传感器，当电池发生故障时，声学传感器捕捉到排气声信号，并计算出电池的空间位置。结果表明，基本频域互相关算法和空间建模算法相结合的定位方法具有较好的定位精度，最大定位误差为 0.1m。考虑到消防设施的有效射程明显大于 0.1m，这样的定位误差是可以接受的。在此基础上，提出了一种基于小波变换的抗误判方法，保证了故障预警和定位的可靠性，从而为保证蓄电池储能系统的安全提供了一种非侵入式、及时、有效的解决方案。

### 9.3.3　储能系统热失控灾害防控技术

　　锂离子电池热失控引发的火灾属于电气火灾。锂离子电池本身作为储能物质，发生热失控引起电池燃烧时会放出大量能量，从而进一步导致火灾蔓延速度加剧，火势迅速加大，且电池燃烧时的电化学反应会产生大量可燃性气体与有毒气体，这进一步加大了火灾扑救的难度。根据锂离子电池热失控时起火燃料的不同，储能电站电池火灾可以分为以下五种：以电池负极材料为燃料的固体火灾（A 类）；以电池电解液为燃料的液体火灾（B 类）；以电池热失控电化学反应产生的大量可燃气体为燃料的气体火灾(C 类);以电池内部嵌锂与其他金属材料为燃料的金属火灾(D 类);以整个储能电站各种含能设备、电池模组簇等整体系统为燃料,危害最严重也是最大的电气火灾(E 类)。

锂离子电池储能系统在已经发生火灾、爆炸事故时,通过及时启动消防系统尽可能地减小系统的仪器设备损失和降低对运营人员的人身损伤。作为储能系统的最后防护手段,通过研究储能系统的火灾类型,分析当前灭火剂的种类与优缺点,从而提高储能锂离子系统消防系统的消防能力和防控技术。

相关研究开发了一种灭火和快速冷却的一体化消防技术。首先用全氟己酮熄灭电池明火,然后利用细水雾进行降温,电池未出现复燃,而未用细水雾持续降温的电池则出现了复燃。这种二次灭火技术的有效性在于先熄灭气体火灾,后进行冷却降温。实验同时也证明了锂离子电池火灾是能维持持续高温的气体火灾,因此应着重关注高效的气体灭火剂和持续冷却降温剂这两种灭火介质的开发。目前,对灭火介质的研究主要集中在二氧化碳、干粉、泡沫、气溶胶、七氟丙烷、全氟己酮、细水雾等灭火剂。已有研究表明,与传统能源火灾相比,储能电站火灾一旦发生便无法控制,只能被动地用水喷淋灭火降温,而此过程针对整个储能电站,可造成所有电池失效无法使用。储能电站电池在单预制舱内高度密集,故灭火剂无法进入到电池壳体内部直接作用于电极材料,热失控仍然在孕育、发生、扩展,极易发生复燃。因此,在热失控早期准确识别热失控特征信号,及时采取热失控抑制措施,是较安全的技术手段,可成功抑制储能电站锂离子电池由单体热失控演化为大规模火灾事故。表 9-1 是不同锂离子电池防控灭火剂的种类、作用机理及优缺点。

表 9-1 不同灭火剂种类及其作用机理和优缺点

| 灭火剂种类 | 灭火剂名称 | 作用机理 | 优缺点 |
| --- | --- | --- | --- |
| 气体灭火剂 | 卤代烷 1301、哈龙 1211 等 | 与火灾燃烧时产生的游离基反应,生成低活性游离基 | 降温效果不明显,无法有效扑灭电气火灾,且破坏臭氧层,已在我国全面禁用 |
| | $CO_2$、IG-541、IG-100 等 | 降低稀释空气含氧量,抑制燃烧从而扑灭明火 | 灭火效能差,且要求环境密闭,易破坏电气设备 |
| | 七氟丙烷、六氟丙烷等洁净气体 | 通过分子汽化快速降温,并稀释空气抑制燃烧 | 降温效果有待验证,且扑灭火灾初期时会产生大量 HF 等毒性气体 |
| 水基灭火剂 | 水、AF-31、AF-32、A-B-D 灭火剂 | 水蒸发带走大量热量,形成水膜隔绝氧气,降温并抑制燃烧 | 降温效果好,成本低且对环境友好,但耗水量大,需注意电气设备短路 |

| 灭火剂种类 | 灭火剂名称 | 作用机理 | 优缺点 |
|---|---|---|---|
| 干粉灭火剂 | 超细干粉(磷酸铵盐、氯化钠、硫酸铵) | 隔绝氧气,抑制燃烧 | 微颗粒,存在残留物,腐蚀电气设备,且干粉灭火剂对锂离子电池火灾几乎没有效果 |
| 气溶胶灭火剂 | 固液体小质点分散于气体介质中形成胶体分散体(混合金属盐、二氧化碳、氮气) | 通过氧化还原反应产生大量烟雾以隔绝氧气,抑制燃烧 | 有残留物,对电气设备具有腐蚀性,生成的大量烟雾会破坏环境,可与其他灭火剂结合使用 |

　　储能系统电池单体内短路引发起火燃烧后,由于电池排列高度密集,容易形成热失控传递现象。此时相邻区域的电池处于热失控演化过程中,会产生大量可燃气体且在受限空间积聚,在一定条件下会引发爆炸。储能电站爆炸是气体爆炸,一般根据电池类型可分为两种形式:延迟点火爆炸和补充氧气爆炸。延迟点火爆炸是大量可燃烟气运移到受限空间,达到爆炸极限后,遇到点火源后发生爆炸;补充氧气爆炸是热量和可燃气体在受限空间积聚,当破开门窗后,引入氧气,发生爆炸。对于磷酸铁锂储能系统来说,延迟点火爆炸更容易发生;而对于三元锂储能电站来说,补充氧气爆炸更容易发生。储能电站抑爆技术的核心即防止可燃气体在受限空间积聚达到爆炸极限。因此,亟须研究储能电站可燃气体积聚的处置措施和延迟点火控制方案。主动通风措施是必要且关键的,这需要对大规模电池阵列的气体产生速率、总气体产量和气体组成进行研究。

# 9.4　本章小结

　　目前,对于热失控机理和演化过程的研究已经较为深入,而锂离子电池储能系统监测预警和防控技术仍然有很多问题亟待解决。本章综述了锂离子电池热失控的特性、演化过程规律和灾害预警防控技术,锂离子电池储能系统在外部滥用条件下的热失控演化过程各阶段并不是相互独立的,而是化学反应重叠交叉进行;在储能系统灾害监测预警方面,温度信号、气体信号和电信号作为单一的监测信号预警效果较差,未来需要构建以电信号为基础,温度和气体信号为核心,烟雾和火焰信号为辅助的电-热-气-烟-光多参数耦合的热失控全过程监测预警技术,并根据预警结果,提供相应的事故处置措施。防控技术是发生火灾、爆炸事故时储能电站的最后安全保障手段,现有的消防灭火剂(如七氟丙烷、气溶胶与水基灭火剂)对锂离子电池火灾的适用性仍存在很大的不确定性和技术难题,气体灭火剂对电气火灾的降温能力有限,仅能应对小型火灾场景,水基灭火剂具有强大的降温能力,但易造成设备短路,亟待开发适用于储能系统的高效灭火剂。

# 第10章　电池储能系统创新消防技术

在储能系统中，锂离子电池密集排布，电池数量及能量密度的增加极大地提高了事故发生的可能性和破坏力，当系统内某个电池发生热失控而无法得到有效抑制时，极易造成整个系统发生热失控连锁反应，最终造成系统级的火灾甚至爆炸事故。据中国储能网统计，仅2022年上半年，全世界范围内就发生了17起电池储能系统火灾事故，随着锂离子电池储能电站数量的增多及运行年限的增长，预计近几年储能电站火灾事故将呈快速增长趋势。在此背景下，研究锂离子电池储能系统安全防控技术，尤其是作为终极防控手段的消防技术显得尤为紧迫。本章将从电池储能系统消防灭火需求、电池储能消防灭火技术和电池储能系统消防设计三方面对电池储能系统的创新消防技术展开介绍。

## 10.1　电池储能系统消防灭火需求

锂离子电池由正负极材料、电解液、隔膜及封装部件等组成，其火灾危险性来源于内部可以发生燃烧反应的化学材料，本质上是由电池热失控导致。结合国内外学者在此方面的研究，可以将锂离子电池热失控过程划分为三个阶段，如图10-1所示。

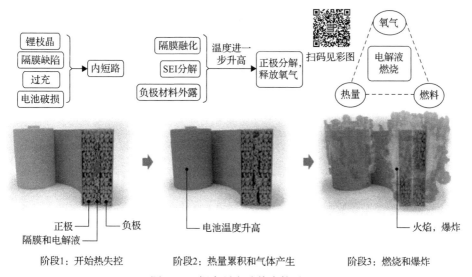

图 10-1　锂离子电池热失控过程

第一个阶段，过热是锂离子电池热失控的起始阶段，通常由四种情况导致：过充、环境温度过高、操作不当引起的外部短路、电池缺陷引起的内部短路。其中，电池内短路是最主要也是最难控制的情况，锂枝晶、隔膜缺陷、过充、电池破损都会导致内短路。电池在发生内短路的瞬间会释放出较大电流，产生大量热量，使电池温度升高，电池热失控进入第二阶段。第二个阶段，热量累积和气体产生是锂离子电池热失控的发展阶段，在该阶段，电池温度快速升高并发生大量化学反应，包括 SEI 的分解、电解液的燃烧、正负极材料的热分解及各组分之间的相互反应(图 10-2)，其中正极材料的热分解及其与电解液之间的相互反应给予电池热失控反应的大部分热量，钴酸锂、三元等具有层状结构的正极材料的热分解反应通常非常剧烈，并伴随氧气的产生，但磷酸铁锂材料中的氧被牢固地束缚在磷酸根中，很难成为助燃剂。随着温度的升高和氧气的不断释放，电池热失控最终将发展到燃烧和爆炸，即第三个阶段。由于锂离子电池使用有机电解液，其溶剂为环状或链状的烷基碳酸酯，它们极易挥发并易燃，而阶段二产生的热量和氧气为电解液的燃烧提供了环境，最终将导致电池的燃烧和爆炸。

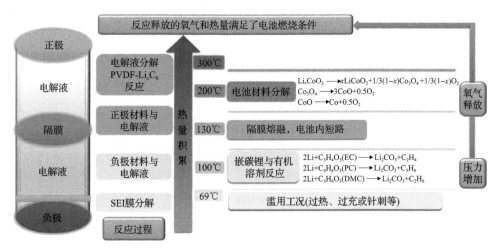

图 10-2　锂离子电池火灾内部反应过程

锂离子电池单体一般设有泄压口，起火燃烧过程也是压力泄放的过程，由于泄压面积较小，形成的火焰喷射距离较长，经测定最长喷射距离可达 3~5m。此外，锂离子电池着火时一般还伴随着正负极材料等的飞出，形成新的着火点，经实验测定，最远飞出距离可达 5~6m，因此锂离子电池火灾的蔓延速度极快，这给锂电池火灾的初期处置带来极大困难。锂电池热失控会产生大量可燃、有毒气体，如 CO、HF、$H_2$、$CH_4$ 等，这些可燃、有毒气体的蔓延速度很快，一旦蔓延到相对密闭的空间中形成富集，就容易发生燃爆事故。

通过对锂离子电池热失控过程的分析还可以发现，即使锂离子电池处于惰性环境中，其自身仍具备着火条件，即可燃物、氧化剂和火源。这里的可燃物是指电池自身成分（主要是电解液）、电池材料经化学反应产生的可燃性气体及可燃性包装材料，氧化剂来自电池材料在高温条件下释放的氧气，火源主要是电池受到的外界热、明火及电池内部反应的放热。

综上所述，锂离子电池火灾的特点可以归纳为以下四方面：

（1）反应源在电池内部，失控前无明火等明显现象。

（2）火焰形状表现为喷射状火焰，燃烧速度快、温度高、火焰喷射距离远，同时伴随有内溶物飞出。

（3）锂离子电池逸出气体成分复杂，毒性大。

（4）扑灭明火后电池内部的热量继续累积，无氧条件下能反应及复燃。

因此，要扑灭锂离子电池火灾，必须针对锂离子电池火灾的特点选用合适的消防灭火技术。消防灭火技术的关键就是破坏维持燃烧所需的条件，使燃烧不能继续进行。灭火方法可归纳为隔离法、窒息法、冷却法和化学抑制法四种。前三种灭火方法是通过物理过程灭火，最后一种方法是通过化学过程灭火。无论采用哪种方法灭火，火灾的扑救都是通过上述四种方法的一种或综合几种方法作用灭火的。目前，常用气体灭火剂的灭火机理主要是：窒息、降温和化学抑制；常用液体灭火剂的灭火机理主要是：隔离、降温和化学抑制；常用固体灭火剂的灭火机理主要是：隔离和化学抑制。通过前述分析，扑灭锂离子电池明火，气、液、固三类灭火的窒息作用均可达到，但要确保锂离子电池不复燃，则需要依赖液体或气体灭火剂的降温效果。

对于储能系统而言，其消防灭火需求因火灾所处阶段而异，主要体现在以下方面。

针对火灾初期阶段，采取降温措施，消散反应热量，避免累积，切断电池模块内部电芯间的热失控链式传播，减少进入热失控和最终爆燃的电芯数量。因为通常在这一阶段，火势较小，并且外泄的气体和电解液体量不大，对周边电芯的影响也很小，所以这应该是最佳的灭火时机。

针对火灾发展阶段，控制火势蔓延，特别是对相邻电池组进行充分降温，避免其进入热失控或进入最终燃爆，切断电池模块间的热失控传播链路，避免火灾的多米诺效应。这几乎是储能系统火灾施救的最后一道关卡，否则一旦进入猛烈燃烧阶段，扑灭火势的成功率将大打折扣。

针对火灾猛烈阶段，只能在安全距离外，对集装箱体进行外部整体冷却，特别是对该箱体周边的储能集装箱进行外部冷却，保障周边储能系统的安全，以隔断热量辐射与火灾跨系统扩散，避免更大的损失。

## 10.2　电池储能系统消防灭火技术

根据国家标准《火灾分类》(GB/T 4968—2008)和《建筑灭火器配置设计规范》(GB 50140—2005)的相关规定,不同种类火灾适用的灭火剂如表 10-1 所示。根据锂离子电池火灾特性分析,锂离子电池火灾主要包含 A、B、C、E 四种火灾类型。按标准规定可供选择的灭火剂种类主要有:水型、二氧化碳、泡沫、卤代烷、干粉型灭火器。除此之外,全氟己酮、高压细水雾等新型灭火剂以其优异的灭火和降温性能,在锂离子电池火灾灭火领域也得到了广泛的关注和应用。

表 10-1　不同种类火灾适用的灭火剂

| 火灾分类 | 适用的灭火剂 |
| --- | --- |
| A 类火灾:指固体物质火灾。这种物质通常具有有机物性质,一般在燃烧时能产生灼热的余烬,如木材、煤、棉、毛、麻、纸张等火灾 | 选用水型、泡沫、磷酸铵盐干粉、卤代烷型灭火器 |
| B 类火灾:指液体或可熔化的固体物质火灾,如煤油、甲醇等火灾 | 选用干粉、泡沫、卤代烷、二氧化碳型灭火器 |
| C 类火灾:指气体火灾,如煤气、天然气、甲烷、氢气等火灾 | 选用干粉、卤代烷、二氧化碳型灭火器 |
| D 类火灾:指金属火灾,如钾、钠、镁、铝镁合金等火灾 | 目前我国没有定型的灭火器产品 |
| E 类火灾:带电火灾。物体带电燃烧的火灾 | 扑救带电火灾应选用卤代烷、二氧化碳、干粉型灭火器,扑救带电设备火灾应选用磷酸铵盐干粉、卤代烷型灭火器 |
| F 类火灾:烹饪器具内的烹饪物火灾 | 用锅盖扑灭或泡沫灭火器扑灭 |

### 10.2.1　传统灭火剂在锂离子电池火灾中的应用

1. 水基灭火剂

水基灭火剂可分为纯水、细水雾、泡沫等。对于锂离子电池火灾,仅就灭火效果而言,水基灭火剂表现上佳,而且水的来源广泛,降温效果极佳。但其缺陷也是显而易见的:首先,锂离子电池中电解质的主要成分是 $LiPF_4$,遇水分解产生 HF,不同浓度 HF 对人体的伤害见表 10-2,研究发现磷酸铁锂电池在燃烧状态下,HF 的浓度可达 740.7mg/m$^3$,若用水对其灭火,则 HF 浓度将增加数倍;其次,用水对锂离子电池模块灭火,耗水量巨大,而且产生的废水中会夹杂大量有毒物质,次生灾害严重。据美国消防协会(NFPA)开展的两组不同能量电池组灭火研究发现,4.4kW·h 电池组灭火最多需要 4013L 水,而 16kW·h 电池组灭火最多需要 9987L

水。除此之外，采用水消防处理锂离子电池早期火灾，极有可能导致电池短路的发生，从而引发更大规模的火灾事故。

表 10-2　不同浓度 HF 对人体的伤害

| 浓度/(mg/m³) | 症状 |
| --- | --- |
| 10~25 | 对眼、鼻、咽喉等黏膜有刺激作用 |
| 200~250 | 暴露数分钟可能致死 |
| 400~430 | 引起急性中毒致死 |

因此，越来越多的标准规范中明确指出"当锂离子电池电站发生火灾时，严禁使用水喷淋方式灭火。""严禁将水直接射向未着火的储能电池模块(簇)，避免处置不当造成储能电池模块(簇)短路"等。

在实际应用中，对于储能系统初期火灾，不建议使用水基灭火剂；对于储能系统火灾发展为大规模火灾后，在其他消防手段均已失效的情况下，可以用水对着火系统周边进行降温，阻止火灾的蔓延。

2. 卤代烷灭火剂

卤代烷灭火剂，即哈龙灭火剂，主要通过捕捉游离基，抑制燃烧的化学反应过程，中断燃烧链而实现快速灭火，是典型的化学抑制类灭火剂。主要品类有二氟一氯一溴甲烷(1211 灭火器)、三氟一溴甲烷(1301 灭火器)等。英国民航局(CAA)和美国联邦航空局(FAA)曾利用哈龙灭火剂对不同型号的锂离子电池开展了灭火研究，结果表明哈龙灭火剂对锂离子电池火灾具有较好的灭火效果，而且可以有效抑制磷酸铁锂电池的热失控或复燃，但不能抑制钴酸锂电池的复燃。

卤代烷灭火剂是损耗臭氧的物质，是破坏臭氧层的主要元凶之一。根据《中国消防行业哈龙整体淘汰计划》，我国已于 2005 年正式停止生产应用卤代烷灭火剂，因此国内没有再开展相关测试研究。

3. 二氧化碳灭火剂

二氧化碳本身不燃烧、不助燃，易于液化，便于装罐和储存，是一种良好的灭火剂。二氧化碳比空气重，主要通过冷却和窒息灭火，灭火浓度在 34%以上。

在二氧化碳对磷酸铁锂电池过热致热失控灭火实验中，使用二氧化碳灭火剂初期，电池火焰被大幅压制，17s 后火焰熄灭，但灭火后 57s 电池发生复燃。这主要是由于灭火初期高压液态的二氧化碳从储气瓶中释放后瞬间气化，稀释了空气中的氧含量，并吸收了大量热量，使得电池明火得以熄灭，但二氧化碳难以作用到电池本体，无法对电池本体形成有效降温，因此电池热失控链并没有得到阻断，明火熄灭后电池仍大量生烟，并最终发生复燃。

二氧化碳对锂离子电池的灭火效率不高，抗复燃能力差，而且灭火浓度较高，灭火级别低，对于储能系统而言，灭火剂用量较大。除此之外，二氧化碳灭火系统在应用过程中，容易在管道内部形成"干冰"，形成安全隐患。综上所述，二氧化碳灭火剂也难以满足锂离子电池储能系统的灭火需求。

### 4. 干粉灭火剂

干粉灭火剂主要包含 D 类干粉、BC 类干粉和 ABC 类干粉，分别适用于不同的火灾类型。按照锂离子电池火灾分类，磷酸铵盐（ABC）干粉灭火剂显然更适用于锂离子电池火灾。磷酸铵盐干粉灭火剂的灭火机理以化学抑制为主，通过化学、物理的双重灭火机理扑灭火焰：物理上实现被保护物与空气的隔绝，通过窒息实现灭火；化学方面，通过与燃烧物火焰接触发生化学反应迅速夺取燃烧自由基与热量，切断燃烧链，实现对火焰的扑灭。

在利用干粉灭火剂对不同种类的锂离子单体电池的灭火实验中，干粉灭火剂均快速扑灭了电池明火，但灭火后电池本体的温度仍持续上升，短时间内便发生复燃。使用该灭火剂后留有残渣，不易清理。在 2018 年发生在江苏某储能电站的火灾中，火灾初期，现场工作人员便利用干粉灭火剂对着火模块进行灭火，但效果甚微，无法阻止火灾蔓延。因此，干粉灭火剂可用于单体电池初期火灾的灭火，但无法应用于模块级火灾，更难以适用于储能系统场景。

### 5. 热气溶胶灭火剂

热气溶胶灭火剂是一种烟火药剂，它自身不能灭火，而是通过输入外界能量，使其进行一系列的氧化还原反应生成聚集型灭火气溶胶，其中气体占大多数，主要是 $N_2$，少量 $CO$ 和 $CO_2$；固体颗粒主要是金属氧化物、碳酸盐或碳酸氢盐、炭粒及少量金属碳化物。热气溶胶灭火剂主要通过窒息和化学抑制两个方面的作用来灭火。目前市面上常见的热气溶胶灭火剂分 K 型和 S 型两种，其中 K 型灭火剂的灭火效果好，但洁净度差；S 型灭火剂的灭火效果不稳定，但洁净度好。

热气溶胶对锂离子电池火灾的灭火效果与干粉灭火剂类似，也不具备抑制电池复燃的能力，但其装置简单小巧，在新能源汽车电池包中已有少量应用案例。但其对电池储能系统场景火灾的灭火效果和应用方式还有待进一步验证。

### 10.2.2 新型灭火剂在锂离子电池火灾中的应用

#### 1. 改进细水雾灭火剂

细水雾作为水基灭火剂的一种，虽然在 10.2.1 节中已经提到并不建议使用，但近年来关于改进细水雾用于锂离子电池火灾灭火的研究越来越多，因此作者将其作为新型灭火剂的一种，与传统水基灭火剂相区分来阐述其应用于电池储能系统灭火的可能性。

改进细水雾灭火装置通过在细水雾中添加添加剂,以提高细水雾的灭火效能。添加剂对细水雾灭火效能的提升主要依赖于改变其化学性能,添加剂受热分解的过程会吸收热量、释放自由基,从而阻断链式反应、降低有毒气体浓度及覆盖可燃物表面隔绝氧气,起到类似化学抑制的作用,这样改进的细水雾灭火剂将兼具降温、窒息、化学抑制三方面灭火作用,极大地提升灭火效果。研究发现,含有一定比例的表面活性剂(如三乙醇胺)的细水雾与纯细水雾相比,能够更有效地降低锂电池灭火过程中可燃物质的温度,抑制火焰增强,并扑灭火焰[12]。但当水雾中表面活性剂的比例超过 5% 时,锂电池的灭火时间趋于平缓光滑,不再继续下降。

改进细水雾灭火装置虽能够有效吸热降温,但对锂离子电池火灾而言,其灭火时间过长,无法像气体灭火剂那样迅速形成灭火浓度,故其对模块级以上火灾的有效性还有待进一步验证。细水雾用水量较少,虽然需要较长的时间才会凝结成可导电的水滴,保证了初期灭火的电绝缘性,但也牺牲了对电池本体的有效降温,因此对抑制电池热失控蔓延的效果有限。

目前,仅采用细水雾作为电池储能系统自动灭火系统的案例较少,部分储能电站采用气体+细水雾的形式组成了多级自动灭火系统,理论上提升了灭火和抑制复燃的效果,但成本较高,维保难度大。另外,经细水雾喷洒过的电池模块的安全性目前也没有明确的评价标准,很难继续使用。综上所述,改进细水雾灭火剂作为锂离子电池火灾灭火剂有其有效性和可行性,但应用过程中的诸多问题也需要进一步研究解决。

2. 七氟丙烷灭火剂

七氟丙烷是一种卤代烃类哈龙替代灭火剂,化学分子式为 $CF_3CHFCF_3$,商品名为 FM200,常压下是无色无味的气体,不导电,无腐蚀,对臭氧层的耗损潜能值 ODP=0,温室效应潜能值 GWP=0.6。但七氟丙烷本身有一定毒性,安全浓度为 9%,大气存留寿命长达 31 年。七氟丙烷的灭火机理为抑制化学链反应、稀释隔绝氧气和吸收热量。七氟丙烷具有双重灭火机理协同作用(图 10-3)、灭火浓度低、灭火效率高等优点,问世以来不断得到关注。

中国电力科学研究院(以下简称中国电科院)利用七氟丙烷对储能用磷酸铁锂电池和电池模块开展了大量的灭火实验,结果表明七氟丙烷是目前气体灭火剂中对锂离子电池火灾灭火效率最高的灭火介质,七氟丙烷可以有效抑制电池的初期火灾,对于中后期火灾也可有效扑灭明火,但灭火后电池会出现温度回升和复燃现象。

七氟丙烷对锂离子电池储能系统的灭火效果还取决于其应用方式,2017 年发

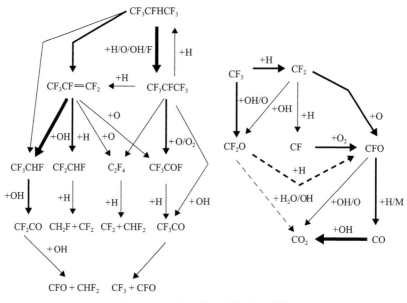

图 10-3　七氟丙烷灭火机理示意图

生在山西某火电厂的储能系统火灾，其配置的全淹没式七氟丙烷自动灭火装置虽均已动作，但无法扑灭电池火灾，最终导致整个系统的烧毁。由此可见，全淹没式的应用方式对锂离子电池储能系统火灾基本无效，这是因为储能系统内部结构紧凑，七氟丙烷灭火剂很难快速作用于着火电池，而且七氟丙烷比空气重，时间稍长便会向集装箱底部沉积，从而失去灭火效果。因此，目前越来越多的灭火系统设计将最小保护单元缩小至电池模块，并采取多次喷射或"气体灭火剂+复燃抑制剂"的形式抑制电池复燃，彻底扑灭电池火灾。

### 3. 全氟己酮灭火剂

全氟己酮灭火剂是一种氟化酮类哈龙替代灭火剂，主要成分的化学式为 $CF_3CF_2C(O)CF(CF_3)_2$，化学代号为 FK-5-1-12。全氟己酮的 ODP 值接近 0，GWP 值为 1，大气存活时间为 0.014 年。全氟己酮通过物理吸热和化学抑制相结合的方法灭火，全氟己酮在室温下为液体，沸点仅为 49℃，且有较高的热容量，其在火灾现场很容易气化，从而带走大量热量。全氟己酮的化学抑制效果主要来源于其受热易发生脱 HF 反应、C—C 键断裂反应，产生 $CF_3$、$CF_2$、CFO 等自由基，可以捕捉、消耗火焰中的自由基，中断燃烧链式反应。但值得注意的是，全氟己酮在灭火过程中也会产生有毒的 HF 和 $CF_2O$ 气体(图 10-4)。

中国科学技术大学报道了大量采用全氟己酮扑灭锂离子电池火灾的研究工作。在抑制钛酸锂电池火灾方面，全氟己酮可于 30s 内扑灭电池明火，但为了防止电池复燃，需要持续向电池喷射灭火剂。与之相比，七氟丙烷则可更为快速地

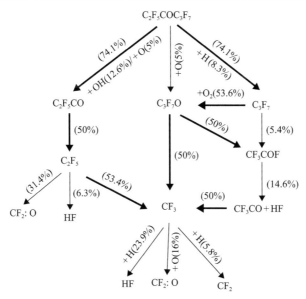

图 10-4　全氟己酮灭火机理示意图

扑灭电池明火。这主要是因为全氟己酮的释放量对灭火效率具有显著影响，而且使用低剂量的全氟己酮甚至会提高锂离子电池的温度，这可能是由于在电池排放的易燃混合气体中，低浓度的全氟己酮会增加火焰传播的速度和温度。在对三元锂离子电池的灭火中，该团队报道了一种火探管式的应用方式，可于 5.6s 扑灭电池明火，但火探管的有效半径仅为 18mm，处于此边界外的火灾将破坏灭火氛围并消耗灭火浓度，从而影响灭火效果。为了改善全氟己酮较差的冷却效果，该团队还报道了全氟己酮和高压细水雾组合使用扑灭电池火灾的研究，结果发现灭火效率和降温效果均有显著提升。除此之外，也有研究者将锂离子电池浸没在全氟己酮中进行研究，虽然温控和灭火效果较好，但装置复杂，成本高昂，难以在储能领域推广使用。

　　综上所述，全氟己酮可以有效扑灭锂离子电池火灾，而且较七氟丙烷具有更好更持久的降温效果，但灭火效率不如七氟丙烷，独立使用也难以对锂离子电池形成有效降温并杜绝复燃发生。因此，其释放时机、最佳使用浓度和组合/独立应用方式是决定其用于储能系统火灾的关键，也是进一步研究的方向所在。

## 10.2.3　气液复合灭火方式在锂离子电池火灾中的应用

　　对于锂离子电池火灾，目前可供选择的灭火剂种类在 10.2.1 节和 10.2.2 节中已进行详述，虽然新型灭火剂在扑灭锂离子电池火灾方面具有众多优势，但单一种类的灭火剂均存在灭火效率不佳或难以抑制电池复燃的缺陷。这就需要针对锂离子电池储能系统的特征，开发专门针对电池火灾的消防灭火方式，以期提高灭火效果。

目前报道的电池储能系统新型消防灭火方式主要有两种：一种是选用气体灭火剂（如七氟丙烷、全氟己酮），采用"瓶组+管网"的方式将最小保护单元下沉至电池簇甚至电池模块；另一种是选用气液复合的灭火方式，先喷射气体灭火剂（如七氟丙烷、全氟己酮等）快速扑灭电池明火，后喷射具有抑制电池复燃效果的液体介质（如细水雾、RH-01 复燃抑制剂等）抑制电池复燃，最小保护单元为电池模块。两种灭火方式各有优劣，单就灭火效果而言，气液复合灭火方式可以更加彻底地扑灭电池火灾。

中国电科院率先提出了以七氟丙烷和 RH-01 复燃抑制剂组合的气液复合灭火方式，RH-01 复燃抑制剂的相关特征参数如表 10-3 所示，并采用该灭火方式对磷酸铁锂单体电池火灾和电池模块火灾开展了灭火效果研究。研究发现，七氟丙烷可以快速扑灭电池明火，高热稳定性的 RH-01 复燃抑制剂可以长时间以液态形式存在，实现对电池的长效降温，有效地抑制电池内部的热失控反应，进而抑制热失控电池灭火后复燃及热失控蔓延。全淹没方式相比半淹没方式的降温效果更好，并且可吸收随燃烧烟气带出的多种颗粒物和电解液蒸汽，减少烟气喷射的量和浓度，降低电池热失控后的燃爆风险。

**表 10-3  RH-01 复燃抑制剂的物理参数**

| 特征名称 | 特征值 |
|---|---|
| 分子式 | $(C_3F_6O)_n$，$n=10\sim60$ |
| 性状 | 无色无味透明液体 |
| 密度 | 1.91g/mL |
| 动力黏度 | $10\sim250mm^2/s$ |
| 挥发性 | 无挥发性 |
| 腐蚀性（对金属） | 无腐蚀 |
| 分解温度 | >350℃ |
| 比热容 | 0.99kJ/（kg·K） |

## 10.3  电池储能系统消防设计

在进行储能电站规划设计时，一般选用自动灭火系统，保障电池储能系统运行安全。自动灭火系统主要包含火灾自动报警系统和灭火系统两部分，两者协同工作，集火灾探测、报警、实施灭火功能于一体。

表 10-4 和表 10-5 中列举了部分锂离子电池储能系统消防设计需要参考的消

防领域和储能领域的标准。目前，储能领域的相关标准并没有规定针对锂离子电池火灾必须选用何种灭火剂和灭火方式，但通常选用气体灭火系统。

表 10-4　储能领域相关标准

| 序号 | 标准名称 |
|---|---|
| 1 | 《电化学储能电站设计规范》（GB 51048—2014） |
| 2 | 《储能电站运行维护规程》（GB/T 40090—2021） |
| 3 | 《预制舱式磷酸铁锂电池储能电站消防技术规范》（T/CEC 373—2020） |
| 4 | 《预制舱式锂离子电池储能系统灭火系统技术要求》（T/CEC 464—2021） |
| 5 | 《动力锂离子电池梯次利用储能系统消防安全技术条件》（T/CSAE 217—2021） |
| 6 | 《动力锂离子电池梯次利用储能系统火灾防控装置性能要求与实验方法》（T/CSAE 216—2021） |
| 7 | 《预制舱式储能电站消防集中监控系统技术规范》（T/CSE 080—2021） |
| 8 | 《预制舱式锂离子电池储能系统火灾抑制装置测试方法》（T/CIAPS0015—2022） |
| 9 | 《电化学储能电站消防安全评估》（T/JFPA 0007—2021） |

表 10-5　消防领域相关标准

| 序号 | 标准名称 |
|---|---|
| 1 | 《火力发电厂与变电站设计防火标准》（GB 50229—2019） |
| 2 | 《气体灭火系统设计规范》（GB 50370—2005） |
| 3 | 《火灾自动报警系统设计规范》（GB 50116—2013） |
| 4 | 《气体灭火系统施工及验收规范》（GB 50263—2007） |
| 5 | 《气体灭火系统及部件》（GB 25972—2010） |
| 6 | 《消防联动控制系统》（GB 16806—2006） |
| 7 | 《电力设备典型消防规程》（DL 5027—2015） |

气体灭火系统一般采用全淹没方式灭火，即在规定时间内向防护区喷射一定浓度的灭火剂，并使其均匀充满防护区。但如 10.2.2 节所述，传统的全淹没式灭火系统并不适用于锂离子电池储能系统，因此有必要对锂离子电池储能系统进行分区，由一套公共的灭火剂存储装置通过管网的形式实现对储能系统内部的分区防护，并通过增加防复燃措施抑制电池复燃。

本节以浙江省杭州市某变电站储能工程中采用的电池储能系统消防方案为例，对电池储能系统用自动灭火系统进行简要介绍。

### 10.3.1　总体设计

该变电站位于杭州市滨江区，承担着区域内华为、网易、阿里巴巴等大量高新企业的供电任务，为了减缓供电压力，探索储能建设经验，杭州供电公司利用该变电站内已征用土地的空白场地建设储能电站，用电低谷时段充电储存电能，高峰时段通过变电站向电网放电，补充变电所的用电缺口，降低变电所跳闸的风险，提高电力保障水平，达到辅助电网削峰填谷，提高现有输配网络利用率，延缓输配电设备投资等作用。该工程储能功率为 4MW，储能电量为 12.8MW·h，采用 8 个储能单元+1 个控制室集装箱构成全部工程。每个储能单元由 1 台 500kW 储能变流器、1.6MW·h 储能电池、1 套节点电池管理系统(BMS)和 1 套自动灭火系统组成。

本方案选用"七氟丙烷+RH-01 复燃抑制剂"组合的气液复合灭火方式，针对锂离子电池初期火灾，实现快速感知、精准扑救和长效复燃抑制的灭火效果。总体设计方案：以电池模块为基本保护单元，火灾探测单元内置于电池模块内，消防管路接入电池模块，每个电池模块的消防管路单独控制，实现对每个电池模块的精准灭火和长效复燃抑制。

自动灭火系统包含三个功能：火灾探测、电池灭火、抑制电池复燃。为了实现上述功能，设计自动灭火系统框架结构如图 10-5 所示。图中对自动灭火系统的布局方案、前端探测方案、控制方式、通信方式、管路布局方案给出了标识。

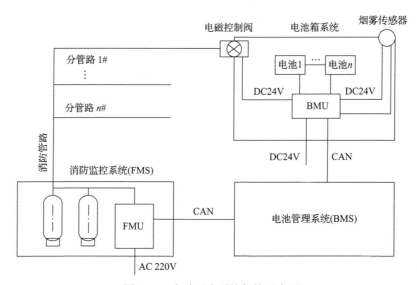

图 10-5　自动灭火系统架构示意图

## 10.3.2　火灾自动报警系统设计

火灾自动报警系统包含探测装置、消防控制器、火灾报警装置和联动控制装置等部分。探测装置主要包含感烟探测器、感温探测器、感光探测器、气体探测器四大类；火灾报警装置包含放气指示灯、声光报警器等设备；联动控制装置包含紧急启停按钮、输入/输出模块等联动设备。

火灾自动报警系统分两种场景布置探测器：一种是针对电池模块内部火灾，通过在电池箱内布置感烟探测器和感温探测器监测电池模块的火灾状况，并通过通信接口卡读取舱内 BMS 传输给消防控制器的报警数据；另一种是针对舱内其他设备可能发生的火灾，在舱内其他区域设置探测器，如集装箱顶部，并直接接入消防控制器。

## 10.3.3　灭火系统设计

灭火系统主要包含七氟丙烷气瓶、复燃抑制剂储瓶、驱动装置、电动球阀、消防管路、喷头、气瓶柜等设备。

自动灭火系统将最小保护单元缩小至电池模块，为了实现该目标，需要通过独特的管路设计将灭火介质输送至指定电池模块。储能系统由多个电池簇并联组成，灭火系统也将储能系统以电池簇进行区域划分，每个电池簇为独立分区，通过主管路将各电池簇并联在一起。电池簇内设置主管路与分管路，各电池簇主管路并联通向灭火装置，分管路通向电池模块，每个电池模块接入一个分管路，分管路上设置电池阀。当电池模块内发生火灾时，控制系统控制对应区域电磁阀开启，未发生火灾的电池模块对应的电磁阀处于关闭状态，此时管路中只存在一条路径供灭火介质通过，灭火介质通过管路进入发生火灾的电池模块，达到灭火的目的，管路设计方案如图 10-6 所示。

针对储能系统构成，每个集装箱配置自动灭火系统 1 套。该结构分别设置电池簇用主管路与舱顶主管路，电池簇用主管路负责电池模块内消防，舱顶主管路负责集装箱内其他火灾的消防。根据电池簇数量设置 9 套支管路。根据电池模块数量，前端探测装置配置 135 套，电磁阀配置 135 个，舱顶烟感配置 4 个，具体结构如图 10-7 所示。

## 10.3.4　控制逻辑设计

预制舱式锂离子电池储能系统内部发生火灾分为两种情况：

(1)电池模块内火灾，灭火系统使用气液复合灭火方式，通过逻辑控制分时段释放，达到扑灭明火并抑制电池复燃的目的。

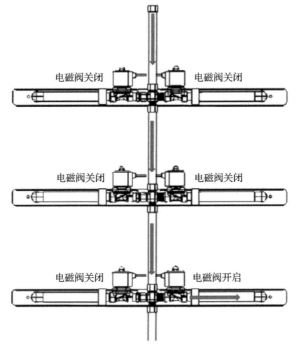

图 10-6 管路设计方案

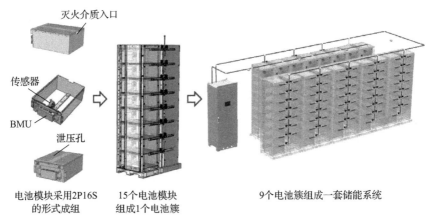

图 10-7 灭火系统总体结构示意图

(2)舱内其他设备火灾,此时复燃抑制剂对扑灭火灾的作用不大,气体灭火剂起主要作用,因此当舱内其他设备起火时,只释放气体灭火剂,淹没集装箱,即可扑灭明火。

自动灭火系统有两种工作状态,包括自动工作状态与手动辅助工作状态;三种启动方式,包括自动启动、手动辅助启动、应急启动,控制逻辑如图 10-8

所示。

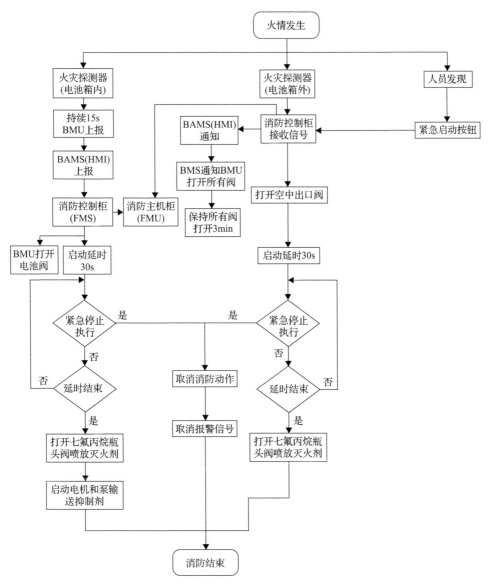

图 10-8　火灾自动灭火系统控制逻辑

## 10.4　本 章 小 结

锂离子电池储能系统消防技术是储能系统安全防护技术的最终环节，也是非常重要的一环，对保障锂离子电池储能系统的安全应用、保障储能电站财产安全、保障运维人员的人身安全都具有重要的意义。

但现阶段锂离子电池储能系统专用消防灭火技术却发展缓慢，主要体现在：

(1)报警滞后。现有探测器发出报警信号时，锂离子电池常处于热失控爆发阶段，而且锂离子电池在模块内紧密排列，电池热失控又是自加速的放热反应过程，极易迅速发生蔓延形成大规模火灾。

(2)灭火剂发展缓慢。目前可用于锂离子电池火灾的灭火剂在书中均已进行论述：七氟丙烷、全氟己酮等以化学抑制作用为主导的灭火剂对锂离子电池灭火效果较好；水系、二氧化碳、干粉等以窒息和冷却作用为主导的灭火剂难以适用于电池储能系统应用场景，灭火效果不佳。另外，单一种类灭火剂均难以彻底扑灭电池火灾，尤其难以抑制系统内电池的热失控蔓延和复燃。

(3)新型灭火技术造价较高。传统灭火技术，尤其是气体灭火剂全淹没式灭火系统，虽然该装置简单，成本低廉，但对储能系统火灾的灭火效果有限。新型灭火技术，如"柜式+管网"的多次喷射灭火技术、气液复合灭火技术等，可以实现电池模块级防护，对抑制电池复燃也有较好效果，但装置较复杂，成本较高。现阶段储能系统出于对高能量密度和低成本的追求，因此新型灭火技术的推广应用面临诸多困难。

针对上述问题，未来电池储能系统消防技术的发展方向将聚焦在热失控早期可靠探测、锂离子电池火灾专用灭火剂研发、新型灭火技术的推广应用。在热失控早期可靠探测方面，可以通过增加对电池单体状态(内部温度、电压、动态阻抗等)的监测，建立电池热失控预测模型，降低发生系统火灾的概率；锂离子电池火灾专用灭火剂研发则应聚焦于兼具化学抑制和冷却的灭火剂研发，还需同时满足原料来源广泛(成本低廉)、绝缘、环保无污染等需求；关于新型灭火技术的推广应用取决于新型灭火技术的有效性验证和低成本化，同时也需要全行业的共同努力，尽快制定完善储能安全及检测领域的相关标准。

# 第11章 锂离子电池储能系统测试评价技术

根据现行国内有关标准，锂离子电池储能系统测试一般包括储能用锂离子电池测试、储能系统(并网)测试。

## 11.1 储能用锂离子电池测试评价技术

目前，《电力储能用锂离子电池》(GB/T 36276—2023)、《电化学储能电站用锂离子电池技术规范》(NB/T 42091—2016)等国家标准、行业标准对储能用锂离子电池单体、模组、簇的测试项目、测试方法做出详细规定，中国电力企业联合会发布的《电力储能锂离子电池内短路测试方法》(T/CEC 169—2018)、《电力储能用锂离子电池爆炸实验方法》(T/CEC 170—2018)、《电力储能用锂离子电池循环寿命要求及快速检测实验方法》(T/CEC 171—2018)、《电力储能用锂离子电池安全要求及实验方法》(T/CEC 172—2018)等团体标准对储能用锂离子电池的内短路、循环寿命等单项性能测试方法进行了规范，其中 T/CEC 171—2018、T/CEC 172—2018 规定的测试方法与 GB/T 36276—2023 一致。

### 11.1.1 储能用锂离子电池单体测试评价技术

储能用锂离子电池单体测试项目如表 11-1 所示，主要包括放电容量、循环寿命、过充电、短路等。

表 11-1　储能用锂离子电池单体测试项目

| 序号 | 测试项目 | GB/T 36276—2023 | NB/T 42091—2016 |
|------|----------|-----------------|------------------|
| 1 | 外观 | √ | √ |
| 2 | 极性 | √ | √ |
| 3 | 外形尺寸和质量 | √ | |
| 4 | 初始充放电能量 | √ | √ |
| 5 | 高温充放电性能 | √ | √ |
| 6 | 低温充放电性能 | √ | |
| 7 | 倍率充放电性能 | √ | √ |
| 8 | 绝热温升 | √ | |

| 序号 | 测试项目 | GB/T 36276—2023 | NB/T 42091—2016 |
|------|----------|------------------|-------------------|
| 9 | 能量保持与能量恢复能力 | √ | √ |
| 10 | 储存性能 | √ | √ |
| 11 | 循环性能 | √ | √ |
| 12 | 过充电 | √ | √ |
| 13 | 过放电 | √ | √ |
| 14 | 短路 | √ | √ |
| 15 | 挤压 | √ | √ |
| 16 | 跌落 | √ | √ |
| 17 | 低气压 | √ | |
| 18 | 加热 | √ | |
| 19 | 热失控 | √ | |

1. 放电性能

锂离子电池单体放电性能测试评价一般在规定的环境条件下，使用满足一定准确度要求的充放电装置（GB/T 36276—2023：准确度 0.1%FS；NB/T 42091—2016：准确度应不低于 0.5 级），采用恒电流或恒功率的方法对待测电池进行充放电，记录或计算放电容量等性能指标。

1）充电方法

充电是锂离子电池放电性能测试的前序步骤，常用的充电方法有恒电流充电（NB/T 42091—2016）、恒功率充电（GB/T 36276—2023）。

（1）恒电流充电（NB/T 42091—2016）。

①在 23℃±2℃条件下，电池以 $1I_3$（A）电流放电，至电池电压不高于放电终止电压时停止放电。

②静置 1h。

③在 23℃±2℃条件下，电池以 $1I_3$（A）（即电池以 3h 率放电的电流）恒流充电，至电池电压不低于充电截止电压。

④恒压充电至电流降至 $0.1I_3$（A）时停止充电。

⑤静置 1h。

（2）恒功率充电（GB/T 36276—2023）。

①在 25℃±2℃条件下搁置 5h。

②以额定放电功率恒功率放电至放电终止电压，静置 30min。

③以额定充电功率恒功率充电至充电终止电压，静置 30min。

2) 放电容量/能量测试

放电容量/能量测试包括常温容量/能量、高温容量/能量、低温容量/能量、倍率容量/能量等，主要有恒电流放电、恒功率放电两种方法。

(1) 常温容量/能量。

①电池按规定的方法充电。

②电池在 23℃±2℃条件下以 $1I_3$(A) 电流放电，直到放电终止电压(NB/T 42091—2016)或以额定放电功率放电至放电终止电压(GB/T 36276—2023)。

需要指出的是，NB/T 42091—2016 只进行一次放电，单次结果即为测试结果，GB/T 36276—2023 需进行三个充放电循环，3 次实验的均值作为测试结果。

(2) 高温容量/能量。

GB/T 36276—2023、NB/T 42091—2016 对高温容量/能量的测试方法有不同规定。准确地说，前者测试的是高温充放电性能，所以要求电池在高温下搁置、充电、放电；后者测试的是高温放电性能，故只要求在高温下储存、放电。具体方法如下：

①GB/T 36276—2023 高温充放电性能测试方法：

(a) 电池单体初始化放电。

(b) 电池单体在 45℃±2℃条件下搁置 5h。

(c) 在 45℃±2℃条件下，电池单体以额定充电功率恒功率充电至充电终止电压，静置 30min。

(d) 在 45℃±2℃条件下，电池单体以额定放电功率恒功率放电至放电终止电压。

②NB/T 42091—2016 高温放电容量测试方法：

(a) 电池按规定的方法充电。

(b) 电池在 55℃±2℃条件下储存 5h。

(c) 电池在 55℃±2℃条件下，以 $1I_3$(A)电流放电，直到放电终止电压。

(3) 低温容量/能量。

NB/T 42091—2016 中未对低温容量/能量的测试进行规定，GB/T 36276—2023 中的低温充放电性能测试方法与高温充放电性能测试方法类似，仅温度和搁置时间有差别，具体方法如下：

①电池单体初始化放电。

②电池单体在 5℃±2℃条件下搁置 20h。

③在 5℃±2℃条件下，电池单体以额定充电功率恒功率充电至充电终止电压，静置 30min。

④在 5℃±2℃条件下，电池单体以额定放电功率恒功率放电至放电终止电压。

(4)倍率容量/能量。

GB/T 36276—2023、NB/T 42091—2016 中对倍率容量/能量测试方法的规定有较大差异,后者的常温倍率放电容量测试方法与常温放电容量类似,仅放电电流不同,为 $4.5I_3(A)$。GB/T 36276—2023 倍率充放电性能测试方法较为复杂,本书考察了不同充放电倍率下的电池充放电容量/能量及能量保持率、能量效率,具体方法如下:

①电池单体初始化放电。

②电池单体以额定充电功率恒功率充电至充电终止电压,静置 30min。

③电池单体以额定放电功率恒功率放电至放电终止电压,静置 30min。

④电池单体以 2 倍额定充电功率恒功率充电至充电终止电压,静置 30min。

⑤电池单体以额定充电功率恒功率充电至充电终止电压,静置 30min。

⑥电池单体以 2 倍额定放电功率恒功率放电至放电终止电压,静置 30min。

⑦电池单体以额定放电功率恒功率放电至放电终止电压,静置 30min。

⑧电池单体以 4 倍额定充电功率恒功率充电至充电终止电压,静置 30min。

⑨电池单体以额定充电功率恒功率充电至充电终止电压,静置 30min。

⑩电池单体以 4 倍额定放电功率恒功率放电至放电终止电压,静置 30min。

⑪电池单体以额定放电功率恒功率放电至放电终止电压,静置 30min。

⑫电池单体以 2 倍额定充电功率恒功率充电至充电终止电压,静置 30min。

⑬电池单体以 2 倍额定放电功率恒功率放电至放电终止电压,静置 30min。

⑭电池单体以额定放电功率恒功率放电至放电终止电压,静置 30min。

⑮电池单体以 4 倍额定充电功率恒功率充电至充电终止电压,静置 30min。

⑯电池单体以 4 倍额定放电功率恒功率放电至放电终止电压。

## 2. 荷电保持与恢复能力

GB/T 36276—2023、NB/T 42091—2016 中对荷电保持与恢复能力测试方法的规定基本一致,不同的是前者关注能量,后者关注容量。

1)室温/常温荷电保持与恢复能力

(1)电池以规定方法充电。

(2)电池在 25℃±5℃条件下(GB/T 36276—2023)或 23℃±2℃条件下(NB/T 42091—2016)储存 28 天。

(3)在 25℃±2℃条件下,电池以额定放电功率恒功率放电至放电终止电压或在 23℃±2℃条件下以 $1I_3(A)$ 电流恒电流放电至放电终止电压,静置 30min。

(4)以规定的方法恒功率或恒电流充电。

(5)在 25℃±2℃条件下,电池以额定放电功率恒功率放电至放电终止电压或在 23℃±2℃条件下以 $1I_3(A)$ 电流恒电流放电至放电终止电压。

步骤(2)和(3)考察的是保持能力，步骤(4)和(5)考察的是恢复能力。

2)高温荷电保持与恢复能力

(1)电池以规定方法充电。

(2)电池在 45℃±2℃ 条件下(GB/T 36276—2023)或 55℃±2℃ 条件下(NB/T 42091—2016)储存 7 天。

(3)在 25℃±2℃ 条件下搁置 5h 后，电池以额定放电功率恒功率放电至放电终止电压，或者在 23℃±2℃ 条件下搁置 5h 后，以 $1I_3(A)$ 电流恒电流放电至放电终止电压，静置 30min。

(4)以规定的方法恒功率或恒电流充电。

(5)在 25℃±2℃ 条件下，电池以额定放电功率恒功率放电至放电终止电压，或者在 23℃±2℃ 条件下以 $1I_3(A)$ 电流恒电流放电至放电终止电压。

3. 储存性能

GB/T 36276—2023、NB/T 42091—2016 中对储存性能测试方法的规定思路一致，均是将半荷电态的电池在规定温度下储存一段时间，然后进行放电、充电、放电等步骤，记录计算恢复容量/能量、恢复率等。

1)GB/T 36276—2023 储存性能

(1)电池以规定的方法充电。

(2)在 25℃±2℃ 条件下，电池单体以额定放电功率恒功率放电至放电能量达到该电池单体初始放电能量的 50%。

(3)在 45℃±2℃ 条件下储存 28 天。

(4)在 25℃±2℃ 条件下搁置 5h，然后以额定放电功率恒功率放电至放电终止电压，静置 30min。

(5)在 25℃±2℃ 条件下，以额定充电功率恒功率充电至充电终止电压，静置 30min。

(6)在 25℃±2℃ 条件下，以额定放电功率恒功率放电至放电终止电压。

2)NB/T 42091—2016 储存性能

(1)电池以规定的方法充电。

(2)在 23℃±2℃ 条件下，电池单体以 1I3(A)恒电流放电 2h。

(3)在 23℃±2℃ 条件下储存 90 天。

(4)在 23℃±2℃ 条件下，电池以 1I3(A)电流放电至电池电压不高于放电终止电压时停止放电，静置 1h。

(5)在 23℃±2℃ 条件下，电池以 1I3(A)恒流充电至电池电压不低于充电截止电压，恒压充电至电流降至 0.1I3(A)时停止充电，静置 1h。

(6) 在 23℃±2℃条件下，以 1I3(A)电流放电至放电终止电压。

### 4. 循环性能

GB/T 36276—2023、NB/T 42091—2016 中的循环性能测试方法体现了两种思路，前者将测试电池充放电循环 1000 次或 2000 次后，计算容量保持率；后者将测试电池进行充放电循环，直至放电容量低于初始容量的 80%，计算循环次数。两种方法各有优劣，GB/T 36276—2023 中方法的测试时间可控，但难以得到样品的极限循环性能；NB/T 42091—2016 中的方法能摸清电池的极限循环性能，但测试时间难以估计。另外，为了节省测试时间，两种方法都采取了提高放电电流或放电功率的加速测试方法。T/CEC 171—2018 采用方法与 GB/T 36276—2023 一致。

1) GB/T 36276—2023 循环性能

GB/T 36276—2023 中将循环性能测试分为能量型电池单体循环性能测试、功率型电池单体循环性能测试。

(1) 能量型电池单体循环性能测试。

在 25℃±2℃条件下，能量型电池单体循环性能测试按下列步骤进行：

① 电池单体以规定的方法充电。

② 电池单体以 0.5 倍额定功率恒功率充电至充电终止电压，静置 30min。

③ 电池单体以 0.5 倍额定功率恒功率放电至放电终止电压，静置 30min。

④ 按照②~③连续循环 1000 次。

⑤ 记录首次及每循环 50 次时步骤②和步骤③的充电能量、放电能量等性能，循环 500 次时出具循环性能测试中期测试报告。

(2) 功率型电池单体循环性能测试。

在 25℃±2℃条件下，功率型电池单体循环性能测试按下列步骤进行(数值 $M$ 由产品规格确定，$M$ 为整数，且 $M \geqslant 2$)：

① 电池单体以规定的方法充电。

② 电池单体以 $M$ 倍额定功率恒功率充电至充电终止电压，静置 30min。

③ 电池单体以 $M$ 倍额定功率恒功率放电至放电终止电压，静置 30min。

④ 按照②~③连续循环 2000 次。

⑤ 记录首次及每循环 100 次时步骤②和步骤③的充电能量、放电能量等性能，循环 1000 次时出具循环性能测试中期测试报告。

2) NB/T 42091—2016 循环性能

(1) 电池以规定的方法充电。

(2) 在 23℃±2℃条件下，电池单体以 1.5I3(A)恒电流放电至放电终止电压。

（3）重复步骤（1）～（2），直至放电容量达到额定容量的 80%。

（4）按规定方法充电。

（5）在 23℃±2℃条件下，电池以 1I3（A）恒电流放电至放电终止电压，如果放电容量小于额定容量的 80%终止实验，否则重复步骤（1）～（2）。

（6）步骤（2）～（5）重复的放电次数为循环寿命数。

**5. 过充电**

锂离子电池过充电测试一般将充满电的电池继续以一定电流恒流充电至某一电压或达到某一充电时间。

1）GB/T 36276—2023 中的过充电

（1）电池单体以规定的方法充电。

（2）电池单体以恒流方式充电至电压达到充电终止电压的 1.5 倍或时间达到 1h 时停止充电，充电电流取 1C 与产品的最大持续充电电流中的较小值。

（3）观察 1h。

（4）记录是否有膨胀、漏液、冒烟、起火、爆炸等现象。

2）NB/T 42091—2016 中的过充电

（1）电池以规定的方法充电。

（2）电池单体以 3I3（A）恒电流充电，直至电压达到 5V 或充电时间达到 90min 即停止测试。

**6. 过放电**

锂离子电池过放电测试一般将充满电的电池以一定电流恒流放电至 0V 或达到某一充电时间。

1）GB/T 36276—2023 中的过放电

（1）电池单体以规定的方法充电。

（2）电池单体以恒流方式放电至时间达到 90min 或电压达到 0V 时停止放电，放电电流取 1C 与产品的最大持续放电电流中的较小值。

（3）观察 1h。

（4）记录是否有膨胀、漏液、冒烟、起火、爆炸等现象。

2）NB/T 42091—2016 中的过放电

（1）电池以规定的方法充电；

（2）电池单体在 23℃±2℃条件下，以 $1I_3$（A）恒电流放电，直至电压达到 0V（如果有电子保护线路，应暂时除去放电电子保护线路）。

7. 短路

短路测试方法较为统一，GB/T 36276—2023、NB/T 42091—2016 中均采用电阻小于 5mΩ的外部线路短接电池单体正负极 10min 的方法，观察一段时间，记录是否有膨胀、漏液、起火、爆炸等现象。

8. 挤压

挤压测试一般利用专用挤压实验设备，采用特定的挤压板，以一定速度和压力对测试电池进行挤压，直至电池电压达到 0V 或压力、变形量达到某一规定值。

1) GB/T 36276—2023 中的挤压

(1) 电池单体以规定的方法充电。

(2) 按下列条件实验。

①挤压方向：垂直于电池单体极板方向。

②挤压板形式：半径为 75mm 的半圆柱体，半圆柱体的长度大于被挤压电池的尺寸。

③挤压速度：5mm/s±1mm/s。

④挤压程度：电压达到 0V、变形量达到 30%或挤压力达到 13kV±0.78kN 时停止挤压。

⑤保持 10min。

(3) 观察 1h。

(4) 记录是否有膨胀、漏液、冒烟、起火、爆炸等现象。

2) NB/T 42091—2016 中的挤压

(1) 电池以规定的方法充电。

(2) 按下列条件实验。

①挤压方向：垂直于电池单体极板方向。

②挤压投面积：不小于 20cm²。

③挤压程度：直至电池壳体破裂或内部短路(电池电压变为 0V)。

9. 跌落

跌落测试一般将测试电池的某一面从一定高度自由跌落到水泥地面或木地板上，观察是否有起火、爆炸等现象。

1) GB/T 36276—2023 中的跌落

(1) 电池单体以规定的方法充电。

(2) 将电池单体的正极或负极端子朝下并从 1.5m 高度自由跌落到水泥地面

上 1 次。

(3)观察 1h。

(4)记录是否有膨胀、漏液、冒烟、起火、爆炸等现象。

2)NB/T 42091—2023 中的跌落

(1)电池以规定的方法充电。

(2)电池在 23℃±2℃ 条件下，从 1.5m 高度自由跌落到厚度为 20mm 的硬木地板上，每个面 1 次。

10. 低气压

GB/T 36276—2023 中关于低气压测试方法如下：

(1)电池单体以规定的方法充电。

(2)将电池单体放入低气压箱中，将气压调节至 11.6kPa，温度为 25℃±5℃，静置 6h。

(3)观察 1h。

(4)记录是否有膨胀、漏液、冒烟、起火、爆炸等现象。

11. 绝热温升

GB/T 36276—2023 中规定了绝热温升测试，一般采用绝热加速量热仪 (accelerating rate calorimeter，ARC)进行测试，方法如下：

(1)电池以规定的方法充电。

(2)将绝热加速量热装置的起始温度设定为 40℃、终止温度设定为 130℃，启动装置，待温度达到 40℃时保持温度恒定，将电池单体放入绝热腔体搁置 5h。

(3)加热装置以 0.5℃/min 的速率升温，加热幅度每达到 10℃时保持当前温度恒定 20min，装置温度的准确度推荐为 ±0.2℃，升温速率准确度推荐为 ±0.2℃/min。

(4)实时监测电池单体表面中心点的温度，温度数据采样周期不应大于 10ms，温度传感器准确度应为 ±0.05℃。

(5)记录不同温度恒定阶段的温度点所对应电池单体的温升速率。

12. 加热

GB/T 36276—2023 中规定的加热测试方法如下：

(1)电池以规定的方法充电。

(2)将电池单体放入加热实验箱，以 5℃/min 的速率由环境温度升至 130℃±2℃，并保持此温度 30min 后停止加热。

(3)观察 1h。

(4)记录是否有膨胀、漏液、冒烟、起火、爆炸等现象。

13. 热失控

GB/T 36276—2023 中规定了锂离子电池热失控测试，该方法利用加热装置诱发电池热失控，观察锂离子电池在热失控情况下是否会发生起火、爆炸等现象，并以此作为安全性评判的依据，步骤如下。

(1)使用平面状或棒状加热装置，并且在其表面覆盖陶瓷、金属或绝缘层，加热装置的加热功率应符合表 11-2 的规定。完成电池单体与加热装置的装配，加热装置与电池应直接接触，加热装置的尺寸规格不应大于单体电池的被加热面；安装温度监测器，监测点的温度传感器布置在远离热传导的一侧，即安装在加热装置的对侧(图 11-1)，温度数据的采样间隔不应大于 1s，准确度应为±2℃，温度传感器尖端的直径应小于 1mm。

表 11-2　加热装置功率选择

| 测试对象能量 $E$/(W·h) | 加热装置最大功率/W |
| --- | --- |
| $E<100$ | 30～300 |
| $100 \leqslant E < 400$ | 300～1000 |
| $400 \leqslant E < 800$ | 300～2000 |
| $E \geqslant 800$ | >600 |

硬壳及软包电池　　　　　圆柱形电池Ⅰ　　　　圆柱形电池Ⅱ

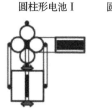

图 11-1　热失控实验加热示意图

(2)电池按规定的方法充电后，再以 1C 恒流继续充电 12min。

(3)启动加热装置，并以最大功率对测试对象进行持续加热，当发生热失控或监测点温度达到 300℃时，停止触发，关闭加热装置。

(4)记录测试结果。

步骤(3)中的热失控判定条件如下：

①测试对象发生电压降。

②监测点温度达到电池的保护温度。

③监测点的温升速率不小于 1℃/s。

④当①+③或②+③发生时，判定电池单体发生热失控。

⑤加热过程中及加热结束后 1h 内，如果发生起火、爆炸等现象，测试应终止

并判定为发生热失控。

### 11.1.2 储能用锂离子电池模块测试评价技术

1. 绝缘性能

GB/T 36276—2023 中关于绝缘性能测试方法如下：

(1)电池模块以规定的方法充电。

(2)将电池模块的正负极与外部装置断开，如电池模块内部有接触器，应将其处于吸合状态；如电池模块附带绝缘电阻监测系统，应将其关闭；对不能承受绝缘电压实验的元件，测量前应将其短接或拆除。

(3)按表 11-3 选择合适电压等级的绝缘电阻测量仪进行测试，实验电压施加部位应包括电池模块正极与外部裸露可导电部分之间和电池模块负极与外部裸露可导电部分之间。

**表 11-3 绝缘电阻测量仪电压等级**

| 电池模块最大工作电压 $U_{max}$/V | 测量仪的电压等级/V |
| --- | --- |
| $U_{max} < 500$ | 500 |
| $500 \leqslant U_{max} < 1000$ | 1000 |

(4)记录实验结果。

2. 耐压性能

GB/T 36276—2023 中关于耐压性能测试方法如下：

(1)电池模块以规定的方法充电。

(2)将电池模块的电源断开，主电路的开关和控制设备应闭合或旁路；对半导体器件和不能承受规定电压的元件，应将其断开或旁路；安装在带电部件和裸露导电部件之间的抗扰性电容器不应断开；实验开始时施加的电压不应大于规定值的 50%，然后在几秒内将实验电压平稳增加至规定的最大值并保持 5s。

(3)按下列条件实验。

①实验电压施加部位应包括电池模块正极与外部裸露可导电部分之间和电池模块负极与外部可导电部分之间。

②可采用交流电压或等于规定交流电压峰值的直流电压进行实验，交流或直流实验电压有效值不应大于规定值的 5%。

③交流电源应具有足够的功率以维持实验电压，可不考虑漏电流，该实验电压应为正弦波，且频率为 45~62Hz。

④由主电路直接供电的辅助电路，实验电压值应按表 11-4 选取；不由主电路

直接供电的辅助电路，应按表 11-5 选取。

**表 11-4  由主电路直接供电的辅助电路实验电压值**

| 电池模块最大工作电压 $U_{max}$/V | 实验电压(交流有效值)/V | 实验电压(直流有效值)/V |
|---|---|---|
| $U_{max}$≤60 | 1000 | 1415 |
| 60＜$U_{max}$≤300 | 1500 | 2120 |
| 300＜$U_{max}$≤690 | 1890 | 2570 |
| 690＜$U_{max}$≤800 | 2000 | 2830 |
| 800＜$U_{max}$≤1000 | 2200 | 3110 |

**表 11-5  不由主电路直接供电的辅助电路实验电压值**

| 电池模块最大工作电压 $U_{max}$/V | 实验电压(交流有效值)/V |
|---|---|
| $U_{max}$≤12 | 250 |
| 12＜$U_{max}$≤60 | 500 |
| 60＜$U_{max}$ | 见表 11-4 |

(4) 记录是否有击穿或闪络现象。

3. 盐雾

该实验适用于海洋性气候条件下的应用场合，GB/T 36276—2023 规定的测试方法如下：

(1) 电池模块以规定的方法充电。

(2) 采用氯化钠(化学纯或分析纯)和蒸馏水(或去离子水)配制盐溶液，浓度为 5%±0.1%(质量分数)，温度为 20℃±2℃时，溶液的 pH 应为 6.5～7.2。

(3) 将电池模块放入盐雾箱，在 15～35℃下喷盐雾 2h。

(4) 喷雾结束后，将电池模块转移到湿热箱中储存 20～22h，完成 1 次喷雾—储存循环，湿热箱温度设定为 40℃±2℃、相对湿度设定为 93%±3%。

(5) 将步骤(3)～(4)循环 4 次。

(6) 将电池模块在温度为 23℃±2℃、相对湿度为 45%～55%的条件下储存 3 天。

(7) 将步骤(3)～(6)循环 4 次。

(8) 观察 1h。

(9) 记录是否有膨胀、漏液、冒烟、起火、爆炸等现象。

4. 高温高湿

该实验适用于非海洋性气候条件下的应用场合，GB/T 36276—2023 规定的测试方法如下：

(1)电池模块以规定的方法充电。

(2)将电池模块放入湿热箱中，在温度为 45℃±2℃、相对湿度为 93%±3%的条件下储存 3 天。

(3)观察 1h。

(4)记录是否有膨胀、漏液、冒烟、起火、爆炸等现象。

5. 热失控扩散

GB/T 36276—2023 规定的热失控扩散测试方法如下：

(1)电池模块以规定的方法充电。

(2)按下列条件实验。

①热失控触发方式：可从过充和加热两种方式中选择一种作为热失控的触发方式。

②热失控触发对象：选择可实现热失控触发的电池单体作为热失控触发对象，其热失控产生的热量应非常容易传递至相邻电池单体。例如，选择电池模块内部最靠近中心位置的电池单体，或者被其他电池单体包围且很难产生热辐射的电池单体。

(3)选择过充触发热失控：以最小 1/3C、最大不大于产品能持续工作的最大电流对触发对象进行恒流充电，直至其发生热失控或触发对象荷电状态达到200%SOC；过充触发要求在触发对象上选择额外的导线以实现过充，电池模块中的其他电池单体不应过充；如果未发生热失控，继续观察 1h。

(4)选择加热触发热失控：使用平面状或棒状加热装置，其表面应覆盖陶瓷、金属或绝缘层。对于尺寸与电池单体相同的块状加热装置，可用该装置代替其中一个电池单体；对于尺寸比电池单体小的块状加热装置，可将其安装在模块中，并与触发对象表面直接接触；对于薄膜加热装置，应将其始终附着在触发对象表面；加热装置的加热面积不应大于电池单体的表面积；将加热装置的加热面与电池表面直接接触,加热装置的位置应与下一步骤(5)中规定的温度传感器位置相对应；安装完成后，启动加热装置，以加热装置的最大功率对触发对象持续加热；加热装置功率宜符合表 11-2 的规定；当发生热失控或步骤(5)定义的监测点温度达到300℃时，停止触发；如果未发生热失控，继续观察 1h。

(5)电压及温度监测应符合下列要求。

①监测触发对象及与其相邻最近的两只电池单体的电压和温度以判定触发对象及相邻电池单体是否发生热失控，从而判断电池模块是否发生热失控扩散；监测电压时，不应改动原始电路；温度数据的采样间隔不应大于 1s，准确度应为±2℃，温度传感器尖端的直径应小于 1mm。

　　②过充触发时，温度传感器应布置在电池单体表面与正负极柱等距且离正负极柱最近的位置(图 11-2)。

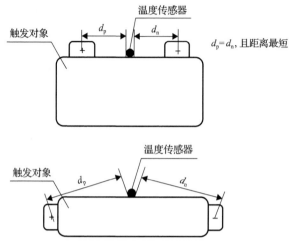

图 11-2　过充触发时温度传感器布置位置示意图

$d_p$ 为正极极耳到温度传感器距离；$d_n$ 为负极极耳到温度传感器距离

　　③加热触发时，温度传感器布置在远离热传导的一侧，即安装在加热装置的对侧(图 11-1)，如果难以直接安装温度传感器，应布置在能探测到触发对象连续温升的位置。

　　(6)记录实验结果。

　　步骤(3)、步骤(4)中的热失控判定条件如下：

　　①测试对象发生电压降。

　　②监测点温度达到电池的保护温度。

　　③监测点温升速率不小于 1℃/s。

　　④当①+③或②+③发生时，判定电池单体发生热失控。

　　⑤当与触发对象相邻的电池单体发生热失控时，判定为电池模块发生热失控扩散；热失控触发过程中及触发结束 1h 内，如果发生起火、爆炸等现象，实验应终止并判定为电池模块发生热失控扩散。

### 11.1.3　储能用锂离子电池簇测试评价技术

1. 绝缘性能

GB/T 36276—2023 规定的电池簇绝缘性能测试方法如下：

　　(1)电池簇以规定的方法充电。

　　(2)将电池簇的正负极与外部装置断开，如电池簇内部有接触器应将其处于吸合状态；如电池簇附带绝缘电阻监测系统，应将其关闭；对不能承受绝缘电压实验的元件，测量前应将其短接或拆除。

(3)按表 11-6 选择合适电压等级的绝缘电阻测量仪进行测试，实验电压施加部位应包括电池簇正极与外部裸露可导电部分之间和电池簇负极与外部裸露可导电部分之间。

表 11-6 绝缘电阻测量仪电压等级

| 电池簇最大工作电压 $U_{max}$/V | 测量仪的电压等级/V |
| --- | --- |
| $U_{max}<500$ | 500 |
| $500{\leqslant}U_{max}<1000$ | 1000 |
| $U_{max}{\geqslant}1000$ | 2500 |

(4)记录实验结果。

2. 耐压性能

GB/T 36276—2023 中关于耐压性能的测试方法如下：

(1)电池簇以规定的方法充电。

(2)将电池簇的电源断开，主电路的开关和控制设备应闭合或旁路；对半导体器件和不能承受规定电压的元件，应将其断开或旁路；安装在带电部件和裸露导电部件之间的抗扰性电容器不应断开；实验开始时施加的电压不应大于规定值的50%，然后在几秒内将实验电压平稳增加至规定的最大值并保持 5s。

(3)按下列条件实验。

①实验电压施加部位应包括电池簇正极与外部裸露可导电部分之间和电池簇负极与外部可导电部分之间。

②可采用交流电压或等于规定交流电压峰值的直流电压进行实验，交流或直流实验电压有效值不应大于规定值的 5%。

③交流电源应具有足够的功率以维持实验电压，可不考虑漏电流，该实验电压应为正弦波，且频率为 45～62Hz。

④由主电路直接供电的辅助电路，实验电压值应按表 11-7 选取；不由主电路直接供电的辅助电路，应按表 11-8 选取。

表 11-7 由主电路直接供电的辅助电路实验电压值

| 电池模块最大工作电压 $U_{max}$/V | 实验电压(交流有效值)/V | 实验电压(直流有效值)/V |
| --- | --- | --- |
| $U_{max}{\leqslant}300$ | 1500 | 2120 |
| $300<U_{max}{\leqslant}690$ | 1890 | 2570 |
| $690<U_{max}{\leqslant}800$ | 2000 | 2830 |
| $800<U_{max}{\leqslant}1000$ | 2200 | 3110 |
| $1000<U_{max}{\leqslant}1500$ | | 3820 |

**表 11-8　不由主电路直接供电的辅助电路实验电压值**

| 电池模块最大工作电压 $U_{max}$/V | 实验电压(交流有效值)/V |
|---|---|
| $U_{max} \leqslant 12$ | 250 |
| $12 < U_{max} \leqslant 60$ | 500 |
| $60 < U_{max}$ | 见表 11-7 |

(4)记录是否有击穿或闪络现象。

# 11.2　储能系统测试评价技术

目前,《电化学储能系统接入电网测试规范》(GB/T 36548—2018)、《电化学储能系统接入配电网测试规程》(NB/T 33016—2014)等国家标准、行业标准对电化学储能系统接入电网的测试项目、测试方法作出了详细规定。主要测试项目有电网适应性、功率控制、电能质量等。

## 11.2.1　电网适应性测试评价技术

**1. 频率适应性**

GB/T 36548—2018 与 NB/T 33016—2014 均对储能系统接入电网的频率适应性做出了规定,前者称为"频率适应性",后者称为"频率响应",具体方法分别如下。

1) GB/T 36548—2018 频率适应性

测试接线如图 11-3 所示。本测试项目应使用模拟电网装置模拟电网频率的变化。测试步骤如下:

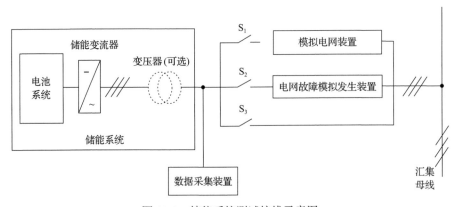

图 11-3　储能系统测试接线示意图

(1)将储能系统与模拟电网装置相连。

(2)设置储能系统运行在充电状态。

(3)调节模拟电网装置频率至 49.52～50.18Hz,在该范围内合理选择若干个点(至少 3 个点且临界点必测),每个点连续运行至少 1min,应无跳闸现象,否则停止测试。

(4)设置储能系统运行在放电状态,重复步骤(3)。

(5)通过 380V 电压等级接入电网的储能系统。

①设置储能系统运行在充电状态,调节模拟电网装置频率分别至 49.32～49.48Hz、50.22～50.48Hz,在该范围内合理选择若干个点(至少 3 个点且临界点必测),每个点连续运行至少 4s,分别记录储能系统运行状态及相应动作频率、动作时间。

②设置储能系统运行在放电状态,重复步骤①。

(6)通过 10(6)kV 及以上电压等级接入电网的储能系统:

①设置储能系统运行在充电状态,调节模拟电网装置频率至 48.02～49.48Hz、50.22～50.48Hz 范围内,在该范围内合理选择若干个点(至少 3 个点且临界点必测),每个点连续运行至少 4s,分别记录储能系统运行状态及相应动作频率、动作时间。

②设置储能系统运行在放电状态,重复步骤①。

③设置储能系统运行在充电状态,调节模拟电网装置频率至 50.52Hz,连续运行至少 4s,分别记录储能系统运行状态及相应动作频率、动作时间。

④设置储能系统运行在放电状态,重复步骤③。

⑤设置储能系统运行在充电状态,调节模拟电网装置频率至 47.98Hz,连续运行至少 4s,分别记录储能系统运行状态及相应动作频率、动作时间。

⑥设置储能系统运行在放电状态,重复步骤⑤。

2)NB/T 33016—2014 频率响应

测试接线如图 11-4 所示。本测试项目应使用模拟电网装置模拟电网频率的变化。测试方法如下:

(1)设置储能系统与电网断开定值。

(2)将储能系统与模拟电网装置相连,正常工况下连续运行 5min,应无跳闸现象,否则停止测试。

(3)调节模拟电网装置频率至 49.52～50.18Hz,在该范围内合理选择若干个点(至少 3 个点),分别连续运行至少 5min,应无跳闸现象,否则停止测试。

(4)接入 220V/380V 的储能系统,调节模拟电网装置频率分别至 49.32～49.48Hz、50.22～50.48Hz,分别记录储能系统与电网断开的时间和频率。

(5)接入 10～35kV 电网的储能系统。

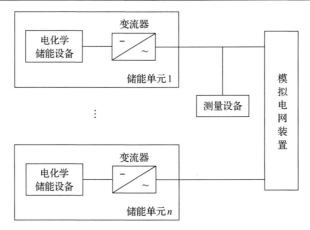

图 11-4　频率/电压响应测试

①调节模拟电网装置频率分别至 48.02～49.48Hz、50.22～50.48Hz，连续运行 5min，分别记录储能系统与电网断开的时间和频率。

②调节模拟电网装置频率分别至 47.82～47.98Hz、50.52～50.68Hz 范围内，分别记录储能系统与电网断开的时间和频率。

(6)步骤(3)～(5)重复 5 次，5 次测试结果都应满足《电化学储能系统接入配电网技术规定》(NB/T 33015—2014)的要求。

2. 电压适应性

GB/T 36548—2018 与 NB/T 33016—2014 均对储能系统接入电网的电压适应性做出了规定，前者称为"电压适应性"，后者称为"电压响应"，具体方法分别如下。

1)GB/T 36548—2018 电压适应性

测试接线如图 11-3 所示。本测试项目应使用模拟电网装置模拟电网频率的变化。测试步骤如下：

(1)将储能系统与模拟电网装置相连。

(2)设置储能系统运行在充电状态。

(3)调节模拟电网装置输出电压至拟接入电网标称电压的 86%～109%，在该范围内合理选择若干个点(至少 3 个点且临界点必测)，每个点连续运行至少 1min，应无跳闸现象，否则停止测试。

(4)调节模拟电网装置输出电压至拟接入电网标称电压的 85%以下，连续运行至少 1min，记录储能系统运行状态及相应动作电压、动作时间。

(5)调节模拟电网装置输出电压至拟接入电网标称电压的 110%以上，连续运行至少 1min，记录储能系统运行状态及相应动作电压、动作时间。

(6)设置储能系统运行在放电状态，重复步骤(3)~(5)。

2)NB/T 33016—2014 电压响应

测试接线如图 11-4 所示。本测试项目应使用模拟电网装置模拟电网频率的变化。测试方法如下：

(1)设置储能系统与电网断开定值。

(2)将储能系统与模拟电网装置相连，正常工况下连续运行 5min，应无跳闸现象，否则停止测试。

(3)调节模拟电网装置电压至标称电压 86%~109%，在该范围内合理选择若干个点(至少 3 个点)，分别连续运行至少 5min，应无跳闸现象，否则停止测试。

(4)调节模拟电网装置电压分别至标称电压 84%~51%、111%~134%，持续 4s，分别记录储能系统与电网断开的时间和并网点的电压幅值(临界点必测)。

(5)调节模拟电网装置电压分别至低于标称电压 49%和高于标称电压 136%，持续 1s，分别记录储能系统与电网断开的时间和并网点的电压幅值(临界点必测)。

(6)步骤(3)~(5)重复 5 次，5 次测试结果都应满足 NB/T 33015 的要求。

## 11.2.2　功率控制测试评价技术

GB/T 36548—2018 与 NB/T 33016—2014 均对储能系统接入电网的电压适应性做出了规定，该项目具体包括有功功率调节能力测试、无功功率调节能力测试、功率因数调节能力测试。其中，NB/T 33016—2014 规定，测试储能系统调节有功功率、无功功率、有功无功功率组合调节的能力，按图 11-5 所示，将储能系统与模拟电网装置(公共电网)相连，所有参数调至正常工作条件。

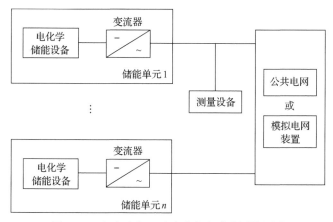

图 11-5　有功功率、无功功率和功率因数测试

1. 有功功率调节能力

1) GB/T 36548—2018

(1) 升功率测试。

如图 11-3 所示,将储能系统与模拟电网装置(公共电网)相连,所有参数调至正常工作条件,进行有功功率调节能力升功率测试。测试步骤如下:

①设置储能系统有功功率为 0。

②按图 11-6 逐级调节有功功率设定值至 $-0.25P_N$、$0.25P_N$、$-0.50P_N$、$0.50P_N$、$-0.75P_N$、$0.75P_N$、$-P_N$、$P_N$,各个功率点保持至少 30s,在储能系统并网点测量时序功率;以每 0.2s 有功功率平均值为一点,记录实测曲线。

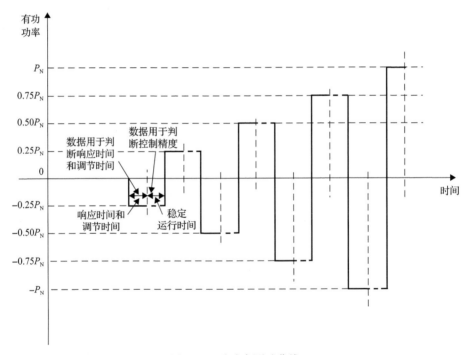

图 11-6　升功率测试曲线

在相同的采样速率下,数据计算时间窗取 200ms;储能系统放电功率为正,充电功率为负

③以每次有功功率变化后的第二个 15s 计算 15s 有功功率平均值。

④计算(2)各点有功功率的控制精度、响应时间和调节时间。

(2) 降功率测试。

如图 11-3 所示,将储能系统与模拟电网装置(公共电网)相连,所有参数调至正常工作条件,进行有功功率调节能力降功率测试。测试步骤如下:

①设置储能系统有功功率为 $P_N$。

②按图 11-7 所示，逐级调节有功功率设定值至$-P_N$、$0.75P_N$、$-0.75P_N$、$0.50P_N$、$-0.50P_N$、$0.25P_N$、$-0.25P_N$、0，各个功率点保持至少 30s，在储能系统并网点测量时序功率，以每 0.2s 有功功率平均值为一点，记录实测曲线。

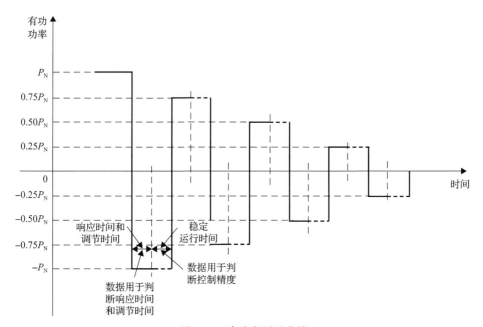

图 11-7  降功率测试曲线

在相同的采样速率下，数据计算时间窗取 200ms；储能系统放电功率为正，充电功率为负

③以每次有功功率变化后的第二个 15s 计算 15s 有功功率平均值。

④计算②各点有功功率的控制精度、响应时间和调节时间。

2）NB/T 33016—2014

测试方法如下：

（1）按图 11-8 设置储能系统有功功率为 0，逐级升高充电有功功率至$-0.25P_N$、$-0.50P_N$、$-0.75P_N$、$-P_N$，然后逐级降低充电有功功率至$-0.75P_N$、$-0.50P_N$、$-0.25P_N$、0，各点保持至少 30s，记录对应的功率值和变化曲线。

（2）按图 11-8 设置储能系统有功功率为 0，逐级升高放电有功功率至 $0.25P_N$、$0.50P_N$、$0.75P_N$、$P_N$，然后逐级降低放电有功功率至 $0.75P_N$、$0.5P_N$、$0.25P_N$、0，各点保持至少 30s，记录对应的功率值和变化曲线。

（3）按图 11-9 设置储能系统有功功率为 0，调节有功功率至 $0.9P_N$、$-0.9P_N$、$0.8P_N$、$-P_N$、$P_N$、$-0.8P_N$，各点保持至少 30s，记录对应的功率值和变化曲线。

（4）按图 11-10 设置储能系统充电有功功率至$-1.1P_N$，连续运行 5min，然后热备用状态 5min；设置充电有功功率至$-1.2P_N$，连续运行 1min，记录运行功率值、

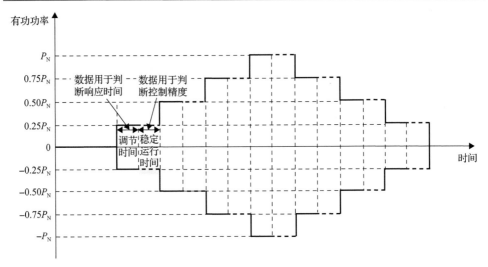

图 11-8　充放电有功功率测试曲线 1

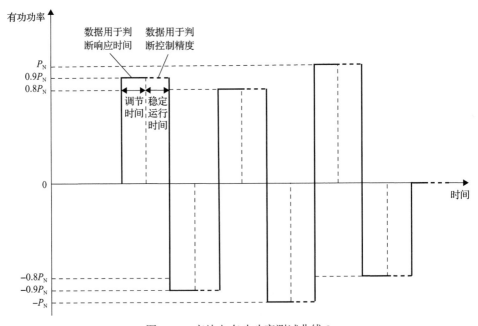

图 11-9　充放电有功功率测试曲线 2

连续运行时间和变化曲线，然后调至热备用状态 10min。

(5)按图 11-10 设置储能系统放电有功功率至 $1.1P_N$，连续运行 5min，然后热备用状态 5min；设置放电有功功率至 $1.2P_N$，连续运行 1min，记录运行功率值、连续运行时间和变化曲线。

(6)计算步骤(1)～(5)各点测量值和设定值之间的偏差。

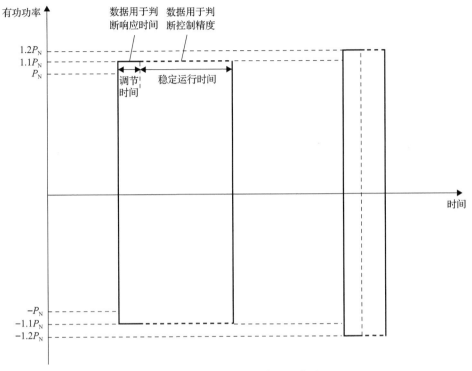

图 11-10　过载有功功率测试曲线

在相同的采样速率下，数据计算时间窗取 200ms

## 2. 无功功率调节能力

1）GB/T 36548—2018

（1）充电模式测试。

如图 11-3 所示，将储能系统与模拟电网装置（公共电网）相连，所有参数调至正常工作条件，进行无功功率调节能力充电模式测试。测试步骤如下：

①设置储能系统充电有功功率为 $P_N$。

②调节储能系统运行在输出最大感性无功功率工作模式。

③在储能系统并网点测量时序功率，至少记录 30s 有功功率和无功功率，以每 0.2s 功率平均值为一点，计算第二个 15s 内有功功率和无功功率平均值。

④分别调节储能系统充电有功功率为 $0.9P_N$、$0.8P_N$、$0.7P_N$、$0.6P_N$、$0.5P_N$、$0.4P_N$、$0.3P_N$、$0.2P_N$、$0.1P_N$ 和 0，重复步骤②～③。

⑤调节储能系统运行在输出最大容性无功功率工作模式，重复步骤③～④。

⑥以有功功率为横坐标，无功功率为纵坐标，绘制储能系统功率包络图。

(2)放电模式测试。

如图 11-3 所示,将储能系统与模拟电网装置(公共电网)相连,所有参数调至正常工作条件,进行无功功率调节能力放电模式测试。测试步骤如下:

①设置储能系统放电有功功率为 $P_N$。

②调节储能系统运行在输出最大感性无功功率工作模式。

③在储能系统并网点测量时序功率,至少记录 30s 有功功率和无功功率,以每 0.2s 功率平均值为一点,计算第二个 15s 内有功功率和无功功率平均值。

④分别调节储能系统放电有功功率为 $0.9P_N$、$0.8P_N$、$0.7P_N$、$0.6P_N$、$0.5P_N$、$0.4P_N$、$0.3P_N$、$0.2P_N$、$0.1P_N$ 和 0,重复步骤②~③。

⑤调节储能系统运行在输出最大容性无功功率工作模式,重复步骤③~④。

⑥以有功功率为横坐标,无功功率为纵坐标,绘制储能系统功率包络图。

2)NB/T 33016—2014

测试方法如下:

(1)按图 11-11 设置储能系统输出功率为 0,逐级升高无功功率至 $-0.25Q_N$、$-0.50Q_N$、$-0.75Q_N$、$-Q_N$,然后逐级降低无功功率至 $-0.75Q_N$、$-0.50Q_N$、$-0.25Q_N$、0,各点保持至少 30s,记录对应的功率值和变化曲线。

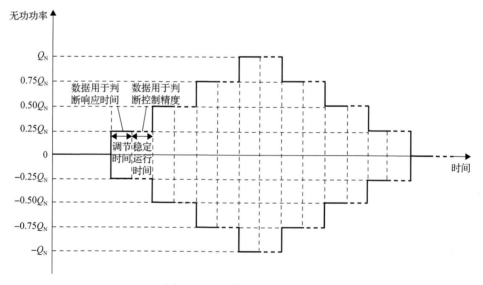

图 11-11　无功功率测试曲线

在相同的采样速率下,数据计算时间窗取 200ms;$Q_N$ 为额定无功功率

(2)按图 11-11 设置储能系统输出功率为 0,逐级升高无功功率至 $0.25Q_N$、$0.50Q_N$、$0.75Q_N$、$Q_N$,然后逐级降低无功功率至 $0.75Q_N$、$0.50Q_N$、$0.25Q_N$、0,各点保持至少 30s,记录对应的功率值和变化曲线。

(3)计算步骤(1)～(2)各点测量值和设定值之间的偏差。

**3. 有功功率和无功功率的组合调节能力**

NB/T 33016—2014 规定了有功功率和无功功率的组合调节能力，测试方法如下:

(1)按图 11-12 设置储能系统输出功率为 0，调节有功功率至 $0.50P_N$、$0.25P_N$、$-0.25P_N$、$-0.75P_N$，同时调节无功功率至 $0.75Q_N$、$-0.75Q_N$、$-0.50Q_N$、$0.50Q_N$，各点保持至少 30s，记录对应的功率值和变化曲线。

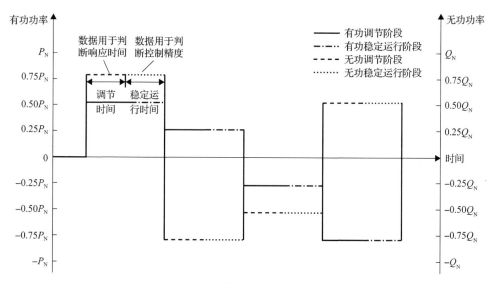

图 11-12　有功功率和无功功率组合测试曲线

在相同的采样速率下，数据计算时间窗取 200ms

(2)计算各点测量值和设定值之间的偏差。

**4. 功率因数调节能力**

1)GB/T 36548—2018

如图 11-3 所示，将储能系统与模拟电网装置(公共电网)相连，所有参数调至正常工作条件，进行功率因数调节能力测试。测试步骤如下:

(1)将储能系统放电有功功率分别调至 $0.25P_N$、$0.50P_N$、$0.75P_N$、$P_N$ 四个点。

(2)调节储能系统功率因数从超前 0.95 开始，连续调节至滞后 0.95，调节幅度不大于 0.01，测量并记录储能系统实际输出的功率因数。

(3)将储能系统充电有功功率分别调至 $0.25P_N$、$0.50P_N$、$0.75P_N$、$P_N$ 四个点。

(4)调节储能系统功率因数从超前 0.95 开始，连续调节至滞后 0.95，调节幅度不大于 0.01，测量并记录储能系统实际输出的功率因数。

2) NB/T 33016—2014

测试方法如下：

(1)将储能系统有功功率调至额定放电功率，设置输出功率因数为 0.95(超前)、0.95(滞后)、0.97(超前)、0.97(滞后)、0.99(超前)、0.99(滞后)、1，记录对应的功率因数。

(2)将储能系统有功功率调至额定充电功率，设置输出功率因数为 0.95(超前)、0.95(滞后)、0.97(超前)、0.97(滞后)、0.99(超前)、0.99(滞后)、1，记录对应的功率因数。

### 11.2.3　过载能力测试评价技术

GB/T 36548—2018 中规定了储能系统过载能力测试方法，步骤如下：

(1)将储能系统调整至热备用状态，设置储能系统充电有功功率设定值至 $1.1P_N$，连续运行 10min，在储能系统并网点测量时序功率，以每 0.2s 有功功率平均值为一点，记录实测曲线。

(2)将储能系统调整至热备用状态，设置储能系统充电有功功率设定值至 $1.2P_N$，连续运行 1min，在储能系统并网点测量时序功率，以每 0.2s 有功功率平均值为一点，记录实测曲线。

(3)将储能系统调整至热备用状态，设置储能系统放电有功功率设定值至 $1.1P_N$，连续运行 10min，在储能系统并网点测量时序功率，以每 0.2s 有功功率平均值为一点，记录实测曲线。

(4)将储能系统调整至热备用状态，设置储能系统放电有功功率设定值至 $1.2P_N$，连续运行 1min，在储能系统并网点测量时序功率，以每 0.2s 有功功率平均值为一点，记录实测曲线。

### 11.2.4　低电压穿越测试评价技术

1. GB/T 36548—2018

1)测试准备

通过 10(6)kV 及以上电压等级接入电网的储能系统进行低电压穿越测试前，应做以下准备：

(1)进行低电压穿越测试前，储能系统应工作在与实际投入运行时一致的控制模式下。按照图 11-3 连接储能系统、电网故障模拟发生装置、数据采集装置及其他相关设备。

(2)测试应至少选取 5 个跌落点，并在 $0\%U_N \leqslant U \leqslant 5\%U_N$、$20\%U_N \leqslant U \leqslant 25\%U_N$、$25\%U_N < U \leqslant 50\%U_N$、$50\%U_N < U \leqslant 75\%U_N$、$75\%U_N < U \leqslant 90\%U_N$ 五个区

间内均有分布，并按照图 11-13 选取跌落时间。

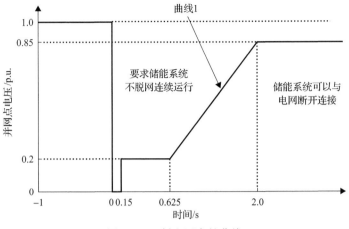

图 11-13　低电压穿越曲线

2）空载测试

低电压穿越测试前应进行空载测试，被测储能系统的储能变流器应处于断开状态。测试步骤如下：

（1）调节电网故障模拟发生装置，模拟线路三相对称故障，电压跌落点按照测试准备步骤（2）的要求选取。

（2）调节电网故障模拟发生装置，模拟表 11-9 中的 AB、BC、CA 相间短路或接地短路故障，电压跌落点按照测试准备步骤（2）的要求选取。

（3）记录储能系统并网点的电压曲线。

表 11-9　线路不对称故障类型

| 故障类型 | 故障相 | | |
| --- | --- | --- | --- |
| 单相接地短路 | A 相接地短路 | B 相接地短路 | C 相接地短路 |
| 两相相间短路 | AB 相间短路 | BC 相间短路 | CA 相间短路 |
| 两相接地短路 | AB 相接地短路 | BC 相接地短路 | CA 相接地短路 |

3）负载测试

在空载测试结果满足要求的情况下，进行低电压穿越负载测试，负载测试时电网故障模拟发生装置的配置应与空载测试保持一致。测试步骤如下：

（1）将空载测试中断开的储能系统接入电网运行。

（2）调节储能系统输出功率为 $0.1P_N \sim 0.3P_N$。

（3）控制电网故障模拟发生装置进行三相对称电压跌落。

（4）记录储能系统并网点电压和电流的波形，应至少记录电压跌落前 10s 至电压恢复正常后 6s 的数据。

(5)控制电网故障模拟发生装置进行不对称电压跌落。

(6)记录储能系统并网点电压和电流的波形,应至少记录电压跌落前 10s 到电压恢复正常后 6s 的数据。

(7)调节储能系统输出功率至额定功率 $P_N$。

(8)重复步骤(3)～(6)。

## 2. NB/T 33016—2014

### 1)测试前准备

检测装置适宜使用无源电抗器模拟电网电压跌落,电压跌落发生装置原理如图 11-14 所示。

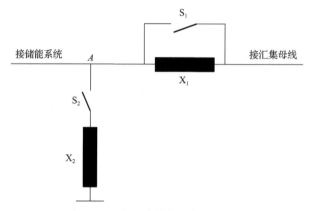

图 11-14　电压跌落发生装置原理图

检测装置应满足下述要求:

(1)装置应能模拟三相对称电压跌落、相间电压跌落和单相电压跌落。

(2)限流电抗器 $X_1$ 和短路电抗器 $X_2$ 均可调,装置应能在 $A$ 点产生不同深度的电压跌落。

(3)电抗值与电阻值之比$(X/R)$应大于 10。

(4)三相对称短路容量应为储能系统所配变流器总额定功率的 3 倍以上。

(5)开关 $S_1$、$S_2$ 应使用机械断路器或电力电子开关。

(6)电压跌落时间与恢复时间均应小于 20ms。

低电压穿越能力检测如图 11-15 所示。

### 2)空载测试

测试方法如下:

(1)确定储能系统处于热备用状态,储能系统工作与实际运行控制模式一致,调节电压跌落发生装置，模拟线路三相对称故障和随机一种线路不对称故障，使电压跌落幅值和跌落时间满足图 11-16 的容差要求。

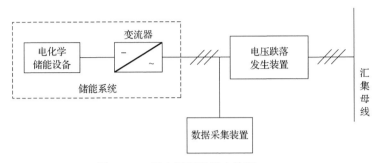

图 11-15　低电压穿越能力检测

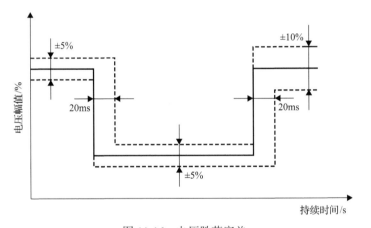

图 11-16　电压跌落容差

(2)检测应至少选取 5 个跌落点，其中应包含 $0\%U_n$ 和 $20\%U_n$ 跌落点，其他各点应在 $20\%U_n \sim 50\%U_n$、$50\%U_n \sim 75\%U_n$、$75\%U_n \sim 90\%U_n$ 三个区间内均有分布，并按照 NB/T 33015—2014 要求曲线选取跌落时间。

(3)至少记录从电压跌落前 10s 至电压恢复正常后 6s 的储能系统电压、电流波形和有功功率、无功功率曲线等数据。

需特别说明的是：①$U_n$ 为汇集母线标称电压；②线路三相对称故障指三相短路的工况，线路不对称故障包含 A 相接地短路、B 相接地短路、C 相接地短路、AB 相间短路、BC 相间短路、CA 相间短路、AB 接地短路、BC 相接地短路、CA 接地短路 9 种工况；③$0\%U_n$ 和 $20\%U_n$ 跌落点电压跌落幅值容差为+5%。

3)负载测试

在空载测试结果满足要求的情况下，进行低电压穿越负载测试。负载测试时电压跌落装置参数配置、不对称故障模拟工况的选择及电压跌落时间设定均应与空载测试保持一致。测试方法如下：

(1)将储能系统投入运行，在 $0.1P_N \sim 0.3P_N$ 和额定功率下进行检测。

(2)控制电压跌落发生装置进行三相对称电压跌落和空载随机选取的不对称电压跌落实验。

(3)检测应至少选取 5 个跌落点，其中应包含 $0\%U_n$ 和 $20\%U_n$ 跌落点，其他各点应在 $20\%U_n \sim 50\%U_n$、$50\%U_n \sim 75\%U_n$、$75\%U_n \sim 90\%U_n$ 三个区间内均有分布，并按照 NB/T 33015—2014 要求曲线选取跌落时间。

(4)至少记录从电压跌落前 10s 至电压恢复正常后 6s 的储能系统电压、电流波形和有功功率、无功功率曲线等数据。

(5)所有测试点均应重复两次。

### 11.2.5 高电压穿越测试评价技术

GB/T 36548—2018 中规定了储能系统高电压穿越测试方法，NB/T 33016—2014 无此规定。

1. 测试准备

在 10(6)kV 及以上电压等级接入电网的储能系统进行高电压穿越测试前，应做以下准备：

(1)进行高电压穿越测试前，储能系统应工作在与实际投入运行时一致的控制模式下。按照图 11-3 连接储能系统、电网故障模拟发生装置、数据采集装置及其他相关设备。

(2)测试应至少选取两个点，并在 $110\%U_N < U < 120\%U_N$、$120\%U_N < U < 130\%U_N$ 两个区间均有分布，按照图 11-17 中高电压穿越曲线要求选取抬升时间。

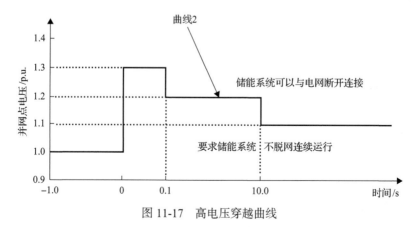

图 11-17　高电压穿越曲线

## 2. 空载测试

高电压穿越测试前应进行空载测试，被测储能系统的储能变流器应处于断开状态。测试步骤如下：

(1)调节电网故障模拟发生装置，模拟线路三相电压抬升，电压抬升点按照测试准备步骤(2)的要求选取。

(2)记录储能系统并网点的电压曲线。

## 3. 负载测试

在空载测试结果满足要求的情况下，进行高电压穿越负载测试。负载测试时电网故障模拟发生装置的配置应与空载测试保持一致。测试步骤如下：

(1)将空载测试中断开的储能系统接入电网运行。

(2)调节储能系统输出功率为 $0.1P_N \sim 0.3P_N$。

(3)控制电网故障模拟发生装置进行三相对称电压抬升。

(4)记录储能系统并网点电压和电流波形，应至少记录电压跌落前 10s 至电压恢复正常后 6s 的数据。

(5)调节储能系统输入功率至额定功率 $P_N$。

(6)重复步骤(3)~(4)。

### 11.2.6　电能质量测试评价技术

GB/T 36548—2018 与 NB/T 33016—2014 均对储能系统电能质量测试进行了规定，该项目具体包括三相电压不平衡测试、谐波测试、直流分量测试，此外，NB/T 33016—2014 还规定了电压闪变测试。其中，两标准的三相电压不平衡测试方法均引用了《电能质量　三相电压不平衡》(GB/T 15543—2008)的规定；谐波测试均引用了《电能质量　公用电网谐波》(GB/T 14549—1993)的规定，GB/T 36548—2018 还引用了《电能质量　公用电网间谐波》的规定(GB/T 24337—2009)。

#### 1. 三相电压不平衡测试

1)测量条件

测量应在电力系统正常运行的最小方式(或较小方式)下，不平衡负荷处于正常、连续工作状态下进行，并保证不平衡负荷的最大工作周期包含在内。

2)测量时间

对于电力系统的公共连接点，测量持续时间取一周(168h)，每个不平衡度的测量间隔可为 1min 的整数倍；对于波动负荷，按"1)"的规定，可取正常工作日 24h 持续测量，每个不平衡度的测量时间间隔为 1min。

3) 测量取值

对于电力系统的公共连接点，供电电压负序不平衡度测量值的 10min 方均根值的 95% 概率大值应不大于 2%，所有测量值中的最大值不大于 4%。对日波动不平衡负荷，供电电压负序不平衡度测量值的 1min 方均根值的 95% 概率大值应不大于 2%，所有测量值中的最大值不大于 4%。

对于日波动不平衡负荷可以用时间取值：衡量日累计大于 2% 的时间不超过 72min，且每 30min 中大于 2% 的时间不超过 5min。

需特别说明的是：①为了使用方便，实测值的 95% 概率值可将实测值按由大到小的次序排列，舍弃前面 5% 的大值取剩余实测值中的最大值；②以时间取值时，如果 1min 方均根值超过 2%，按超标 1min 进行时间累计。

2. 谐波测试

(1) 谐波电压(或电流)测量应选择在电网正常供电时可能出现的最小运行方式，且应在谐波源工作周期中产生谐波量大的时段内进行。

当测量点附近安装有电容器组时，应在电容器组的各种运行方式下进行测量。

(2) 测量的谐波次数一般为第 2～19 次，根据谐波源的特点或测试分析结果，可以适当变动谐波次数测量的范围。

(3) 对于负荷变化快的谐波源，测量的时间间隔不大于 2min，测量次数应满足数理统计的要求，一般不少于 30 次。

对于负荷变化慢的谐波源，测量间隔和持续时间不做规定。

(4) 谐波测量的数据应取测量时段内各相实测值的 95% 概率值中最大的一相值作为判断谐波是否超过允许值的依据。

但对负荷变化慢的谐波源，可选 5 个接近的实测值，取其算术平均值。

需特别说明的是：为了使用方便，实测值的 95% 概率值可按下述方法近似选取，将实测值按由大到小的次序排列，舍弃前面 5% 的大值，取剩余实测值中的最大值。

3. 直流分量测试

GB/T 36548—2018 与 NB/T 33016—2014 关于直流分量的测量原理基本相同，区别在于前者分别规定放电状态和充电状态下的直流分量测试方法，后者只规定了放电状态的直流分量测试方法。

1) GB/T 36548—2018

(1) 储能系统在放电状态下的直流分量测试，步骤如下：

①将储能系统与模拟电网装置(公共电网)相连，所有参数调至正常工作条件，且功率因数调为 1。

②调节储能系统输出电流至额定电流的 33%，保持 1min。

③测量储能系统输出端各相电压、电流有效值和电流的直流分量(频率小于 1Hz 即为直流)，在同样的采样速率和时间窗下测试 5min。

④当各相电压有效值的平均值与额定电压的误差小于 5%，且各相电流有效值的平均值与测试电流设定值的偏差小于 5%时,采用各测量点的绝对值计算各相电流直流分量幅值的平均值。

⑤调节储能系统输出电流至额定输出电流的 66%和 100%，保持 1min，重复步骤③~④。

(2)储能系统在充电状态下的直流分量测试，步骤如下:

①将储能系统与模拟电网装置(公共电网)相连,所有参数调至正常工作条件,且功率因数调为 1。

②调节储能系统输入电流至额定电流的 33%，保持 1min。

③测量储能系统输入端各相电压、电流有效值和电流的直流分量(频率小于 1Hz 即为直流)，在同样的采样速率和时间窗下测试 5min。

④当各相电压有效值的平均值与额定电压的误差小于 5%，且各相电流有效值的平均值与测试电流设定值的偏差小于 5%时,采用各测量点的绝对值计算各相电流直流分量幅值的平均值。

⑤调节储能系统输出电流至额定输入电流的 66%和 100%，保持 1min，重复步骤③~④。

2)NB/T 33016—2014

测试方法如下:

(1)将储能系统与模拟电网装置(公共电网)相连，所有参数调至正常工作条件，且工作在额定功率因数。

(2)调节储能系统输出电流至额定电流的 33%，保持 10min。

(3)测量储能系统输出端各相电压、电流有效值和电流的直流分量(频率小于 1Hz 即为直流)，在同样的采样速率和时间窗下测试 5min。

(4)当各相电压有效值的平均值与额定电压的误差小于 5%，且各相电流有效值的平均值与测试电流设定值的偏差小于 5%时,采用各测量点的绝对值计算各相电流直流分量幅值的平均值。

(5)调节储能系统输出电流分别至额定输出电流的 66%和 100%，保持 10min，重复步骤(3)~(4)。

需要特别说明的是:在相同的采样速率下，数据计算时间窗取 200ms。

## 11.2.7　保护功能测试评价技术

GB/T 36548—2018 与 NB/T 33016—2014 均规定了保护功能中的涉网保护功

能和非计划孤岛保护功能测试方法，且两者的方法相同，涉网保护功能均引用了《继电保护和电网安全自动装置检验规程》(DL/T 995—2016)的规定。此外，NB/T 33016—2014 还规定了故障后重新并网功能测试方法。

1. 涉网保护功能

《继电保护和电网安全自动装置检验规程》(DL/T 995—2016)规定了常规变电站和智能变电站的继电保护和电网安全自动装置的检验。常规变电站的检验包括电流、电压互感器检验，二次回路检验，屏柜及保护装置检验，整定值的整定及检验，纵联保护通道检验，操作箱检验，整组实验，配合检验。智能变电站的检验包括通用检验、互感器及合并单元的检验、合并单元 MU 检验、二次回路系统检验、装置检验、智能终端检验、整组实验、配合检验。此外，该规程还规定了常用继电器、常规变电站各类装置、智能变电站合并单元和智能终端的检验项目和检验方法。

2. 非计划孤岛保护功能

非计划孤岛保护功能测试回路如图 11-18 所示。

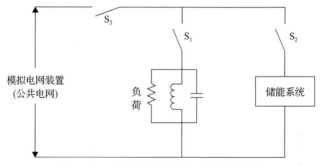

图 11-18　非计划孤岛保护功能测试回路

测试方法如下：

(1)对单相储能系统，测试接线如图 11-18 所示，负荷、模拟电网装置和储能系统的中性连接线(接地导体)不受开关 $S_3$ 的影响，对三相四线制储能系统，图 11-18 为相线对中性线接线；对三相三线制储能系统，图 11-18 为相间接线。

(2)设置储能系统防孤岛保护定值，调节储能系统输出功率至额定放电功率的100%。

(3)设定模拟电网装置(公共电网)电压为储能系统的标称电压，频率为储能系统额定频率；调节负荷品质因数 $Q$ 为 1.0±0.05。

(4)闭合开关 $S_1$、$S_2$、$S_3$，直至储能系统达到(2)的规定值。

(5)调节负荷至通过开关 $S_3$ 的各相基波电流小于储能系统各相稳态额定电流

的 2%。

(6) 断开 $S_3$，记录从断开 $S_3$ 至储能系统停止向负荷供电的时间间隔，即断开时间。

(7) 在初始平衡负荷的 95%～105%，调节无功负荷按 1%递增(或调节储能系统无功功率按 1%递增)，若储能系统断开时间增加，则需额外增加 1%无功负荷(或无功功率)，直至断开时间不再增加。

(8) 在初始平衡负荷的 95%或 105%时，断开时间仍增加，则需额外减少或增加 1%无功负荷(或无功功率)，直至断开时间不再增加。

(9) 测试结果中，三个最长断开时间的测试点应做两次附加重复测试，当三个最长断开时间出现在不连续的 1%负荷增加值上时，则三个最长断开时间之间的所有测试点都应做两次附加重复测试。

(10) 调节储能系统输出功率分别至额定功率的 66%、33%，分别重复步骤 (3)～(9)。

### 3. 故障后重新并网功能

NB/T 33016—2014 规定了该项测试，方法如下：

(1) 将储能系统与模拟电网装置(公共电网)相连，所有参数调至正常工作条件，连续运行 5min。

(2) 断开储能系统与模拟电网装置(公共电网)的并网开关，5s 后合上并网开关。

(3) 对于接入 220V/380V 电压等级电网的储能系统，合上并网开关 20s 内不应重新并网，对于接入 10～35kV 电压等级电网的储能系统，在接到调度指令之前不应重新并网，重复测试三次。

## 11.2.8　充放电响应、调节、转换时间测试评价技术

### 1. 充放电响应时间

在额定功率充放电条件下，将储能系统调整至热备用状态，测试储能系统的充放电响应时间。

1) 充电响应时间

测试方法如下：

(1) 储能系统接收到额定功率充电指令的时刻记为 $t_{C1}$。

(2) 储能系统充电功率达到 90%额定功率的时刻记为 $t_{C2}$。

(3) 按照式(11-1)计算充电响应时间 $RT_C$：

$$RT_C = t_{C1} - t_{C2} \tag{11-1}$$

(4)重复步骤(1)～(3)两次，充电响应时间取三次测试结果的最大值。

2)放电响应时间

测试方法如下：

(1)储能系统接收到额定功率放电指令的时刻记为 $t_{D1}$。

(2)储能系统放电功率达到90%额定功率的时刻记为 $t_{D2}$。

(3)按照式(11-2)计算充电响应时间 $RT_D$：

$$RT_D = t_{D2} - t_{D1} \tag{11-2}$$

(4)重复步骤(1)～(3)两次，放电响应时间取三次测试结果的最大值。

**2. 充放电调节时间**

在额定功率充放电条件下，将储能系统调整至热备用状态，测试储能系统的充放电调节时间。

1)充电调节时间

测试方法如下：

(1)向储能系统发送指令，储能系统开始充电的时刻记为 $t_{C3}$(NB/T 33016—2014)或储能系统接收到控制信号的时刻记为 $t_{C3}$(GB/T 36548—2018)。

(2)当充电功率的偏差维持在储能系统额定功率的2%以内的时刻记为 $t_{C4}$。

(3)按照式(11-3)计算充电响应时间 $AT_C$：

$$AT_C = t_{C4} - t_{C3} \tag{11-3}$$

(4)重复步骤(1)～(3)两次，充电调节时间取三次测试结果的最大值。

2)放电调节时间

测试方法如下：

(1)向储能系统发送额定功率放电指令,储能系统开始放电的时刻记为 $t_{D3}$(NB/T 33016—2014)或储能系统接收到控制信号的时刻记为 $t_{D3}$(GB/T 36548—2018)。

(2)放电功率的偏差维持在储能系统额定功率的2%以内的时刻记为 $t_{D4}$。

(3)按照式(11-4)计算充电响应时间 $AT_D$：

$$AT_D = t_{D4} - t_{D3} \tag{11-4}$$

(4)重复步骤(1)～(3)两次，放电调节时间取三次测试结果的最大值。

**3. 充放电转换时间**

在额定功率充放电条件下，将储能系统调整至热备用状态，测试储能系统的充放电转换时间，GB/T 36548—2018 和 NB/T 33016—2014 中具体测试方法略有差异。

1）GB/T 36548—2018

（1）充电到放电转换时间。

①设置储能系统以额定功率充电，向储能系统发送以额定功率放电的指令，记录从 90%额定功率充电到 9%额定功率放电的时间 $t_1$。

②重复步骤（1）两次，充电到放电转换时间取三次测试结果的最大值。

（2）放电到充电转换时间。

①设置储能系统以额定功率放电，向储能系统发送以额定功率充电的指令，记录从 90%额定功率放电到 9%额定功率充电的时间 $t_2$。

②重复步骤（1）两次，放电到充电转换时间取三次测试结果的最大值。

2）NB/T 33016—2014

（1）储能系统以额定功率充电，向储能系统发送以额定功率放电的指令，记录从 90%额定功率充电到 90%额定功率的放电时间 $t_1$。

（2）储能系统以额定功率放电，向储能系统发送以额定功率充电的指令，记录从 90%额定功率放电到 90%额定功率的充电时间 $t_2$。

（3）按照式（11-5）计算 $t_1$ 与 $t_2$ 的平均值：

$$t = \frac{t_1 + t_2}{2} \tag{11-5}$$

（4）重复步骤（1）～（2）两次，充放电转换时间取三次测试结果的最大值。

### 11.2.9　额定能量、额定功率能量转换效率测试评价技术

1. 额定能量

1）GB/T 36548—2018

在稳定运行状态下，储能系统在额定功率充放电条件下，测试储能系统的充电能量和放电能量。测试步骤如下：

（1）以额定功率放电至放电终止条件时停止放电。

（2）以额定功率充电至充电终止条件时停止充电，记录本次充电过程中储能系统充电的能量 $E_{C1}$ 和辅助能耗 $W_{C1}$。

（3）以额定功率放电至放电终止条件时停止放电，记录本次放电过程中储能系统放电的能量 $E_{D1}$ 和辅助能耗 $W_{D1}$。

（4）重复步骤（2）～（3）两次，记录每次充放电能量 $E_{Cn}$、$E_{Dn}$ 和辅助能耗 $W_{Cn}$、$W_{Dn}$。

(5)按照式(11-6)和式(11-7)计算其平均值,记 $E_C$ 和 $E_D$ 为储能系统的额定充电能量和额定放电能量。

$$E_C = \frac{E_{C1} + W_{C1} + E_{C2} + W_{C2} + E_{C3} + W_{C3}}{3} \tag{11-6}$$

$$E_D = \frac{E_{D1} + W_{D1} + E_{D2} + W_{D2} + E_{D3} + W_{D3}}{3} \tag{11-7}$$

式中,$E_{Cn}$ 为第 $n$ 次循环的充电能量,W·h;$E_{Dn}$ 为第 $n$ 次循环的放电能量,W·h;$W_{Cn}$ 为第 $n$ 次循环充电过程的辅助能耗,W·h;$W_{Dn}$ 为第 $n$ 次循环放电过程的辅助能耗,W·h。

需要特别说明的是:①对于辅助能耗由自身供应的储能系统,$W_{Cn}=0$,$W_{Dn}=0$;②放电终止条件和充电终止条件宜采用电压、电流和温度等参数,但测试终止条件应唯一且与实际使用时保持一致。

2)NB/T 33016—2014

(1)在 25℃±5℃条件下,以额定功率放电至额定功率放电终止条件时停止放电,热备用状态运行 15min。

(2)以额定功率充电至额定功率充电终止条件时停止充电,记录充电能量 $E_{C1}$,热备用状态运行 15min。

(3)以额定功率放电,至额定功率放电终止条件时停止放电,记录放电能量 $E_{D1}$,热备用状态运行 15min。

(4)重复步骤(2)~(3)两次,记录每次充电能量 $E_{C2}$、$E_{C3}$,放电能量 $E_{C2}$、$E_{D3}$。

(5)按照式(11-8)和式(11-9)计算其平均值:

$$E_C = \frac{E_{C1} + E_{C2} + E_{C3}}{3} \tag{11-8}$$

$$E_D = \frac{E_{D1} + E_{D2} + E_{D3}}{3} \tag{11-9}$$

**2. 能量转换效率**

1)GB/T 36548—2018

在稳定运行状态下,储能系统在额定功率充放电条件下,测试储能系统的额定功率能量转换效率。测试步骤如下:

(1)以额定功率放电至放电终止条件时停止放电。

(2)以额定功率充电至充电终止条件时停止充电,记录本次充电过程中储能系

统充电的能量 $E_{C1}$ 和辅助能耗 $W_{C1}$。

（3）以额定功率放电至放电终止条件时停止放电，记录本次放电过程中储能系统放电的能量 $E_{D1}$ 和辅助能耗 $W_{D1}$。

（4）重复步骤（2）～（3）两次，记录每次充放电能量 $E_{Cn}$、$E_{Dn}$ 和辅助能耗 $W_{Cn}$、$W_{Dn}$。

（5）按照式（11-10）计算能量转换效率：

$$\eta = \frac{1}{3}\left( \frac{E_{D1} - W_{D1}}{E_{C1} + W_{C1}} + \frac{E_{D2} - W_{D2}}{E_{C2} + W_{C2}} + \frac{E_{D3} - W_{D3}}{E_{C3} + W_{C3}} \right) \times 100\% \qquad (11\text{-}10)$$

式中，$\eta$ 为能量转换效率；$E_{Cn}$ 为第 $n$ 次循环的充电能量，$W \cdot h$；$E_{Dn}$ 为第 $n$ 次循环的放电能量，$W \cdot h$；$W_{Cn}$ 为第 $n$ 次循环充电过程的辅助能耗，$W \cdot h$；$W_{Dn}$ 为第 $n$ 次循环放电过程的辅助能耗，$W \cdot h$。

2）NB/T 33016—2014

参照额定能量测试方法进行测试，能量效率按式（11-11）计算：

$$\eta = \frac{E_D}{E_C} \times 100\% \qquad (11\text{-}11)$$

## 11.3　本 章 小 结

近年来，世界各国不断加大对储能用锂离子电池的投入与支持，以锂离子电池为代表的电化学储能是"源网荷储"一体化和实现"双碳"目标的关键技术，这也对储能用锂离子电池的电性能和安全性能提出了更高要求。目前，国内已经建立了超过 200 项储能相关标准，涵盖国家、行业、地方和团体等多个层次。本章从储能用锂离子电池评价技术和储能系统测试评价技术两个领域出发，对典型评价技术进行了分类综述。储能用锂离子电池的发展离不开标准化工作的支撑，从目前颁布的标准来看，不同标准之间可能存在要求有差异甚至矛盾的问题，这对储能产业的长期系统发展是不利的。另外，锂离子电池技术发展日新月异，当前储能标准是否能满足快速发展的技术需求和日益增长的应用场景，也是一个值得标准制定者深入考量的问题。